Günter Peter

Überfälle und Wehre

Taschenbuch der Wasserversorgung
von J. Mutschmann und F. Stimmelmayr

Taschenbuch der Wasserwirtschaft
von K. Lecher, H.-P. Lühr und U. C. Zanke (Hrsg.)

Hydromechanik der Gerinne und Küstengewässer
von U. C. Zanke

Überfälle und Wehre
von G. Peter

Ökologie und Wasserbau
von M. Hütte

Gewässerregelung Gewässerpflege
von G. Lange und K. Lecher (Hrsg.)

Grundwasserhydraulik
von I. David

Wörterbuch Auslandsprojekte
von K. Lange

Bauwerke und Erdbeben
von K. Meskouris und K.-G. Hinzen

vieweg

Günter Peter

Überfälle und Wehre

Grundlagen und Berechnungsbeispiele

vieweg

Bibliografische Information Der Deutschen Bibliothek
Die Deutsche Bibliothek verzeichnet diese Publikation in der Deutschen Nationalbibliografie;
detaillierte bibliografische Daten sind im Internet über <http://dnb.ddb.de> abrufbar.

1. Auflage Januar 2005

Alle Rechte vorbehalten
© Friedr. Vieweg & Sohn Verlag/GWV Fachverlage GmbH, Wiesbaden 2005

Lektorat: Günter Schulz / Karina Danulat

Der Vieweg Verlag ist ein Unternehmen von Springer Science+Business Media.
www.vieweg.de

Umschlaggestaltung: Ulrike Weigel, www.CorporateDesignGroup.de
Gedruckt auf säurefreiem und chlorfrei gebleichtem Papier.

ISBN-13:978-3-528-01762-0   e-ISBN-13:978-3-322-83016-6
DOI: 10.1007/978-3-322-83016-6

Vorwort

In diesem Buch werden mathematische Beziehungen und graphische Darstellungen vorgestellt, die aus umfangreichen Literaturrecherchen und eigenen Forschungsarbeiten resultieren. Die meisten Forschungsarbeiten wurden im Labor für wasserbauliches Versuchswesen der Hochschule Magdeburg-Stendal (FH) durchgeführt. Hier stehen seit einigen Jahren zwei moderne Versuchsrinnen zur Verfügung. In diesen können Versuchsreihen mit Durchflüssen von bis zu 350 l/s durchgeführt werden. Auch nach Redaktionsschluss werden in beiden Rinnen weitere Versuche an unterschiedlichen Wehrkonstruktionen durchgeführt. Diese Ergebnisse sollen in zukünftigen Auflagen oder den nächsten Bänden berücksichtigt werden.

Betrachtet man die in der Fachliteratur dargestellten Grundlagen für die Berechnung vollkommener und unvollkommener Überfälle, gewinnt man den Eindruck, als sei dieses Teilgebiet der Hydromechanik umfassend untersucht und die publizierten Ergebnisse wissenschaftlich fundiert. Aktuelle Forschungsergebnisse zeigen aber, dass für den vollkommenen und den unvollkommenen Überfall die Bandbreite der Beiwerte bei fast allen Wehrtypen erheblich größer ist, als in der Literatur angegeben. Für die große Vielfalt der in der wasserwirtschaftlichen Praxis genutzten Überfallformen findet man in der Fachliteratur nur wenige Anhaltspunkte für die korrekte Berechnung dieser Bauwerke.

Insbesondere sind die Ansätze für die Berechnung unvollkommener Überfälle kritisch zu bewerten. Diese beziehen sich fast ausschließlich auf die oberwasserseitige Wehrhöhe w_0 und nicht, wie es erforderlich wäre, auf die unterwasserseitige Wehrhöhe w_u.

Die Berechnung von Streichwehren als wasserwirtschaftliche Sonderbauwerke wurde als Besonderheit in diesem Lehr- und Übungsbuch integriert. In Anbetracht der vielen hydraulischen Einflussgrößen sowie der konstruktiven Gestaltungsmöglichkeiten von Streichwehren, soll gezeigt werden, dass für die Berechnung des Wasserspiegelverlaufes und der Überfallleistung der Lohner-Algorithmus AWA wissenschaftlich gesicherte Ergebnisse liefert.

Mein Dank gilt besonders dem unermüdlichen Einsatz des Gründungsrektors der Fachhochschule Magdeburg, Herrn Prof. Kaschade, bei der Schaffung eines eigenständigen Fachbereiches Wasserwirtschaft. Er schuf die Voraussetzungen für das neue Campusgelände mit seinen großzügigen Laborhallen. So konnte auch ein hochmodernes Wasserbaulabor in Betrieb genommen werden, um die anstehenden Forschungsarbeiten weiterzuführen.

In meiner fast 30 jährigen wissenschaftlichen Tätigkeit habe ich vielen meiner Studenten für ihre Mitwirkung an unserer Grundlagenforschung zu danken. An dieser Stelle gilt mein besonderer Dank meinem Laboringenieur, Herrn Dipl.-Ing. (FH) Erwin Appel, für seine sorgfältig entworfenen Konstruktionen der unterschiedlichsten und schwierigsten Modelle.

Herrn Dipl.-Ing. (FH) Gunter Weißbach bin ich zu höchstem Dank verpflichtet für seine sorgfältige Übertragung des Manuskriptes in das digitale Textsystem, sowie für die kreative Mitgestaltung dieses Lehr- und Handbuches und die Erstellung der Tabellen, Diagramme und Darstellungen. Für die vielen fachwissenschaftlichen Anregungen, insbesondere auch zur praktischen Anwendung der numerischen Fixpunktiteration für hydromechanische Bemessungsaufgaben sowie seinen hilfreichen Hinweisen zum Manuskript, bin ich Herrn Prof. Dr. habil. Hans Bischoff zu Dank verpflichtet.

Ganz besonderen Dank habe ich meiner Frau abzustatten, denn sie war durch ihre partnerschaftliche Unterstützung an der Entstehung dieses Buches stets beteiligt. Ihr Verständnis und ihre Rücksichtnahme schenkten mir den Freiraum, meine praxisorientierten Forschungsergebnisse in einem umfassenden Handbuch zu publizieren.

Dem Verlag danke ich für die Bereitschaft, ein Fachbuch zu veröffentlichen, welches nicht in das übliche Schema „Grundlagen der technischen Hydromechanik" passt, sondern dass er bereit ist, fachwissenschaftliche Erkenntnisse, welche vertieft für die Ingenieuranwendung von Bedeutung sind, zugänglich zu machen.

Inhalt

Formelzeichen und Einheiten

a	[m]	Höhe der Schützöffnung und Höhe des Heberquerschnittes	C_h	$\left[\dfrac{\frac{1}{m^2}}{s}\right]$	Dimensionsbehafteter, auf die Überfallhöhe h bezogener Überfallbeiwert, entspricht dem Ansatz nach Poleni
a_E	[m]	Große Halbachse der Ellipse			
a_{min}	[m]	Minimale Öffnungshöhe am Austrittquerschnitt von Hebern	C_{hS}	$\left[\dfrac{\frac{1}{m^2}}{s}\right]$	Dimensionsbehafteter, auf die Überfallhöhe h bezogener Überfallbeiwert, für den Standard-Schachtüberfall
A	$\left[m^2\right]$	Durchströmte Fläche	C_H	$\left[\dfrac{\frac{1}{m^2}}{s}\right]$	Dimensionsbehafteter, auf die Überfallenergiehöhe H bezogener, Überfallbeiwert, entspricht dem Ansatz nach du Buat
A_{xs}	$\left[m^2\right]$	Variable Querschnittsfläche an Streichwehren	C_{hE}	$\left[\dfrac{\frac{1}{m^2}}{s}\right]$	Dimensionsbehafteter, auf die Überfallhöhe h bezogener Überfallbeiwert für den Entwurfsfall
b	[m]	Wehrbreite bzw. Wasserspiegelbreite	C_{HE}	$\left[\dfrac{\frac{1}{m^2}}{s}\right]$	Dimensionsbehafteter, auf die Überfallenergiehöhe H bezogener Überfallbeiwert für den Entwurfsfall
b_U	[m]	Umfang beziehungsweise zu entlastende Länge bei Schachtüberfällen	d_0	[m]	Durchmesser des Kreisprofils im Oberwasser von Streichwehren
b_0	[m]	Wasserspiegelbreite direkt an der Wehrkrone	d_{xs}	[m]	Variabler Durchmesser an Streichwehren
B	[m]	Breite des Zulaufgerinnes bei scharfkantigen Messwehren	d_u	[m]	Durchmesser des Kreisprofils im Unterwasser von Streichwehren
b_E	[m]	Kleine Halbachse der Ellipse	D	[m]	Hydraulischer Durchmesser $D = 4 \cdot R$
c	$\left[\dfrac{m}{s}\right]$	Differenz zwischen Sohlgeschwindigkeit und Oberflächengeschwindigkeit an breitkronigen Wehren	d	[m]	Durchmesser an kreisförmigen Wehren
C	$\left[\dfrac{m}{s}\right]$	Dimensionsbehafteter Überfallbeiwert an scharfkantig, parabelförmig eingeengten Wehren			

f	[/]	Formbeiwert nach Marchi	h_E	[m]	Entwurfsüberfallhöhe an Standardprofilen
f_1	[/]	Funktionswert zur Fall- unterscheidung bei unvoll- kommenem Überfall an scharfkantigen Wehren	H_E	[m]	Entwurfsenergieüberfall- höhe an Standardprofilen
f_2	[/]	Funktionswert zur Fallunterscheidung beim unvollkommenen Überfall an scharfkantigen Wehren	h_{gr}	[m]	Grenztiefe als zugeordnete Wassertiefe beim Fließ- wechsel beziehungsweise Grenzwert beim unvoll- kommenen Überfall an scharfkantigen Wehren.
Fr	[/]	Froude-Zahl			
			h_0	[m]	Oberwasserstand am unterströmten Wehr
F_1	[/]	$F_1 = dQ/dx = -q$ wird bei der Berechnung von $F_2 = dh/dx$ benötigt	h_u	[m]	Überfallhöhe im Unter- wasser. Entspricht dem Abstand zwischen Wasser- stand und der Wehrkrone (positiv oder negativ).
F_2	[/]	1. Ableitung, die dem Wasserspiegelverlauf $F_2 = dh/dx$ zum Beispiel an Streichwehren entspricht	h_H	[m]	Fallhöhe an Heberwehren
g	$\left[\dfrac{m}{s^2}\right]$	Erdbeschleunigung			
			h_{max}	[m]	Maximal mögliche Fallhöhe
g_1	[/]	Grenze zum abgedrängten Wechselsprung beim scharfkantig, unbelüfteten Wehr	h_x	[m]	Wasserstand an der Stelle x
g_2	[/]	Grenze zum abgedrängten Wechselsprung beim rund- kronigen Wehr mit senkrechten Wänden	h'	[m]	Wassertiefe am Beginn des Rückens an breitkronigen Wehren
h	[m]	Überfallhöhe im Ober- wasser. Entspricht dem Abstand zwischen Wasser- stand und Wehrkrone in einer Mindestentfernung von (3-4 mal) der Über- fallhöhe h.	H	[m]	Überfallenergiehöhe
			H'	[m]	Energiehöhe am Beginn des Rückens an breit- kronigen Wehren
h_2	[m]	Unterwasserstand am unterströmten Wehr	H'_S	[m]	Energiehöhe auf der Sohle am Beginn des Rückens an breitkronigen Wehren

Symbol	Einheit	Beschreibung
H_m'	[m]	Mittlere Energiehöhe am Beginn des Rückens an breitkronigen Wehren
H_0'	[m]	Energiehöhe an der Oberfläche am Beginn des Rückens an breitkronigen Wehren
H_i'	[m]	Energiehöhe an einer beliebigen Stelle (i) am Beginn des Rückens an breitkronigen Wehren
H_S	[m]	Energiehöhe im Heberscheitel
h_S	[m]	Abstand zwischen Wasserspiegel und dem Schwerpunkt der Ausflussfläche
h_0	[m]	Wasserstand vor unterströmten Wehren
I_S	[/]	Sohlgefälle
I_E	[/]	Energieliniengefälle
k	[m]	Äquivalente Sandrauhigkeit
k_m	$\left[\dfrac{1}{m}\right]$	Mittlere Krümmung der Stromlinien an einem bestimmten Querschnitt.
k_x	$\left[\dfrac{1}{m}\right]$	Mittlere Krümmung der Stromlinien in Fließrichtung
k_{str}	$\left[\dfrac{1}{\dfrac{m^{\frac{1}{3}}}{s}}\right]$	Rauheitsbeiwert nach Manning- Strickler
L	[m]	Länge des Wehres in Fließrichtung, auch Länge des Wehres bei Streichwehren
L_{Stau}	[m]	Staulänge zum Beispiel durch den Einfluss eines Wehres
m	[/]	Oberer Anteil der Absenkung über der Wehrkrone
m_S	[/]	Abminderungsfaktor an Streichwehren nach Schmidt ($m_S = 0,95$)
M_Q	[/]	Modellmaßstab des Durchflusses
n	[/]	Unterer Anteil der Absenkung über der Wehrkrone
n_{br}	[/]	Anlaufneigung an breitkronigen Wehren
n_H	[/]	Anzahl der Überlaufschwellen nach Hager
$n_\ddot{O}$	[/]	Anzahl der Öffnungen
$P_{Parabel}$	[m]	Parameter der Parabel
P	$\left[\dfrac{N}{m^2}\right]$	Druck
$\dfrac{p_i}{\rho \cdot g}$	[m]	Druckhöhe an einer beliebigen Stelle (i)
$\dfrac{p}{\rho \cdot g}$	[m]	Druckhöhe

$\dfrac{p_{abs}}{\rho \cdot g}$	[m]	Absolute Druckhöhe	r_a	[m]	Äußerer Radius an Heber-wehren
$\dfrac{p_{min}}{\rho \cdot g \cdot H}$	[/]	Minimaler dimensions-loser Druck an Standard-profilen nach Schirmer	r_i	[m]	Innerer Radius an Heber-wehren
$\dfrac{p_{min}}{\rho \cdot g}$	[m]	Minimale Druckhöhe an Standardprofilen nach Schirmer	R	[m]	Hydraulischer Radius, $R = A/U$
$\dfrac{p_{max_u}}{\rho \cdot g}$	[m]	Maximal zulässige Unterdruckhöhe	Re	[/]	Reynoldszahl
Q	$\left[\dfrac{m^3}{s}\right]$	Überfallwassermenge	r_s	[m]	Radius bis Scheitel
Q_{Ab}	$\left[\dfrac{m^3}{s}\right]$	Ablaufende Überfallwas-sermenge	S	[/]	Kronenscheitel
Q_H	$\left[\dfrac{m^3}{s}\right]$	Überfallwassermenge an Heberwehren	v	$\left[\dfrac{m}{s}\right]$	Mittlere Fließgeschwindig-keit
Q_0	$\left[\dfrac{m^3}{s}\right]$	Abfluss im Oberwasser	v_{gr}	$\left[\dfrac{m}{s}\right]$	Grenzgeschwindigkeit
Q_u	$\left[\dfrac{m^3}{s}\right]$	Abfluss im Unterwasser	v_s	$\left[\dfrac{m}{s}\right]$	Geschwindigkeit an der Sohle am Beginn des Rückens an breitkronigen Wehren
Q_{max}	$\left[\dfrac{m^3}{s}\right]$	Maximale Überfallwasser-menge an Heberwehren	v_m	$\left[\dfrac{m}{s}\right]$	Mittlere Geschwindigkeit am Beginn des Rückens an breitkronigen Wehren
Q_{min}	$\left[\dfrac{m^3}{s}\right]$	Minimale Überfallwasser-menge an Heberwehren	v_0	$\left[\dfrac{m}{s}\right]$	Geschwindigkeit an der Oberfläche am Beginn des Rückens an breitkronigen Wehren
Q_{Zu}	$\left[\dfrac{m^3}{s}\right]$	Zulaufende Wassermenge	v_i	$\left[\dfrac{m}{s}\right]$	Geschwindigkeit an einer beliebigen Stelle am Beginn des Rückens an breitkronigen Wehren
r	[m]	Radius an rundkronigen Wehren oder an Heber-wehren			

v_x	$\left[\dfrac{m}{s}\right]$	Geschwindigkeit an der Stelle x		z_{gr}	[m]	Grenzwert zur Fallunterscheidung beim unvollkommenen Überfall an scharfkantigen Wehren
U	[m]	Benetzter Umfang		α	[°]	Neigungswinkel
W	[/]	Weberzahl		α_A	[/]	Geschwindigkeitshöhenausgleichswert
w	[m]	Wehrhöhe an Schachtüberfällen		β_A	[/]	Druckhöhenausgleichswert
w_0	[m]	Wehrhöhe im Oberwasser		β_S	[/]	Druckhöhenausgleichswert nach Smyslow
w_u	[m]	Wehrhöhe im Unterwasser		ψ	[/]	Ausflusszahl an Planschützen
w_m	[m]	Mittlere Wehrhöhe bei Streichwehren		μ	[/]	Dimensionsloser Überfallbeiwert bezogen auf die Überfallhöhe
x_S	[m]	Stützstelle x_S im Intervall $0 < x_S < L$ am Streichwehr der Länge L		μ_0	[/]	Dimensionsloser Überfallbeiwert an scharfkantigen Wehren nach Rehbock
x	[/]	Parameter für den unvollkommenen Überfall an rundkronigen Wehren mit senkrechten Wänden		μ_α	[/]	Dimensionsloser Überfallbeiwert an scharfkantig geneigten Wehren
z	[m]	Differenz Oberwasserspiegel und Unterwasserspiegel beim unvollkommenen Überfall an scharfkantigen Wehren		μ_H	[/]	Dimensionsloser Überfallbeiwert an Heberwehren
z_1	[/]	Verhältnis beim Ausfluss unter einem Schütz beziehungsweise bei der unterströmten Wehrklappe		μ_{KE}	[/]	Dimensionsloser Überfallbeiwert für den Entwurfsfall an Standardprofilen nach Knapp
z_2	[/]	Verhältnis beim Ausfluss unter Schützen oder bei unterströmten Wehrklappen		μ_P	[/]	Dimensionsloser Überfallbeiwert bezogen auf die Überfallhöhe h der Poleni-Gleichung

μ_S [/]   Dimensionsloser Überfall-beiwert am Streichwehr

μ_{S_i} [/]   Dimensionsloser Überfall-beiwert am Streichwehr an einer beliebigen Stelle i

μ_{dB} [/]   Dimensionsloser Überfall-beiwert bezogen auf die Überfallenergiehöhe H beziehungsweise auf die Gleichung von du Buat

ε [/]   Dimensionsloses Verhältnis zwischen Wehr- und Überfallhöhe an breitkronigen Wehren

η [/]   Wirkungsgrad

γ [/]   Dimensionsloses Verhält-nis zwischen Absenkungs-geschwindigkeit und der Überfallhöhe an breit-kronigen Wehren

χ [/]   Abminderungsfaktor am unterströmten Wehr bzw. Faktor an scharfkantig geneigten Wehren

ϖ [/]   Dimensionsloser Faktor aus der mittleren Krüm-mung und der Absenk-ungsgeschwindigkeit an breitkronigen Wehren

λ [/]   Reibungsbeiwert

φ [/]   Abminderungsfaktor für den unvollkommenen Überfall, sowohl größer als auch kleiner 1

δ [°]   Verengungswinkel bei ge-drosselten Streichwehren

1 Überfälle und Wehre

1.1 Einleitung

Hauptgegenstand zur Konzeption dieses Lehr- und Übungsbuches ist die Kritik an den in der Literatur, zur Berechnung der Leistung von Überfallwehren insbesondere zur Bestimmung von Überlaufwassermengen, verwendeten Beiwerte. Betrachtet werden beide Überfallformen, zum einen der vollkommene Überfall, wenn der Unterwasserstand h_u deutlich unter der Wehrhöhe w_u liegt, zum anderen der unvollkommene Überfall wenn h_u nahe oder über der Wehrkrone liegt. Für jeden speziellen Wehrtyp mit konkreter Wehrhöhe w_0 im Oberwasser und definierter Wehrhöhe w_u im Unterwasser gibt es für jeden Abfluss Q einen eindeutig bestimmbaren Beginn des Überganges vom vollkommenen zum unvollkommenen Überfall und einen spezifischen Verlauf der Abminderungskurve.

1.1.1 Der vollkommene Überfall

Der vollkommene Überfall wird entweder über die Formel von du Buat oder mit der Formel von Poleni berechnet. Beim ersten Fall wird die Überfallenergiehöhe H, beim zweiten Fall die Überfallhöhe h in die Berechnung einbezogen. Zur Anwendung kommen in der Regel beide Gleichungen. Den wissenschaftlichen Vorzug hat selbstverständlich die du Buat-Beziehung. Die Begründung, dass die Variabilität der Beiwerte C_H beziehungsweise μ_{dB} nur gering sei, mithin annähernd konstante Werte liefert, ist nicht korrekt. Es ist anzunehmen, dass wegen dieser oft formulierten, irrigen Annahme, in der praktischen Anwendung derzeit meist konstante Überfallbeiwerte verwendet werden (beispielhaft ATV-A111). Nur in einem einzigen Fall ist diese Aussage richtig. Denn nur bei dem scharfkantigen Wehr liegt die Bandbreite der Überfallbeiwerte der Formel nach du Buat im Bereich

$$0,607 \leq \mu_{dB} \leq 0,634$$

Das entspricht einer Variabilität von etwas mehr als 4 %. Hier allein könnte ein konstanter Wert von zum Beispiel $\mu_{dB} = 0,62$ empfohlen werden. Welche Beziehung sollte nun verwendet werden? Diese Frage beantwortet die hydraulische Praxis sehr schnell. Zur Anwendung können nur solche Beziehungen kommen, die dimensionsanalytisch korrekt sind und da ist die Auswahl für den Anwender mehr als spärlich. Setzt man die Gleichungen von du Buat und von Poleni gleich, so kann eine Beziehung abgeleitet werden, die beide Überfallformen eindeutig ineinander überführt. Die Tabelle 1-1 zeigt die in der Regel verwendeten Überfallformen mit ihren empfohlenen Beiwerten.

Im Vergleich zu den Werten aus Tabelle 1-1 ist für einige charakteristische Wehrformen die tatsächliche Variabilität der Überfallbeiwerte des vollkommenen Überfalles (nach Poleni) in

Tabelle 1-2 dargestellt. Speziell vor dem Hintergrund der EDV-gestützten Simulation von instationären Fließvorgängen in der Stadthydrologie muss diese Variabilität korrekt berücksichtigt werden.

Tabelle 1-1:   Empfohlene Überfallbeiwerte

Kronenform	μ
Breitkronig scharfkantig, waagerecht	0,49-0,51
Breitkronig mit abgerundeter Kante, waagerecht	0,50-0,55
Vollständig abgerundeter breiter Überfall, gänzlich umgelegte Klappen bei abgerundeten Kanten des Wehrkörpers	0,65-0,73
Scharfkantig, mit Belüftung des Strahls	0,64
Abgerundet mit lotrechter Oberwasser-Seite und geneigter Unterwasser-Seite, wie beim Standard- und Rehbock-Profil	0,75
Dachförmig, mit abgerundeter Krone	0,79

Tabelle 1-2:   Variabilität der realen Überfallbeiwerte

Kronenform	μ
Scharfkantige Wehre	bis zu 17 %
Schmalkronige Wehre	bis zu 46 %
Breitkronige Wehre	bis zu 40 %
Rundkronige Wehre mit senkrechten Seitenwänden	bis zu 80 %
Rundkronige Wehre (Schusswehr)	bis zu 70 %
Standard-Profil	bis zu 70 %

1.1.2   Der unvollkommene Überfall

Der entscheidende Fehler, der bei der Berechnung unvollkommener Überfälle auftritt, ist, dass nicht die unterwasserseitige Wehrhöhe w_u, sondern w_0, die Wehrhöhe im Oberwasser verwendet wird. Dieser Fehler findet sich in fast der gesamten Fachliteratur. Der zur Berechnung des unvollkommenen Überfalles verwendete Abminderungsfaktor φ wird multiplikativ in die du Buat- beziehungsweise Poleni-Formel eingesetzt.

Die allgemein gültige Definition, dass unvollkommener Überfall dann vorliegt, wenn der Abfluss über dem Überfall durch einen genügend hohen Unterwasserstand über der Wehrkrone beeinflusst wird, ist nicht in allen Fällen richtig.

Bei scharfkantigen und schmalkronigen Wehren (bei geringer Längenausdehnung L in Fließrichtung) sind diese Verhältnisse wesentlich anders. Der Grund liegt vordergründig darin, dass der frei überfallende Strahl nicht geführt ist und von der Unterwasserseite sehr leicht beeinflusst werden kann.

In der Fachliteratur wird ausschließlich das in der Abbildung 3-11 dargestellte Diagramm von Schmidt präsentiert. Der eingetragene Parameter w ist nicht, wie mittlerweile überall angenommen, die Wehrhöhe im Oberwasser, sondern die im Unterwasser, also w_u.

Neben den aufgezeigten wissenschaftlichen Unkorrektheiten, die bei der Verwendung der empfohlenen Beiwerte auftreten, gibt es einen weiteren wesentlichen Grund dieses Buch zu schreiben. Der vollkommene Überfall wird nur bei sehr wenigen Wehrformen behandelt, der unvollkommene Überfall äußerst selten und dann meist falsch, weil fast immer auf die Oberwasserwehrhöhe bezogen wird. Betrachtet man die geringe Anzahl an Berechnungsbeispielen in den gängigen Lehrbüchern der Hydromechanik, von wenigen Ausnahmen abgesehen, so erkennt man, dass in diesem Lehr- und Handbuch eine Fülle von konkreten Berechnungsbeispiele behandelt wird. Diese beziehen sich auf beide Überfallformen. Die Berechnung von Streichwehren steht wie die Berechnung der Überfälle auf einem anspruchsvollen wissenschaftlichen Niveau und ist durch umfangreiche Modelluntersuchungen anderer Autoren bestätigt.

1.2   Einteilung der Überfälle und Wehre

Man spricht von einem Überfall, wenn Wasser über die Oberkante eines Staubauwerkes überläuft. Am häufigsten sind die überströmten Staubauwerke Wehre unterschiedlicher Bauart. Man bezeichnet das überströmte Bauwerk ebenfalls als Überfall und seine Oberkante als Überfallkrone. Wehre sind Stauanlagen ohne oder mit beweglichen Verschlüssen, die zeitweilig beziehungsweise ständig über- oder durchströmt werden und einen Flussquerschnitt beeinflussen zur

- Hebung und Regelung der Wasserstände,
- Verbesserung der Schiffbarkeit,
- Anhebung des Grundwasserspiegels,
- Energiegewinnung,
- Messung von Durchflüssen,
- Hochwasserentlastung.

Wehre werden nach unterschiedlichen Gesichtspunkten beurteilt. In den folgenden Übersichten werden Wehre nach drei verschiedenen Betrachtungsweisen eingeteilt. Es wird nach folgenden Kriterien unterschieden:

Tabelle 1-3:   Einteilung der Wehre nach konstruktiven Kriterien

Beschreibung	Skizze
Rundkronige Wehre (Stauwehre; Hochwasserentlastung)	
Scharfkantige Wehre (Messwehre)	
Schmalkronige Wehre (Entlastungen in der Kanalisation, Dammbalkenwehre)	
Breitkronige Wehre (Grundwehre und Sohlschwellen in Flüssen)	

Tabelle 1-4:   Einteilung der Wehre nach der Anströmung

Beschreibung	Skizze
Rechtwinklige Anströmung	
Schräge Anströmung	
Parallele Anströmung	
Radiale Anströmung	

Nach der Art des Überfalles unterscheidet man den vollkommenen und den unvollkommenen Überfall. Für jede Überfallwassermenge Q treten an jedem Überfall die unterschiedlichsten Strömungsformen wie zum Beispiel

- Tauchstrahl,
- Wellstrahl,
- Überströmen mit Rückstau,

mit unterschiedlicher Intensität auf. Beim vollkommenen Überfall kann das Oberwasser unbeeinflusst vom Unterwasser abfließen (Abbildung 1-1). Der abfließende Strahl taucht mit einer bestimmten Neigung ins Unterwasser ein. Dieser eintauchende Strahl besitzt eine hohe kinetische Energie und bewirkt einen Wirbel, der so gerichtet ist, dass sich das Unterwasser diesem eintauchenden Strahl entgegen bewegt. Bei steigendem Unterwasser (Q = konstant) nimmt der Eintauchwinkel ab. Somit kommt es zur Verringerung der kinetischen Energie. Der durch das steigende Unterwasser vergrößerte Widerstand kann durch die Energie des flacher werdenden Überfallstrahls nicht mehr überwunden werden. Der Überfallstrahl fließt über dem Unterwasser ab. Dieser Vorgang erfolgt wellenförmig und ist mit der Herausbildung einer lang gezogenen Walze, die sich entgegengesetzt dreht, verbunden. Diese Abflussform ist bei vielen Wehrtypen bereits unvollkommener Überfall. Bei weiter steigendem Unterwasser kommt es zum Abfluss unter Rückstau und somit zu einer Annäherung der Wasserspiegel von Ober- und Unterwasser. Unvollkommener Überfall liegt vor, wenn das Oberwasser durch das Unterwasser beeinflusst wird. Für jede Wehrform und jede Überfallwassermenge sind der Beginn des unvollkommenen Überfalles und der Verlauf der jeweiligen Abminderungskurven verschieden. Wird der vollkommene Überfall nur vom Wehrtyp und den Bedingungen des Oberwassers gesteuert, so wirkt beim unvollkommenen Überfall zusätzlich der Einfluss des Unterwassers, zum einen über die unterwasserseitige Wehrhöhe w_u und zum anderen über die unterwasserseitige Überfallhöhe h_u (Abbildung 1-4).

1.2.1   Der vollkommene Überfall

Für den vollkommenen Überfall gilt, dass die über das Wehr abfließende Wassermenge durch das Unterwasser nicht beeinflusst wird. Die an bestimmten Überfallformen auftretenden Unterdrücke auf dem Wehrrücken können nicht als Beeinflussung durch das Unterwasser gedeutet werden. Man spricht von einer hydraulischen Entkoppelung der Fließverhältnisse oberstrom des Überfalles von denen unterstrom. Der Oberwasserstand ($h + w_0$) ist eindeutig durch die Geometrie des Überfalles und die Abflussmenge bestimmt. Der Messpunkt für die Überfallhöhe h sollte sich ca. in der vierfachen maximalen Überfallhöhe vom Wehr entfernt befinden. Die hydraulischen Verhältnisse zeigt Abbildung 1-1.

Unter der Annahme konstanter Druckverteilung im Kronenquerschnitt lässt sich die über das Wehr abfließende Überfallwassermenge oder Entlastungsmenge Q berechnen. Der konstante

Druck sei der Atmosphärendruck p_0. Abbildung 1-2 zeigt nach Bollrich [7] die entscheidenden Größen zur Abflussbestimmung. Der Wasserspiegel senkt sich auf der Wehrkrone um

$$m \cdot h = (1 - n) \cdot h \text{ ab.}$$

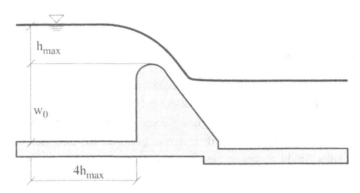

Abbildung 1-1:   Der vollkommene Überfall

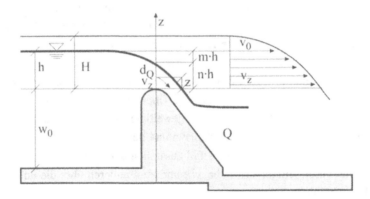

Abbildung 1-2:   Ableitung der Überfallformel

Ausgangspunkt ist die Energiegleichung im Querschnitt der Wehrkrone. Angewendet auf eine
beliebige Stelle z ist die Energiehöhe H an jeder Stelle der Lotrechten näherungsweise gleich
groß. Der Abstand zwischen dem Wasserspiegel und der Wehrkrone entspricht der Überfallhöhe h an Wehren. Voraussetzung ist die Annahme, dass im Scheitelquerschnitt Atmos-
phärischendruck herrscht.

$$H = h + \frac{v_0^2}{2g} = z + \frac{v_z^2}{2g} \qquad\qquad (1.1)$$

Umgestellt nach der Geschwindigkeit an der Stelle z erhält man einen parabolischen Verlauf
der Geschwindigkeitsverteilung.

$$v_z = \sqrt{2g \cdot \left(h - z + \frac{v_0^2}{2g}\right)} \tag{1.2}$$

Den gesuchten differentiellen Abfluss dQ erhält man durch Multiplikation mit dem differentiellen Flächenstreifen $dA = dz \cdot b(z)$.

$$dQ = v_z \cdot dA = \sqrt{2g \cdot \left(h - z + \frac{v_0^2}{2g}\right)} \cdot b(z) \cdot dz$$

Für den gesamten Abfluss bei verlustlosem Fließen folgt:

$$Q = \int_y \int_z \sqrt{2g \cdot \left(h - z + \frac{v_0^2}{2g}\right)} \cdot b(z) \cdot dz \tag{1.3}$$

Für den ebenen Fall mit b = konstant ergibt sich ein einfacheres Integral

$$Q = b \cdot \sqrt{2g} \int_{z=0}^{z=n \cdot h} \sqrt{h - z + \frac{v_0^2}{2g}} \cdot dz \tag{1.4}$$

Mit Hilfe des nachfolgenden Grundintegrals lässt sich Gleichung 1.4 lösen. Die Integrationsgrenzen sind aus der obigen Abbildung zu entnehmen.

$$\int (ax + b)^p dx = \frac{(a \cdot x + b)^p}{a(p+1)} + C$$

Mit den Gleichungen 1.5 oder 1.6 lässt sich nun erstmals die Überfallwassermenge Q berechnen. Die Überfallhöhe h senkt sich am Wehr auf den Ausdruck $n \cdot h$ ab.

$$Q = \frac{2}{3} b \cdot \sqrt{2g} \cdot \left[\left(h + \frac{v_0^2}{2g}\right)^{\frac{3}{2}} - \left((1-n) \cdot h + \frac{v_0^2}{2g}\right)^{\frac{3}{2}}\right] \tag{1.5}$$

$$Q = \frac{2}{3} b \cdot \sqrt{2g} \cdot \left[\left(h + \frac{v_0^2}{2g}\right)^{\frac{3}{2}} - \left(m \cdot h + \frac{v_0^2}{2g}\right)^{\frac{3}{2}}\right] \tag{1.6}$$

Bei praktischen Berechnungen wird häufig $v_0 \approx 0$ gesetzt.

$$Q = \frac{2}{3} b \cdot \sqrt{2g} \cdot \left[h^{\frac{3}{2}} - (m \cdot h)^{\frac{3}{2}}\right] \tag{1.7}$$

beziehungsweise h ausgeklammert liefert

$$Q = \frac{2}{3} b \cdot \sqrt{2g} \cdot h^{\frac{3}{2}} \left(1 - m^{\frac{3}{2}} \right)$$ (1.8)

Der Klammerausdruck berücksichtigt die Strahlumlenkung und den Einfluss der realen Druck- und Geschwindigkeitsverteilung im Querschnitt. Man bezeichnet diesen Ausdruck als Überfallbeiwert μ. Dieser Wert μ ist ein Maß für die Leistungsfähigkeit eines Überfalles. Wenn sich der Wasserspiegel auf der Wehrkrone bis auf die Grenztiefe absenkt, wäre $\mu = 0,8075$.

Bei allen untersuchten Wehrformen, dem Standardprofil, dem rundkronigen Wehr mit Ausrundungsradius und Schussrücken und dem halbkreisförmigen Wehr mit senkrechten Wänden, die in einem Rechteckgerinne eingebaut waren, liegt die Grenztiefe vor dem Scheitelpunkt des Überfalles. Die Absenkung über der Wehrkrone ist beim vollkommenen Überfall für alle genannten Wehrformen gemessen worden. Für das rundkronigen Wehr mit Ausrundungsradius und Schussrücken und das Standardprofil gilt:

$$n = \frac{h_{Krone}}{h} = 0,67 - 0,71$$

Für das halbkreisförmige Wehr mit senkrechten Wänden gilt:

$$n = \frac{h_{Krone}}{h} = 0,69 - 0,715$$

Nimmt man einen mittleren Wert von $n = 0,70$ an, so folgt in Analogie zu den Gleichungen 1.7 und 1.8 mit $m = 1,00 - n = 1,00 - 0,70 = 0,30$.

Für μ folgt dann:

$$\mu = \left(1,00 - m^{\frac{3}{2}} \right) = \left(1,00 - 0,30^{\frac{3}{2}} \right) = 0,8356$$

Die eindeutige Zuordnung zwischen der Überfallhöhe h und der Überfallwassermenge Q wird durch die Überfallformel und den Überfallbeiwert beschrieben. In der Regel stehen zur Berechnung von Q zwei Beziehungen zur Verfügung, je nachdem, ob die Energiehöhe H oder die Überfallhöhe h als Grundlage dienen.

Nach du Buat gilt:

$$Q = \frac{2}{3} \mu_{dB} \cdot b \cdot \sqrt{2g} \cdot \left(h + \frac{v_0^2}{2g} \right)^{\frac{3}{2}} \quad \text{mit } H = h + \frac{v_0^2}{2g} \text{ gilt somit}$$

$$Q = \frac{2}{3} \mu_{dB} \cdot b \cdot \sqrt{2g} \cdot H^{\frac{3}{2}}$$ (1.9)

oder

$$Q = C_H \cdot b \cdot H^{\frac{3}{2}} \quad \text{mit} \tag{1.10}$$

$$C_H = \frac{2}{3} \mu_{dB} \cdot \sqrt{2g} \tag{1.11}$$

μ_{dB} ist der dimensionslose Überfallbeiwert bezogen auf die Energiehöhe H. C_H ist dagegen dimensionsbehaftet.

Nach Poleni gilt:

$$Q = \frac{2}{3} \mu_P \cdot b \cdot \sqrt{2g} \cdot h^{\frac{3}{2}} \quad \text{oder} \tag{1.12}$$

$$Q = C_h \cdot b \cdot h^{\frac{3}{2}} \tag{1.13}$$

$$C_h = \frac{2}{3} \mu_P \cdot \sqrt{2g} \tag{1.14}$$

μ_P ist der dimensionslose Überfallbeiwert auf die Überfallhöhe h bezogen. Die Berechnung der Überfallwassermengen muss unabhängig davon sein, ob die Energiehöhe H oder die Überfallhöhe h verwendet wird. Die Lösungen sind dabei gleich. Setzt man die Gleichungen 1.9 und 1.12 gleich, so ergibt sich ein eindeutiger Zusammenhang.

$$\mu_{dB} = \frac{\mu_P}{\left(1 + \frac{v_0^2}{2g \cdot h}\right)^{1,5}} \tag{1.15}$$

1.2.2   Der unvollkommene Überfall

Der Zustand des unvollkommenen Überfalls liegt vor, wenn der Oberwasserstand durch den Unterwasserstand beeinflusst wird. Die Definition, dass der unvollkommene Überfall dann vorliegt, wenn der Unterwasserstand einen bestimmten Wert über der Wehrkrone überschreitet, ist nicht in allen Fällen richtig. In der Abbildung 1-3 ist die Entwicklung vom vollkommenen zum unvollkommenen Überfall aufgezeigt. Diese Wasserspiegelverläufe sind typisch.

Bei scharfkantigen und schmalkronigen Wehren (mit geringer Längenausdehnung L in Fließrichtung) sind diese Verhältnisse anders, weil der frei überfallende Strahl nicht geführt und von hohen Unterwasserständen leicht gestört werden kann. Es gibt zwei Rückstaueffekte, die durch die Überstauhöhe h_u im Unterwasser und die Wehrhöhe w_u im Unterwasser (Abbildung 1-4) verursacht werden.

Diese Einflüsse sind durch umfangreiche Untersuchungen vom U. S. Bureau of Reclamation (1948) sowie durch die U. S. Army Engineers Waterways Experiment Station (1952) belegt. Naudascher [29], Ven Te Chow [51] und Laco [24] haben diese Abhängigkeit dargestellt.

Durch den unvollkommenen Überfall wird bei gleicher Überfallhöhe h im Oberwasser die Abflussleistung reduziert. Der Abminderungsfaktor φ wird multiplikativ in die du Buat- beziehungsweise Poleni-Formel eingefügt.

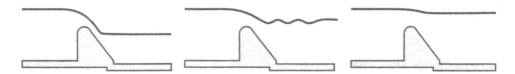

Abbildung 1-3:   Entwicklung vom vollkommenen zum unvollkommenen Überfall

du Buat

$$Q = \frac{2}{3}\mu_{dB} \cdot \varphi_{dB} \cdot b \cdot \sqrt{2g} \cdot \left(h + \frac{v_0^2}{2g}\right)^{\frac{3}{2}} \tag{1.16}$$

$$Q = C_H \cdot \varphi_{dB} \cdot b \cdot H^{\frac{3}{2}} \tag{1.17}$$

Poleni

$$Q = \frac{2}{3}\mu_P \cdot \varphi_P \cdot b \cdot \sqrt{2g} \cdot h^{\frac{3}{2}} \tag{1.18}$$

$$Q = C_h \cdot \varphi_P \cdot b \cdot h^{\frac{3}{2}} \tag{1.19}$$

Die Verhältnisse beim Wechsel vom vollkommenen zum unvollkommenen Überfall sollen noch einmal erläutert werden. Steigt bei konstantem Q, zum Beispiel bei Laborversuchen, das Unterwasser durch Rückstau an, so wird bei Erreichen eines bestimmten Unterwasserstandes auch das Oberwasser beeinflusst. Es kann nicht mehr ungestört abfließen, sondern wird durch die konkreten Bedingungen des Unterwassers gesteuert, also verändert. Dadurch kommt es zum Ansteigen von h auf h', wie in der Abbildung 1-4 dargestellt. Der Überfall wird jetzt als unvollkommen bezeichnet.

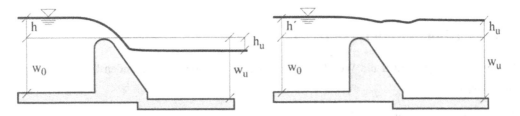

Abbildung 1-4:   Vollkommener und unvollkommener Überfall bei konstantem Q

Für den vollkommenen Überfall gilt die Poleni-Gleichung.

$$Q = C_h \cdot b \cdot h^{\frac{3}{2}}$$

Beim unvollkommenen Überfall ist bei konstantem Q nach Abbildung 1-4 $h' > h$ und somit auch $C_h' > C_h$. Rechnerisch ergäbe sich nach der Poleni-Gleichung ein zu großer Abfluss. Da dieser aber konstant ist, muss mit einem Faktor φ multipliziert werden, der kleiner als 1 ist.

$$Q = \varphi \cdot C_h' \cdot b \cdot h'^{\frac{3}{2}}$$

Beide Abflüsse sind aber gleich, so dass φ experimentell über Gleichung (1.20) bestimmt werden kann.

$$\varphi = \left(\frac{h}{h'}\right)^{\frac{3}{2}} \cdot \frac{C_h}{C_h'} \tag{1.20}$$

C_h und C_h' sind immer die dazugehörigen Überfallbeiwerte für den vollkommenen Überfall. Für den Abminderungsfaktor φ ergeben sich die folgenden dimensionsanalytischen Abhängigkeiten.

$$\varphi_{dB} = f\left(\frac{h_u}{H}; \frac{w_u}{H}\right) = f\left(\frac{h_u}{H}; \frac{h_u}{h_u + w_u}\right) \tag{1.21}$$

$$\varphi_P = f\left(\frac{h_u}{h}; \frac{h_u}{h_u + w_u}\right) = f\left(\frac{h_u}{h}; \frac{w_u}{h}\right) \tag{1.22}$$

Der Beginn des unvollkommenen Überfalles ist für jede Überfallwassermenge gesondert festgelegt und wird durch die Kurve $\varphi = 1$ beschrieben. Hier ist die Grenze zwischen vollkommenem und unvollkommenem Überfall.

1.3   Übersicht der Wehre

Um einen Überblick über die Wehrformen zu geben, sind die nachfolgenden Übersichten zusammengestellt.

Tabelle 1-5:   Scharfkantige Wehre

Wehrform	grafische Darstellung
Scharfkantig senkrecht ohne Seiteneinengung	
Scharfkantig geneigt ohne Seiteneinengung	
Scharfkantig senkrecht, rechteckig eingeengt	
Scharfkantig senkrecht, dreieckförmig eingeengt	
Scharfkantig senkrecht, parabelförmig eingeengt	
Scharfkantig senkrecht, kreisförmig eingeengt	

Tabelle 1-6:   Schmalkronige Wehre

Wehrform	grafische Darstellung
Schmalkronig scharfkantig	
Schmalkronig angerundet	
Schmalkronig angephast	

Tabelle 1-7:   Breitkronige Wehre

Wehrform	grafische Darstellung
Breitkronig scharfkantig	
Breitkronig angerundet	
Breitkronig angephast	
Breitkronig angeschrägt	

Tabelle 1-8:   Rundkronige Wehre

Wehrform	grafische Darstellung
Halbkreisförmiges Wehr mit senkrechten Wänden	
Rundkroniges Wehr mit Ausrundungsradius und Schussrücken	
Standardprofil für den Entwurfsfall- druckfrei	

Tabelle 1-9:   Weitere Wehrformen

Wehrform	grafische Darstellung
Unterströmte Wehre (Schütze)	
Schachtüberfall	
Heberwehr	

2 Der vollkommene Überfall an unterschiedlichen Wehrformen

Entsprechend den Kriterien aus der Tabelle 1-3 sollen hier

- scharfkantige Wehre,
- schmalkronige Wehre,
- breitkronige Wehre,
- rundkronige Wehre sowie
- einige Sonderformen

untersucht werden. Vergleicht man die Tabelle 1-1 mit den Übersicht im Abschnitt 1.2 hinsichtlich der Anzahl an unterschiedlichen Wehrformen, so ist festzustellen, dass die wissenschaftliche Behandlung von Überfällen unzureichend in der Literatur durchgeführt wurde und wird. Die bauliche Vielfalt von Wehren und Überfällen liefert ebenfalls eine äußerst umfangreiche hydraulische Vielfalt unterschiedlicher Ansätze zur Berechnung der Beiwerte für den vollkommenen und den unvollkommenen Überfall.

Vergleicht man die in der Praxis vorkommenden Überfallformen in Gewässern und im Bereich der Abwassertechnik, so findet man oft solche abenteuerlichen Konstruktionen, die sich jeder fundierten hydraulischen Berechnung entziehen. Trotzdem gibt es für jede Wehrform eine „wissenschaftliche Lösung". Die vorprogrammierten Mängel dieser Fehlkonstruktionen können selbst von einem geübten Experten nicht abgeschätzt werden.

2.1 Der vollkommene Überfall an scharfkantigen Wehren

Scharfkantige Wehre wurden schon relativ früh wissenschaftlich untersucht. Bazin [5] publizierte bereits 1886 seine ersten Ergebnisse. In diesem Lehr- und Handbuch werden einige seiner Ergebnisse vorgestellt. Rehbock [40] stellt relativ umfangreich die Resultate von Bazin dar und findet für den belüfteten vollkommenen Überfall in seinen Untersuchungen eine Beziehung, die in diesem Buch ausschließlich verwendet wird.

Die bei Bazin [5] und Rehbock [40] durchgeführten Laboruntersuchungen waren umfangreich und sehr sorgfältig. Die beim belüfteten vollkommenen Überfall aufgenommenen Wasserspiegelverläufe dienten zum Beispiel als Grundlage für die konstruktive Gestaltung des so genannten Standardprofils.

Beim belüfteten scharfkantigen Wehr werden die beiden Wasserspiegelverläufe sowohl oberhalb als auch unterhalb vom Atmosphärendruck bestimmt. Sie sind somit durch Störungen leicht beeinflussbar. Misst man bei einer beliebigen Überfallhöhe h den Abstand zwischen der Wehrkrone und dem unteren Wasserspiegel, so ist diesem Abstand eine eindeutige Zahlengröße zuzuordnen. Diese Überlegung gilt für alle möglichen messbaren Abstände an beiden Wasserspiegeln. Durch diese Abhängigkeiten ist es im Umkehrschluss möglich, Überfallhöhe und Überfallwassermenge zu berechnen, wenn nur ein konkreter Abstand durch Messung festgelegt ist. Entscheidend ist bei allen hier vorgestellten scharfkantigen Wehren, dass sie als Messwehr verwendet werden sollen. Der maximale Fehler kann insbesondere beim scharfkantig rechteckigen und scharfkantig dreieckförmig eingeengtem Wehr 1% unterschreiten. Natürlich müssen die geforderten Randbedingungen sorgfältig eingehalten werden.

2.1.1   An scharfkantig senkrechten und scharfkantig geneigten Wehren

Zuerst soll der Fall des scharfkantig senkrechten Wehres betrachtet werden. Findet hinreichende Belüftung der Wehrunterseite statt, kann sich der Überfallstrahl vollständig vom Wehrkörper ablösen. Auf der Unterseite des Überfallstrahles stellt sich Luftdruck ein. Abbildung 2-1 stellt die hydromechanischen Zusammenhänge dar. Eine derartige Form soll hier als freier Überfallstrahl oder belüfteter Überfallstrahl bezeichnet werden.

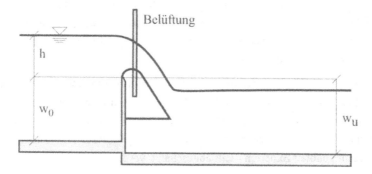

Abbildung 2-1:   Freier oder belüfteter Überfallstrahl an senkrechten Wehren

Die Ausgestaltung des scharfkantigen Wehres sollte durch eine zwei Millimeter breite horizontale Überfallkante sowie durch eine Neigung von 45° auf der Unterwasserseite erfolgen. Der Überfallbeiwert μ_0 bestimmt die Leistungsfähigkeit des Wehres. Es gilt:

$$\mu_0 = f\left(\frac{h}{w_0}\right).$$

Die Berechnung von der Überfallwassermenge Q kann grundsätzlich über die Gleichungen 1.9 oder 1.12 erfolgen, je nachdem, ob man sich dabei auf die Energiehöhe H oder auf die Überfallhöhe h bezieht. Im weiteren Verlauf der folgenden Berechnungen wird sich auf die Überfallhöhe h bezogen.

Im folgenden Abschnitt soll der Einfluss der Neigung auf diese Wehrform erläutert werden. Der Überfallbeiwert μ_0 charakterisiert dabei den senkrechten Fall. Nach Rehbock [39] gilt für diesen eine lineare Funktion.

$$\mu_0 = 0,6035 + 0,0813 \cdot \frac{h_e}{w_0} \tag{2.1}$$

mit

$$h_e = h + 0,0011 \tag{2.2}$$

Werden die geforderten Randbedingungen eingehalten, beträgt die Abweichung der berechneten Werte durch Gleichung 2.1 zu den aufgenommenen Messwerten maximal 1%. Bei der Berechnung des Überfallbeiwertes für den belüfteten Fall wird der sehr geringe Einfluss über die Gleichung 2.2 unberücksichtigt gelassen und $h_e = h$ gesetzt. Mit Gleichung 2.1 und 2.2 gilt:

$$\mu_0 = 0,6035 + 0,0813 \cdot \frac{h}{w_0} + \frac{0,00008943}{w_0}$$

In der Gleichung 2.1 steht dann das Verhältnis h/w_0. Die Leistungsfähigkeit des geneigten Wehres wird über die folgende Abhängigkeit bestimmt:

$$\mu_\alpha = f(h/w_0; \alpha)$$

Die konstruktive Gestaltung dieser Wehrform ist in Abbildung 2-2 dargestellt.

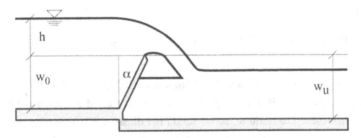

Abbildung 2-2: Scharfkantig geneigtes Wehr

Der Einfluss der Wehrneigung wird durch einen Korrekturwert χ - berücksichtigt. Dieser stellt das Verhältnis der Überfallbeiwerte μ_α bei einer Neigung α zu μ_0 der senkrechten Wand dar. Die Beziehung 2.3 für die Berechnung von χ wird durch den Winkel α bestimmt.

$$\chi = 1 + 0,002374 \cdot \alpha + 1,74 \cdot 10^{-5} \cdot \alpha^2 - 2,866 \cdot 10^{-8} \cdot \alpha^3 - 5,14 \cdot 10^{-9} \cdot \alpha^4 \tag{2.3}$$

Diese Gleichung wurde vom Autor nach Daten aus Bollrich [7] als Ausgleichsfunktion berechnet. Verbindet man μ_0 und χ, so lautet die gesuchte Berechnungsvorschrift für μ_α

$$\mu_\alpha = \mu_0 \cdot \chi \tag{2.4}$$

Setzt man Gleichung 2.4 in die Poleni-Gleichung ein, so kann für jede Neigung und jede Überfallhöhe eine Überfallwassermenge berechnet werden, wobei α in Grad (Taschenrechnermodus DEG) einzusetzen ist. Die Überfallgleichung lautet.

$$Q = \frac{2}{3}\mu_\alpha \cdot b \cdot \sqrt{2g} \cdot h^{\frac{3}{2}}$$

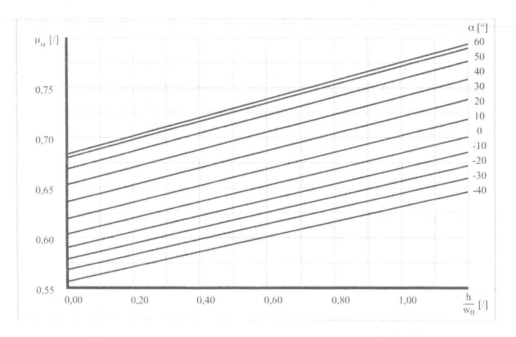

Abbildung 2-3:   Überfallbeiwerte für scharfkantig senkrechte und scharfkantig geneigte Wehre

Einsatzgrenzen sind $-45^\circ < \alpha < 70^\circ$ sowie $0,15\,\mathrm{m} < w_0 < 1,20\,\mathrm{m}$ und $h < 4w_0$. Gleichung 2.4 ist in Abbildung 2-3 dargestellt. Für α gleich Null findet man die Gleichung nach Rehbock [39]. Betrachtet man diese Darstellung, so ist schon bei dieser Wehrform eine erhebliche Bandbreite der Überfallbeiwerte beziehungsweise des Leistungsvermögens feststellbar. Im dargestellten Überfallhöhenbereich variiert der Überfallbeiwert für den senkrechten Fall von $0,6035 < \mu_0 < 0,70$. Eine positive Neigung des Wehres in Strömungsrichtung verbessert die hydraulischen Randbedingungen und vergrößert das Abflussvermögen.

2.1.2   An scharfkantig senkrechten, rechteckig eingeengten Wehren

Ist die Breite der Überfallöffnung b kleiner als die Breite B des Zulaufgerinnes, so tritt zusätzlich eine seitliche Strahleinschnürung ein. Dadurch werden die Abflussbedingungen gestört, die Überfallwassermenge nimmt ab. Die abgesenkte Wasserspiegelbreite wird durch b_0 beschrieben. Bei dieser Wehrform stimmen Wehrbreite b und Wasserspiegelbreite b_0 überein. Solche Wehre werden oft zu Messzwecken eingesetzt. Dies setzt voraus, dass die Wehrkonstruktion und die Zulaufbedingungen im Rechteckgerinne eindeutig beschrieben werden können.

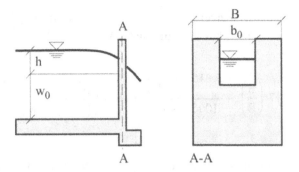

Abbildung 2-4: Vollkommener Überfall an scharfkantig senkrechten, rechteckig eingeengten Wehren

Die Ausbildung der Öffnung muss horizontal und scharfkantig sein. Die Kantenbreite beträgt zwei Millimeter. Die luftseitige Neigung verläuft unter einem Winkel von 45°. Am Messwehr muss der luftseitige Strahl belüftet sein.

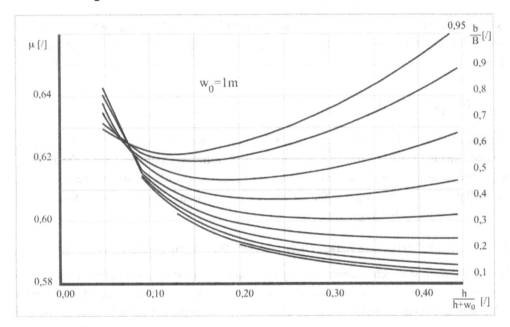

Abbildung 2-5: Überfallbeiwerte für scharfkantig senkrechte, rechteckig eingeengte Wehre bei $w_0 = 1,00m$

Die verschiedenen Profile werden, beginnend mit dem scharfkantig rechteckig eingeengten Wehr, in den folgenden Unterpunkten behandelt. Bei der vorliegenden Wehrform ist zwischen Kanalbreite B und der Überfallbreite b des scharfkantigen Wehres zu unterscheiden. Diese Wehrform ist sehr ausführlich untersucht worden. Nach den Untersuchungen des Schweizer-

ischen Ingenieur- und Architektenvereines (SIAV) gilt die Beziehung 2.5 für den vollkommenen Überfall an scharfkantig rechteckig eingeengten Wehren.

$$\mu = \left[0,578 + 0,037 \cdot \left(\frac{b}{B}\right)^2 + \frac{3,615 - 3 \cdot \left(\frac{b}{B}\right)^2}{1000 \cdot h + 1,60} \right] \cdot \left[1 + \frac{1}{2}\left(\frac{b}{B}\right)^4 \cdot \left(\frac{h}{h + w_0}\right)^2 \right] \qquad (2.5)$$

Der Überfallbeiwert μ ist vom Verhältnis b/B sowie vom Verhältnis Überfallhöhe h zum Gesamtwasserstand $h + w_0$ abhängig. Diese letzte Abhängigkeit drückt den prozentualen Anteil
der Überfallhöhe am Gesamtwasserstand vor dem Überfall aus.

$$\mu = f\left(\frac{b}{B}; \frac{h}{h + w_0}\right)$$

Es müssen die Grenzen $w_0 > 0,30\,\text{m}$ und $b/w_0 > 1,00$ sowie $0,025 \cdot B/b \le h \le 0,80\,\text{m}$ eingehalten werden. Die Berechnung der Überfallwassermenge erfolgt wieder durch die Poleni-Glei-
chung.

$$Q = \frac{2}{3}\mu \cdot b \cdot \sqrt{2g} \cdot h^{\frac{3}{2}}$$

Die Variabilität der Überfallbeiwerte liegt bei dieser Wehrform bei neun Prozent. Durch die
Parametrisierung von b/B sind alle hydraulisch wesentlichen Einflussgrößen erfasst. Einige
Kurvenverläufe zeigen an besonderen $h/(h + w_0)$ Punkten ein Minimum. Der sehr komplexe
Überfallbeiwert μ ist für $w_0 = 1,00\,\text{m}$ in einem dimensionsanalytisch korrekten Koordinaten-
system in Abbildung 2-5 dargestellt.

2.1.3   An scharfkantig senkrechten, dreieckförmig eingeengten Wehren

Das scharfkantig senkrechte, dreieckförmig eingeengte Wehr ist das am häufigsten untersuchte
Messwehr und kann als Präzisionsmesseinrichtung verstanden werden. Analog dem belüfteten
scharfkantigen Wehr kann die Genauigkeit bei der Berechung der Überfallwassermenge unter
1% liegen. Dazu müssen eine Reihe von notwendigen Randbedingungen erfüllt sein. Nach
Messungen von Barr [3] werden die folgenden vier Fälle unterschieden:

- Der Strahl haftet komplett an der Luftseite der Wehrkonstruktion bis zu $h < 3,00\,\text{cm}$.
- Der Strahl haftet an der Luftseite der Wehrkonstruktion und schließt Luftblasen im
  Unterwasserbereich ein. Dies gilt für eine Überfallhöhe h von $2,50\,\text{cm} < h < 4,50\,\text{cm}$ und
  ist mit beträchtlicher Verminderung des Überfallbeiwertes verbunden.
- Der Strahl ist in der Mitte frei, haftet aber seitlich an der Wehrplatte ($h > 4,00\,\text{cm}$).

- Der Strahl ist komplett frei, falls die Überfallhöhe größer als 4cm ist und die Wehrkrone geölt wurde.

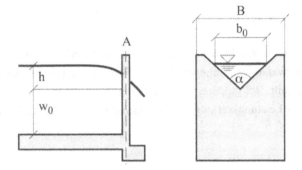

Abbildung 2-6: Vollkommener Überfall an scharfkantig senkrechten, dreieckförmig eingeengten Wehren

Diese Untersuchungen wurden an einem Wehr mit einem Öffnungswinkel von 90° durchgeführt. Die ersten Untersuchungen stammen von Thomson [50]. Unter Berücksichtigung der Geschwindigkeitsverteilung des Überfallstrahles nach Torricelli leitete Thomson die Überfallgleichung für diesen Fall ab. Er ermittelte eine auf die Energiehöhe H bezogene Gleichung.

$$Q = \frac{8}{15}\mu \cdot \tan\left(\frac{\alpha}{2}\right) \cdot \sqrt{2g} \cdot H^{\frac{5}{2}} \tag{2.6}$$

Bedingt durch die linear veränderliche Wehrbreite steht nicht $H^{3/2}$, sondern $H^{5/2}$ in der Gleichung für die Berechnung der Überfallwassermenge. Hager [14] hat die wesentlichen Untersuchungen von Torricelli bis zur Gegenwart zusammengefasst. Die hier verwendeten Beziehungen stammen von ihm. Sie lauten

$$\mu = f\left(\text{Re}; W; B; h; w_0; \alpha\right)$$

$$\mu = \frac{1}{\sqrt{3}}\left(1 + \left[\frac{h^2 \cdot \tan\left(\frac{\alpha}{2}\right)}{3B \cdot \left(h + w_0\right)}\right]^2\right) \cdot \left(1 + \frac{0{,}66}{1000h^{\frac{3}{2}} \cdot \tan\left(\frac{\alpha}{2}\right)}\right) \tag{2.7}$$

Die Einsatzgrenzen sind $h > 0{,}05$ und $w_0 > h$ sowie $20° < \alpha < 110°$. Die maximale Überfallhöhe h_{max} ist festgelegt durch die Beziehung 2.8.

$$h_{max} < \frac{B}{2\tan\left(\frac{\alpha}{2}\right)} \tag{2.8}$$

Bedingt durch die Variabilität der Kanalbreite B und des Öffnungswinkels α des scharfkantig dreieckförmig eingeengten Wehres ist die Überfallhöhe h durch h_{max} begrenzt.

$$Q = \frac{8}{15}\mu \cdot \tan\left(\frac{\alpha}{2}\right) \cdot \sqrt{2g} \cdot h^{\frac{5}{2}}$$
(2.9)

In Abbildung 2-7 ist der Überfallbeiwert für diese Wehrkonstruktion für eine Kanalbreite von $B = 2{,}00\,\text{m}$, einer Oberwasserwehrhöhe von $w_0 = 1{,}50\text{m}$ sowie für vier unterschiedliche Öffnungswinkel α dargestellt. Bei größeren Überfallhöhen h zeigt der Überfallbeiwert μ asymptotisches Verhalten. Das Leistungsvermögen ändert sich nur mit der Überfallhöhe.

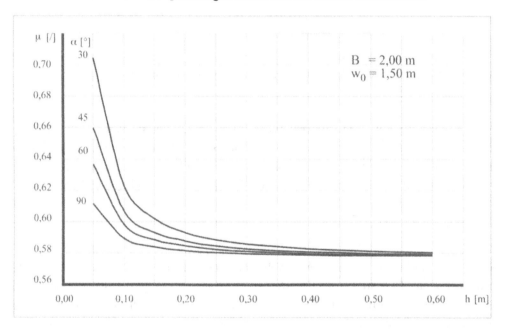

Abbildung 2-7:   Überfallbeiwerte für scharfkantig senkrechte, dreieckigförmig eingeengte Wehre

2.1.4   An scharfkantig senkrechten, parabelförmig eingeengten Wehren

Für die quadratische Parabel gilt

$$x^2 = 2p \cdot y.$$

Mit der Wassertiefe $y = h$ und der Wasserspiegelbreite $b_0 = 2x$ ist der Zusammenhang zur Hydromechanik hergestellt.

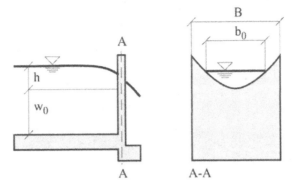

Abbildung 2-8:   Vollkommener Überfall an scharfkantig, senkrechten, parabelförmig
                     eingeengten Wehren

Tabelle 2-1:   Überfallbeiwerte C als Funktion von p für scharfkantig senkrechte, parabelförmig
                   eingeengte Wehre

$p\,[m]$	$C\left[\dfrac{m}{s}\right]$	$p\,[m]$	$C\left[\dfrac{m}{s}\right]$	$p\,[m]$	$C\left[\dfrac{m}{s}\right]$	$p\,[m]$	$C\left[\dfrac{m}{s}\right]$
0,00	0,0000	0,50	0,2089	1,00	0,2930	3,50	0,5400
0,10	0,0953	0,60	0,2284	1,50	0,3571	4,00	0,5763
0,20	0,1336	0,70	0,2462	2,00	0,4109	5,00	0,6426
0,30	0,1628	0,80	0,2628	2,50	0,4582		
0,40	0,1874	0,90	0,2783	3,00	0,5008		

Für den Parameter p besteht der Zusammenhang

$$p = \frac{b_0^2}{8h} \qquad . \tag{2.10}$$

Mit $C = 0{,}293 \cdot p^{0{,}488}$ erhält man die Überfallwassermenge aus:

$$Q = 0{,}293 p^{0{,}488} \cdot h^2 = 0{,}293 \left(\frac{b_0^2}{8h}\right)^{0{,}488} \cdot h^2 \tag{2.11}$$

Die Beziehungen sind aus Mostkow [28] entnommen. C in Meter pro Sekunde ist der Überfallbeiwert. Für unterschiedliche Parameter p der Parabel sind die Überfallbeiwerte in der Tabelle
2-1 und in der Abbildung 2-9 angegeben.

Mit Hilfe der Gleichung 2.11 ist der Abfluss Q für diesen Überfall in Abbildung 2-10 ausgewiesen.

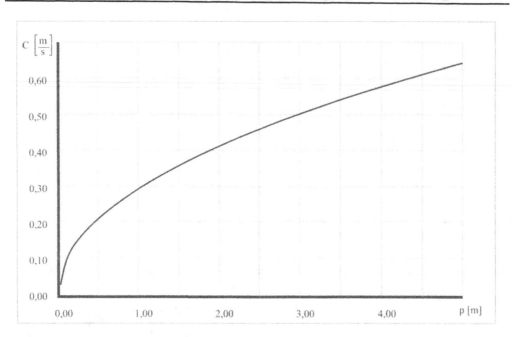

Abbildung 2-9:   Überfallbeiwerte C als Funktion von p für scharfkantig senkrechte, parabelförmig
                     eingeengte Wehre

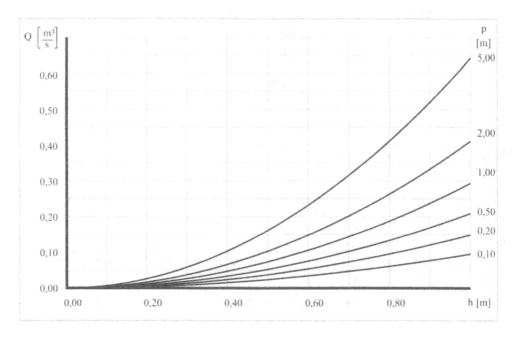

Abbildung 2-10: Q über h mit Parameter p an scharfkantig senkrechten, parabelförmig eingeengten
                     Wehren

2.1.5 An scharfkantig senkrechten, kreisförmig eingeengten Wehren

Für diesen Überfall gelten nach Mostkow [28] beziehungsweise Franke [13] die Beziehungen.

$$Q = 0,31623 \cdot \mu \cdot Q_i \cdot d^{\frac{5}{2}} \text{ mit} \tag{2.12}$$

$$\mu = 0,555 + 0,041 \cdot \frac{h}{d} + \frac{0,0090909}{\frac{h}{d}} \tag{2.13}$$

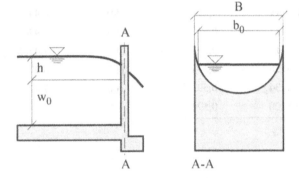

Abbildung 2-11: Vollkommener Überfall an scharfkantig senkrechten, kreisförmig eingeengten Wehren

Die Funktion 2.13 hat bei dem relativen Verhältnis h/d = 0,47088 seinen minimalen Wert. Für den Überfallbeiwert gilt μ_{min} = 0,5936.

Der Definitionsbereich ist durch 0,075 < (h/d) < 1,00 vorgegeben. Q_i ist der vom Verhältnis h/d abhängende Abfluss bei d = 0,10m. Die Tabelle 2-2 zeigt sowohl die Überfallbeiwerte μ als auch die gemessenen Werte Q_i. Bezogen sind diese Daten auf die relative Überfallhöhe. Sowohl μ als auch Q_i liefern unabhängig vom Durchmesser d des gewählten Kreises bei konstantem h/d den gleichen Zahlenwert. Diese Abhängigkeiten sind aus Franke [13] und Mostkow [28] entnommen.

Für überschlägige Berechnungen kann man aus der Abbildung 2-13 für unterschiedliche Durchmesser d in Abhängigkeit von der relativen Überfallhöhe h/d die Überfallwassermengen Q ablesen.

Tabelle 2-2:   Wesentliche Größen des scharfkantig senkrechten, kreisförmig eingeengten Wehres

$\dfrac{h}{d}$	$Q_i \left[\dfrac{1}{s}\right]$	μ	$\dfrac{h}{d}$	$Q_i \left[\dfrac{1}{s}\right]$	μ
0,00	0,0000		0,60	3,2929	0,5948
0,075	0,0197	0,6793	0,65	3,7893	0,5956
0,10	0,1072	0,6500	0,70	4,3047	0,5967
0,15	0,2380	0,6218	0,75	4,8328	0,5979
0,20	0,4173	0,6087	0,80	5,3718	0,5992
0,25	0,6426	0,6016	0,85	5,9123	0,6005
0,30	0,9119	0,5976	0,90	6,4511	0,6020
0,35	1,2221	0,5953	0,95	6,9744	0,6035
0,40	1,5713	0,5941	1,00	7,4705	0,6051
0,45	1,9556	0,5937	0,95	6,9744	0,6035
0,50	2,3734	0,5937	1,00	7,4705	0,6051
0,55	2,8200	0,5941			

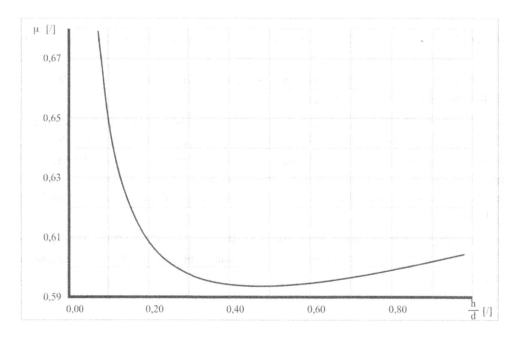

Abbildung 2-12:   Überfallbeiwerte für den vollkommenen Überfall an scharfkantig senkrechten, kreisförmig eingeengten Wehren

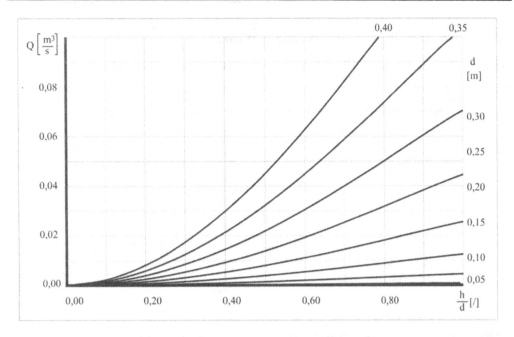

Abbildung 2-13: Relative Überfallhöhen Abflussbeziehung an scharfkantig senkrechten, kreisförmig eingeengten Wehren

2.2   Der vollkommene Überfall an schmalkronigen Wehren

Der Überfallbeiwert für schmalkronige Wehre muss neben dem Verhältnis w_0/h zusätzlich den Einfluss der Wehrlänge L in Fließrichtung (Dicke der Wehrtafel) sowie die geometrischen Randbedingungen im Einlaufbereich des Wehres wiedergeben. Schmalkronige Wehre wirken in ihren hydrodynamischen Grenzbereichen, also bei kleinen, beziehungsweise großen Überfallhöhen h, völlig unterschiedlich. Kleine Überfallhöhen ergeben einen Wasserspiegelverlauf ähnlich dem von breitkronigen Wehren, der sich gewellt oder mit fast parallelen Strombahnen darstellt. Der Überfallbeiwert ist zum Teil erheblich kleiner als beim scharfkantigen Wehr. Bei großen Überfallhöhen h liegen entsprechende Verhältnisse wie beim scharfkantigen Wehr vor. Nachfolgend werden die drei in der Praxis vorkommenden geometrischen Bereiche schmalkroniger Wehre behandelt. Die nachfolgenden Ergebnisse wurden bereits in früheren Veröffentlichungen ([34] und [35]) publiziert.

Mit diesen Beziehungen sind die drei in der Praxis vorkommenden schmalkronigen Wehre so aufbereitet, dass für den vollkommenen Überfall der Einfluss der Wehrhöhe, der Einlaufgeometrie, der Wehrlänge und Überfallhöhe Berücksichtigung findet.

2.2.1 An schmalkronig scharfkantigen Wehren

Bei dieser Wehrform wird der Überfallbeiwert von den Parametern h/w_0 und h/L bestimmt.

$$\mu = f\left(\frac{h}{w_0};\frac{h}{L}\right) = \mu_1 \cdot \mu_2 \tag{2.14}$$

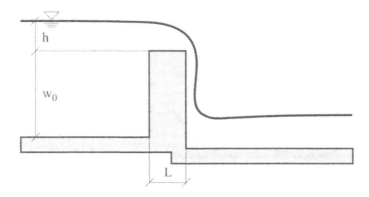

Abbildung 2-14: Vollkommener Überfall an schmalkronig scharfkantigen Wehren

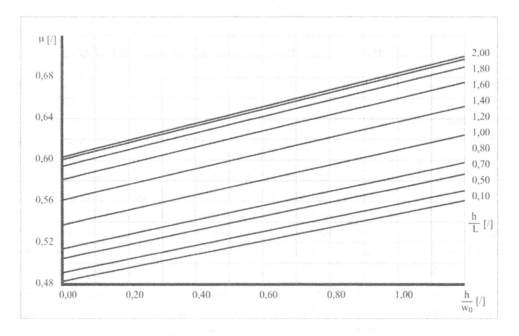

Abbildung 2-15: Überfallbeiwerte für den vollkommenen Überfall an schmalkronig scharfkantigen Wehren

Für die Einsatzgrenzen gilt $w_0 \geq 0,30\,\text{m}$ und $h/w_0 < 1,20$. Unter Berücksichtigung von (2.14) erhält man:

$$\mu = \mu_1 \cdot \mu_2 = \left(0,6035 + 0,0813 \cdot \frac{h}{w_0}\right) \cdot \left(1 - 0,20 \cdot e^{-0,60 \cdot \left(\frac{h}{L}\right)^{3,06}}\right) \tag{2.15}$$

$$Q = \frac{2}{3}\mu_1 \cdot \mu_2 \cdot b \cdot \sqrt{2g} \cdot h^{\frac{3}{2}}$$

Der breitkronige Einfluss wird durch μ_2 berücksichtigt und verringert die Abflussleistung gegenüber dem dünnen scharfkantigen Wehr erheblich. Dieser Wert μ_2 muss also kleiner als eins sein. Der breitkronige Einfluss verschwindet bei einem Verhältnis $h/L > 1,80$.

2.2.2   An schmalkronig angerundeten Wehren

Eine angerundete Vorderkante führt zu einer Zunahme des Überfallbeiwertes. Für einen Radius gleich Null liegt der scharfkantige Fall vor. Die Zunahme der hydraulischen Leistungsfähigkeit beträgt maximal 14 %.

$$\mu = f\left(\frac{h}{w_0}; \frac{h}{L}; \frac{r}{L}\right) = \mu_1 \cdot \mu_2 \cdot \mu_3 \tag{2.16}$$

Für die Einsatzgrenzen gilt analog $w_0 \geq 0,30\,\text{m}$ und $h/w_0 < 1,20\,\text{m}$. Die dargestellten Werte wurden im Labor für wasserbauliches Versuchswesen der Hochschule Magdeburg-Stendal (FH) bei einem Verhältnis von $r/L = 1/3$ ermittelt.

$$\mu = \mu_1 \cdot \mu_2 \cdot \mu_3$$

$$\mu = \left(0,6034 + 0,0813 \cdot \frac{h}{w_0}\right) \cdot \left(1 - 0,20 \cdot e^{-0,60 \cdot \left(\frac{h}{L}\right)^{3,06}}\right) \cdot 1,14 \cdot e^{-0,06 \cdot \left(\frac{h}{L}\right)^{0,50}} \tag{2.17}$$

$$Q = \frac{2}{3}\mu_1 \cdot \mu_2 \cdot \mu_3 \cdot b \cdot \sqrt{2g} \cdot h^{\frac{3}{2}} \quad \text{für} \quad \frac{r}{L} = \frac{1}{3}$$

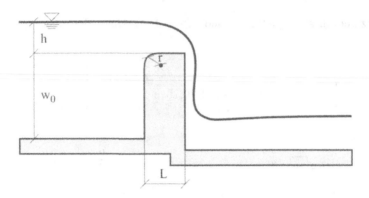

Abbildung 2-16: Vollkommener Überfall an schmalkronig angerundeten Wehren

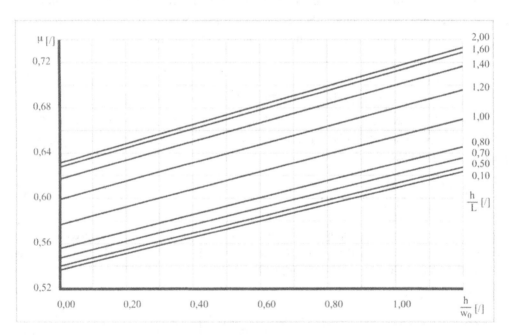

Abbildung 2-17: Überfallbeiwerte für den vollkommenen Überfall an schmalkronig angerundeten
       Wehren

2.2.3 An schmalkronig angephasten Wehren

Bei der konstruktiven Gestaltung des angephasten Wehrköpers gelten ähnliche Überlegungen
wie beim angerundeten schmalkronigen Wehr. Die Phase ist unter 45° geneigt.

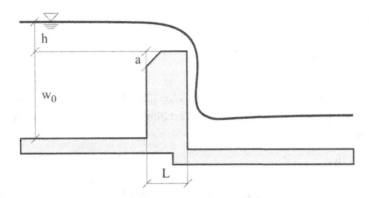

Abbildung 2-18: Vollkommener Überfall an schmalkronig, angephasten Wehren

Die Verbesserung der Leistungsfähigkeit erreicht maximal 10 %.

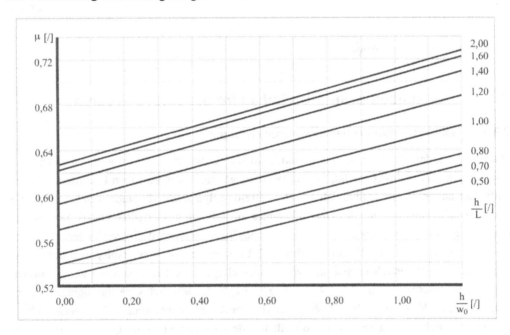

Abbildung 2-19: Überfallbeiwerte für den vollkommenen Überfall an schmalkronig angephasten Wehren

Für μ gilt dann:

$$\mu = f\left(\frac{h}{w_0}; \frac{h}{L}\right) = \mu_1 \cdot \mu_2 \cdot \mu_3 \tag{2.18}$$

Die Grenzen liegen analog zu denen an anderen schmalkronigen Wehrformen bei $w_0 \geq 0,30\,m$ und $h/w_0 < 1,20\,m$. Es wurde wiederum das Verhältnis $a/L = 1/3$ beziehungsweise $L = 3 \cdot a$ genauer untersucht.

$$\mu = \mu_1 \cdot \mu_2 \cdot \mu_3$$

$$\mu = \left(0,6035 + 0,0813 \cdot \frac{h + 0,0011}{w_0}\right) \cdot \left(1 - 0,20 \cdot e^{-0,60 \cdot \left(\frac{h}{L}\right)^{3,06}}\right) \cdot 1,10 \cdot e^{-0,037 \cdot \left(\frac{h}{L}\right)^{0,60}}$$

$$\tag{2.19}$$

$$Q = \frac{2}{3} \mu_1 \cdot \mu_2 \cdot \mu_3 \cdot b \cdot \sqrt{2g} \cdot h^{\frac{3}{2}}$$

2.3   Der vollkommene Überfall an breitkronigen Wehren

2.3.1   Die Wasserspiegellagen an breitkronigen Wehren

Die Annahme, dass der Abfluss über breitkronige Wehre mit parallelen Stromlinien und hydrostatischer Druckverteilung erfolgt, findet man durchgängig in der gesamten Fachliteratur. Dies trifft aber nur in einem Teilbereich zu. Der „Breitkronige Zustand" beginnt dann, wenn die durchgehende Senkungslinie des Überfallstrahles ihr Krümmungsverhalten ändert. Dies ist bei einem Verhältnis von $L/h > 2,50$ der Fall. Grundsätzlich werden drei verschiedene L/h- Bereiche unterschieden, die den in Abbildung 2-20 dargestellten Wasserspiegelverläufen entsprechen. Hierbei handelt es sich um Wasserspiegellagen, die bei Versuchen aufgenommen wurden. Im Intervall $2,50 < L/h < 4,50$ (Typ 1) liegt grundsätzlich eine durchgehende Senkungslinie des Wasserspiegels vor. Wird bei vorgegebener Wehrgeometrie die Überfallhöhe h abgesenkt (durch Verringern von Q), so stellt sich der klassische Fall mit quasi-hydrostatischer Druckverteilung ein. Für die Bemessung breitkroniger Wehre findet sich in der Literatur fast ausschließlich dieser Fall, wobei die konstante Wassertiefe auf dem Wehrrücken mit der Grenztiefe gleichgesetzt wird. Ganz wichtig ist die Erkenntnis, dass der parallele Abfluss auf dem Rücken mit einer Wassertiefe h_p erfolgt, die *kleiner* als die Grenztiefe ist. Diese Feststellung findet man mittlerweile häufiger in der Literatur (Mostkow, [28]). In der Abbildung 2-20 ist dieser Zusammenhang graphisch dargestellt. Das zugehörige Intervall liegt in den Grenzen $4,50 < (L/h) < 6,50$ (Typ 2) Mit Hilfe der nachfolgenden Beziehung, die exakt für $n = 0$ gilt, kann die relative und absolute Absenkung im betrachteten Intervall berechnet werden.

$$\frac{h_p}{h} = (2,6445 - 3,4175 \cdot C_h + 1,323 \cdot C_h^2) \cdot \left(1 + \frac{v_0^2}{2g \cdot h}\right) \tag{2.20}$$

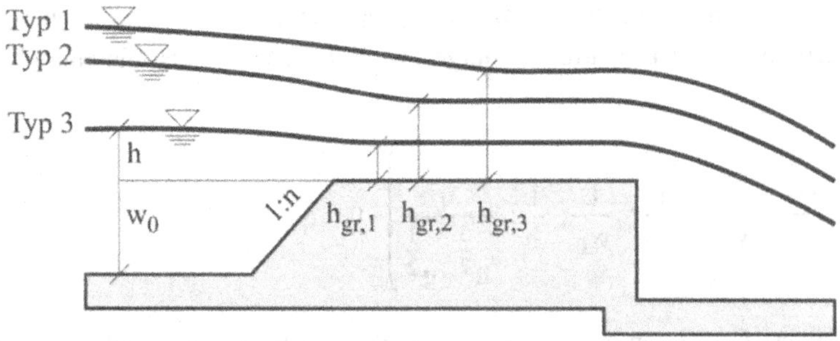

Abbildung 2-20: Gemessene Wasserspiegellinien über einem breitkronigen Wehr

Verkleinert man die Überfallhöhe h weiter, so stellt man eine Veränderung im Bereich des parallelen Abflusses fest. Es bildet sich eine Staukurve heraus, deren Lage bei konstanten Parametern stationär ist. Die Ursache des Ansteigens der Wassertiefe liegt an der energetischen Situation. Die zur Parallelwassertiefe gehörende Energiehöhe reicht nicht aus, um den Wasserspiegel auf dem Wehrrücken konstant zu halten. Die Energie ist zu gering, um die Strömungsverluste zu decken. Die Strömung geht in eine energetisch günstigere Form über, der Wasserspiegel steigt, bleibt aber noch schießend. Die sich anschließende Senkungskurve ist durch den Absturz bedingt. Die Grenzen liegen bei $6 < L/h < 12$ für den Spiegelverlauf vom Typ 3. Diese drei deutlich zu unterscheidenden Wasserspiegelverläufe können formal unter der Bezeichnung „Breitkroniges Fließen" zusammengefasst werden. Dieses gilt für den Bereich

$$2,50 < \frac{L}{h} < 12.$$

2.3.2 Die Einteilung breitkroniger Wehre nach der Einlaufgeometrie

In der Regel werden die geometrischen Variationen, wie sie als Übersicht in der Tabelle 1-7 dargestellt sind, verwendet. Bei den breitkronigen Wehren werden nicht die μ-Werte, sondern die C_h-Werte verwendet. Für diese gilt die Beziehung:

$$C_h = \frac{2}{3}\sqrt{2g} \cdot \mu_p$$

Die Grenzbereiche des vollkommenen Überfalles betragen nach du Buat

$$1,42 m^{1/2}/s < C_H < 1,705 m^{1/2}/s$$

und nach Poleni

$$1,42 m^{1/2}/s < C_h < 2,15 m^{1/2}/s.$$

Für μ ergibt sich

$$0,481 < \mu_p < 0,728.$$

Die nach dem π-Theorem von Buckingham ermittelten Dimensionszahlen können für die drei dargestellten geometrischen Einlaufbedingungen nach Tabelle 1-7 als Gleichung 2.21 formuliert werden.

$$f\left(n_{br}; \frac{w_0}{h}; \frac{a}{w_0}; \frac{r}{w_0}; \frac{L}{w_0}; \frac{L}{h}; \frac{q}{h^{\frac{3}{2}} \cdot g^{\frac{1}{2}}}\right) = 0 \qquad (2.21)$$

Der Überfallbeiwert C_h ist somit von sieben wesentlichen Kennzahlen abhängig. Unabhängig von der Geometrie des Überfalles ist grundsätzlich beim vollkommenen Überfall das Verhältnis zwischen Überfallhöhe und Grenztiefe durch

$$\frac{h}{h_{gr}} = \frac{1,04}{(\mu_P)^{\frac{2}{3}}} \qquad (2.22)$$

vorgegeben. Die nachfolgenden Bemessungsvorschriften gelten wegen der komplexen Abhängigkeiten nach Gleichung 2.21 für $L/w_0 = 4$.

2.3.3   An breitkronig scharfkantigen und breitkronig angephasten Wehren für $L/w_0 = 4$

Die Phase a ist immer unter 45° geneigt und liegt im Intervall $0 \le (a/w_0) \le 1$. Bei einem Verhältnis $a/w_0 = 0$ liegt der scharfkantige Einlauf vor.

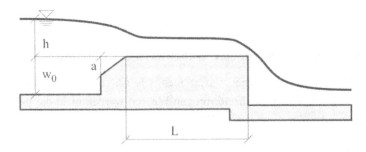

Abbildung 2-21: VollkommenerÜberfall an breitkronig angephasten Wehren

Die Berechnung der Überfallleistung erfolgt mit der Poleni-Gleichung.

$$Q = C_h \cdot b \cdot h^{\frac{3}{2}}$$

Für die C_h- Werte gilt:

$$C_h = f\left(\frac{w_0}{h}; \frac{L}{w_0}; \frac{a}{w_0}\right) = \frac{2}{3}\sqrt{2g} \cdot \mu_p \qquad (2.23)$$

$$C_h = a_1 + a_2 \cdot \ln x + a_3 \cdot (\ln x)^2 + a_4 \cdot (\ln x)^3 + a_5 \cdot (\ln x)^4 + \frac{a_6}{y} + \frac{a_7}{y^2} \qquad (2.24)$$

$$\text{mit } x = \frac{w_0}{h} \text{ und } y = \frac{a}{w_0}$$

Die Einsatzgrenzen sind $w_0 \geq 0{,}30\,m$ und $1{,}50 < (L/h) < 20$ sowie $0{,}20 < w_0/h < 5{,}50$. Die Parameter für diese Gleichung lauten:

$a_1 = 1{,}70665886$ $a_2 = -0{,}10453348$ $a_3 = 0{,}01970854$ $a_4 = 0{,}00505304$

$a_5 = 0{,}00000727$ $a_6 = -0{,}00159755$ $a_7 = -0{,}00002933$

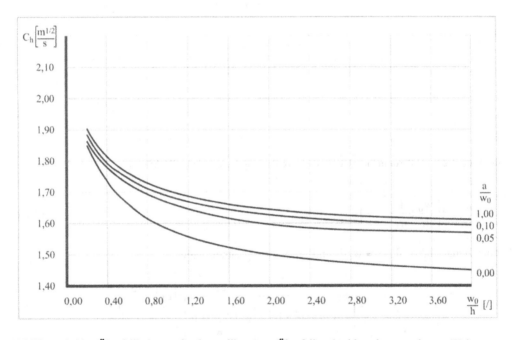

Abbildung 2-22: Überfallbeiwerte für den vollkommen Überfall an breitkronig, angephasten Wehren bei $L/w_0 = 4{,}00$

In der Abbildung 2-22 sind die dimensionsbehafteten Überfallbeiwerte dargestellt. Zu beachten ist, dass die Berechnungen für den senkrechten Fall, also für a gleich Null, nach der Formel 2.25 erfolgen müssen.

$$C_h = 2,15 \cdot \left(\frac{1+2,082 \cdot \dfrac{w_0}{h}}{1+2,782 \cdot \dfrac{w_0}{h}} \right)^{\frac{3}{2}} = \frac{2}{3}\sqrt{2g} \cdot \mu_p = 2,95296 \cdot \mu_p \qquad (2.25)$$

2.3.4 An breitkronig angerundeten Wehren für $L/w_0 = 4$

Diese Wehrform ist die leistungsfähigste unter allen breitkronigen Wehren. Schon eine leichte Anrundung verbessert den Überfallbeiwert erheblich. Der Parameter r/w_0 liegt im Intervall:

$$0 \le \frac{r}{w_0} \le 1.$$

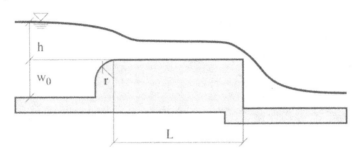

Abbildung 2-23: Vollkommener Überfall an breitkronig angerundeten Wehren

$$C_h = f\left(\frac{w_0}{h}; \frac{L}{w_0}; \frac{r}{w_0} \right) \qquad (2.26)$$

In Gleichung 2.27 ist für $x = w_0/h$ und für $y = r/w_0$ einzusetzen.

$$C_h = a_1 + \frac{a_2}{\left[1+\left(\dfrac{x-a_3}{a_4}\right)^2\right]} + \frac{a_5}{\left[1+\left(\dfrac{y-a_6}{a_7}\right)^2\right]} + \frac{a_8}{\left[1+\left(\dfrac{x-a_3}{a_4}\right)^2\right]} \cdot \left[1+\left(\dfrac{y-a_6}{a_7}\right)^2\right]$$

$$(2.27)$$

Die Einsatzgrenzen sind analog $w_0 \ge 0,30\,\text{m}$ und $1,50 < (L/h) < 20$ sowie $0,20 < w_0/h < 5,50$. Es gelten folgende Parameter für diese Gleichung:

$a_1 = 1,68916268 \qquad a_2 = 2,06702945 \qquad a_3 = -0,57061547 \qquad a_4 = 0,30562981$

$a_5 = -0,96301454 \qquad a_6 = -0,10942429 \qquad a_7 = 0,06203078 \qquad a_8 = 4,25768196$

Für den senkrechten Fall ist in Analogie zu dem angephasten Fall die Gleichung 2.25 anzuwenden.

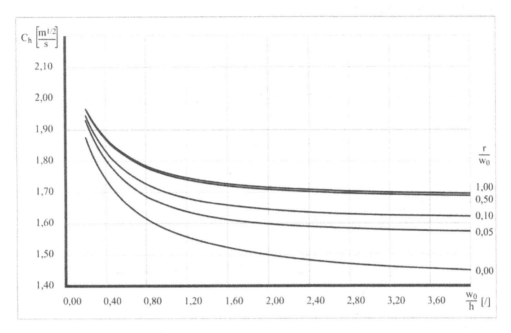

Abbildung 2-24: Überfallbeiwerte für den vollkommenen Überfall an breitkronig angerundeten Wehren bei $L/w_0 = 4,00$

2.3.5 An breitkronig angeschrägten Wehren für $L/w_0 = 4$

Untersucht wurden die Neigungen $1:3$; $1:2$; $1:1$ sowie $1:0$. Ein Unterschied im Leistungsvermögen ist zwischen den Neigungen $1:2$ und $1:3$ kaum noch feststellbar.

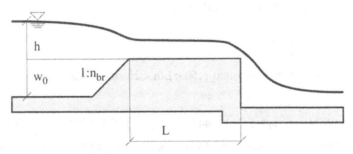

Abbildung 2-25: Vollkommener Überfall an breitkronig angeschrägten Wehren

Bei $n_{br} = 0$ liegt das scharfkantig ausgebildete breitkronige Wehr vor. Hier sind die hydraulischen Randbedingungen am ungünstigsten. Der Überfallbeiwert wird ebenfalls nach Gleichung 2.25 berechnet. Ansonsten gilt:

$$C_h = f\left(\frac{w_0}{h}; \frac{L}{w_0}; n_{br}\right) \tag{2.28}$$

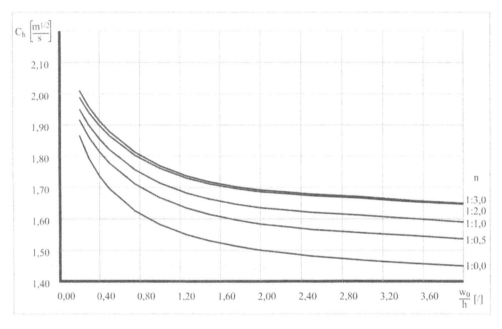

Abbildung 2-26: Überfallbeiwert für den vollkommenen Überfall an breitkronig angeschrägten Wehren bei $L/w_0 = 4,00$

$$C_h = \frac{a_1 + a_2 \cdot x + a_3 \cdot x^2 + a_4 \cdot x^3 + a_5 \cdot y + a_6 \cdot y^2}{1 + a_7 \cdot x + a_8 \cdot x^2 + a_9 \cdot x^3 + a_{10} \cdot y + a_{11} \cdot y^2} \tag{2.29}$$

mit $x = \dfrac{w_0}{h}$ und $y = n_{br}$

Die Einsatzgrenzen sind: $w_0 \geq 0,30\,m$ und $1,50 < L/h < 20$ sowie $0,20 < w_0/h < 5,50$.

Die Parameter der Gleichung lauten:

$a_1 = 2,07330824$ $a_2 = 2,31117444$ $a_3 = -1,20467707$ $a_4 = 0,18416744$

$a_5 = 1,56544162$ $a_6 = -0,34086933$ $a_7 = 1,86834487$ $a_8 = -0,88641704$

$a_9 = 0,13020175$ $a_{10} = 0,72845088$ $a_{11} = -0,16399248$

2.3.6   An breitkronigen Wehren für L/w₀ ungleich 4

Die folgenden Überlegungen beziehen sich auf alle breitkronigen Wehre unabhängig von ihrer Einlaufgeometrie. Die Verhältnisse L/h, w_0/h, L/w_0 sind von ausschlaggebender Bedeutung für die Abflussleistung.

Für $L/w_0 = 1$ liegt der breitkronige w_0/h- Bereich im Intervall $2,50 < (w_0/h) < 12$. Für das Verhältnis $L/w_0 = 4$ liegt der w_0/h- Bereich mit $0,625 < w_0/h < 3$ in völlig anderen Grenzen als für $L/w_0 = 1$. Bei diesen beiden Wehrgeometrien liegen die zugehörigen Wasserspiegelverläufe, wie sie in der Abbildung 2-20 dargestellt sind, ebenso in anderen L/h- Bereichen.

Der Überfallbeiwert kann nicht, wie bisher, mit den vorliegenden Gleichungen beziehungsweise Graphiken ermittelt werden, da diese für $L/w_0 = 4$ gelten. Sie müssen mit einem Wert $\Delta(w_0/h)$ korrigiert werden. $\Delta(w_0/h)$ wird mit unten stehenden Gleichungen ermittelt und ist in Abbildung 2-27 dargestellt.

$$x = \frac{w_0}{h} + \Delta\left(\frac{w_0}{h}\right) \tag{2.30}$$

$$\Delta\left(\frac{w_0}{h}\right) = \frac{L}{h} \cdot \left(\frac{1}{4} - \frac{1}{\frac{L}{w_0}}\right) \tag{2.31}$$

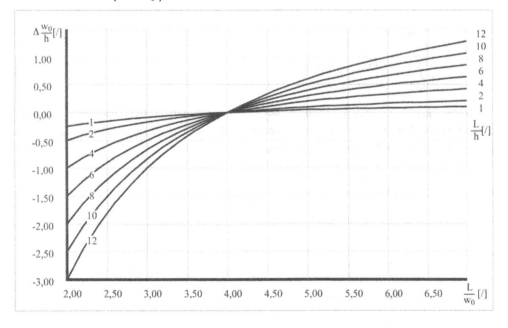

Abbildung 2-27:   Korrekturwerte bei L/w_0 ungleich 4 für den vollkommener Überfall an breitkronigen Wehren

2.3.7 Betrachtungen zur Energiegleichung an breitkronigen Wehren unter Berücksichtigung der mittleren Krümmung der Stromlinien

2.3.7.1 Grundlegende Betrachtungen

Bei der theoretischen Berechnung von Überfällen ist es nicht möglich, die Energiegleichung in der Form

$$H = h + \frac{v_m^2}{2g} \tag{2.32}$$

anzuwenden. Durch die Geometrie des Überfalles wird es zu einer mehr oder weniger großen Abweichung von dem parallelen Verlauf der Stromlinien kommen. Folglich gilt:

$$H = \beta_A \cdot h + \alpha_A \frac{v_m^2}{2g} \tag{2.33}$$

Eine exakte Berechnung der Energiehöhe nach Gleichung 2.33 setzt die Kenntnis des

- Druckhöhenausgleichswertes β_A und des
- Geschwindigkeitshöhenausgleichswertes α_A

voraus. α_A und β_A können mit Hilfe der Gleichungen 2.34 und 2.35 ermittelt werden.

$$\alpha_A = \frac{1}{A} \int_{z=0}^{z=h} \left(\frac{v_i}{v_m}\right)^3 \cdot dA \tag{2.34}$$

$$\beta_A = \frac{1}{Q} \int_{z=0}^{z=h} \left(z_i + \frac{p_i}{\rho \cdot g}\right) \cdot v_i \cdot dA \tag{2.35}$$

Die Berechnung von α_A und β_A kann nur bei Kenntnis von Druck- und Geschwindigkeitsverteilung im Querschnitt erfolgen. Diese wiederum sind Wirkungen, die durch Krümmung und Neigung der Stromlinien hervorgerufen werden.

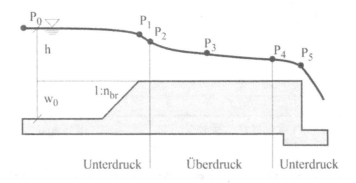

Abbildung 2-28: Wasserspiegelverlauf unter Berücksichtigung gekrümmter Stromlinien

2.3.7.2   Neigung, Druck– und Geschwindigkeitsverteilung

Die Wasserspiegelverläufe an breitkronigen Wehren lassen grundlegende Betrachtungen über Krümmung, Neigung, Druck- und Geschwindigkeitsverteilung zu, verändert doch der Rücken das Krümmungsverhalten in entscheidendem Maße. Bei konstanter Wehrlänge L stellen sich mit fallender Überfallhöhe h nacheinander mehrere verschiedene Wasserspiegelverläufe ein. Beginnend bei einer großen Überfallhöhe, liegt als erstes eine durchgehende Senkungslinie vor, die ungefähr bei $L/h > 2,50$ durch den in Abbildung 2-28 dargestellten Verlauf abgelöst wird. Das Krümmungsverhalten des Wasserspiegels ändert sich hier mehrere Male.

- Vom Punkt P_0 mit k_m gleich Null (und so mit hydrostatischer Druckverteilung) ausgehend, wird die Krümmung für P_1 negativ (konkav von unten). Aufgrund der auftretenden Fliehkräfte, die nach außen gerichtet sind, tritt eine Druckentlastung auf. Unterdruck ist die Folge.
- Im Punkt P_2 ist die Krümmung Null, und somit liegt ein Wendepunkt vor.
- Zwischen den Punkten P_2 und P_4 ist die Krümmung positiv. Die Fliehkräfte belasten zusätzlich die Sohle, es kommt zu Überdruck. P_3 sei der Punkt mit der größten positiven Krümmung.
- Im Punkt P_4 gilt wieder k_m gleich Null
- Ab rechts von P_4 bis einschließlich P_5 herscht Unterdruck bedingt durch die negative Krümmung.

Bei weiterem Sinken der Überfallhöhe bildet sich der in Abbildung 2-30 dargestellte Verlauf heraus. Dieser als klassischer Fall bezeichnete Abfluss über das breitkronige Wehr ist gekennzeichnet durch einen Abschnitt mit parallelen Stromlinien und hydrostatischer Druckverteilung. Sein Existenzbereich liegt annähernd im Intervall $4,50 < (L/h) < 6,50$. Auf die nachfolgenden Wasserspiegelverläufe soll hier nicht weiter eingegangen werden.

2.3.7.3   Druck- und Geschwindigkeitsverteilung am Beginn des horizontalen Rückens

Bretschneider [8] hat am Beginn des horizontalen Rückens umfangreiche Geschwindigkeitsmessungen durchgeführt. Die Messungen zeigten, dass die Geschwindigkeitsverteilung von v_x über die Lotrechte mit der Tiefe linear zunimmt. Dies ist in der Abbildung 2-29 dargestellt. Bei Potentialströmungen ist die Gesamtenergie für jede Stromlinie des betrachteten Querschnittes konstant. Für drei gesonderte Stromlinien sollen die über den Querschnitt konstanten Energiehöhen angegeben werden.

$$H' = H'_S = H'_m = H'_0$$

$$H'_S = \frac{p_s}{\rho \cdot g} + \frac{v_s^2}{2g} \qquad \text{Stromlinie an der Sohle} \qquad (2.36)$$

$$H_0' = h' + \frac{v_0^2}{2g} \qquad \text{Stromlinie an der Oberfläche} \qquad (2.37)$$

$$H_i' = z_i + \frac{p_i}{\rho \cdot g} + \frac{v_i^2}{2g} \qquad \text{Stromlinie an der Stelle i} \qquad (2.38)$$

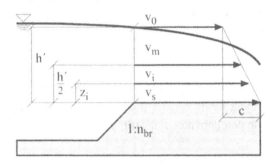

Abbildung 2-29: Lineare Geschwindigkeitsverteilung am Beginn des Rückens an breitkronigen Wehren

Bei diesen Überlegungen wird nur die horizontale Komponente v_x der Geschwindigkeit v betrachtet. Die Geschwindigkeitsverteilung nach Abbildung 2-29 lautet:

$$v_i = v_0 + c - \frac{c}{h'} z_i = v_s - \frac{c}{h'} \cdot z_i = v_m + \frac{c}{2} - \frac{c}{h'} z_i \qquad (2.39)$$

Wobei

$$c = v_s - v_0$$

Gleichung 2.37 und 2.38 ergeben zusammen

$$\frac{p_i}{\rho \cdot g} = h' - z_i + \frac{v_0^2}{2g} - \frac{v_i^2}{2g} \qquad (2.40)$$

Gleichung 2.39 in 2.40 eingesetzt, liefert nach einigen algebraischen Umwandlungen für die Druckverteilung am Beginn des Rückens.

$$\frac{p_i}{\rho \cdot g} = h' - z_i - \frac{c}{g}\left(v_0 + \frac{c}{2}\right) + z_i\left(\frac{c \cdot v_0}{h' \cdot g} + \frac{c^2}{h' \cdot g}\right) - \frac{c^2}{2g \cdot h'^2} z_i^2 \qquad (2.41)$$

$$\frac{p_i}{\rho \cdot g} = h' - \left(\frac{c}{g} \cdot v_0 + \frac{c^2}{2g}\right) + \left(1 + \frac{c \cdot v_0}{g \cdot h'} + \frac{c^2}{g \cdot h'}\right) \cdot z_i - \frac{c^2}{2g \cdot h'} \cdot z_i^2$$

$$\frac{p_i}{\rho \cdot g} = h' - z_i\left[1 - \frac{c \cdot v_0 + c^2}{h' \cdot g} + \frac{c^2}{2g \cdot h'^2} z_i\right] - \frac{c}{g}\left[v_0 + \frac{c}{2}\right] \qquad (2.42)$$

Diese besitzt neben einem absoluten und linearen Glied jetzt auch ein quadratisches. Für $z_i = h'$ muss $(p_i/\rho \cdot g) = (p_0/\rho \cdot g) = \text{Null}$ gelten. Eine Nachrechnung zeigt dies. Der Sohldruck ergibt sich mit z_i gleich Null zu.

$$\frac{p_s}{\rho \cdot g} = h' - \frac{c}{g}\left(v_0 + \frac{c}{2}\right) = h' - v_m \cdot \frac{c}{g} = h' - \frac{1}{2g}\left(v_s + v_0\right) \cdot \left(v_s - v_0\right) \tag{2.43}$$

Dieser ist offensichtlich geringer als der hydrostatische Druck h'. Betrachtet man noch einmal Abbildung 2-29 in Verbindung mit Gleichung 2.41, so wird für $c = 0,00$, $v_i = v_s = v_0$ und $(p_s/\rho \cdot g) = h'$. Dies entspräche dem nach Abbildung 2-30 dargestellten klassischen Fall des Abflusses über breitkronige Wehre, dem Abfluss mit parallelen Stromlinien. Bedingt durch die Kenntnis der Gleichung 2.39 können α_A und β_A berechnet werden.

$$\alpha_A = \frac{1}{v_m^3 h'} \int\limits_{z=0}^{z=h'} \left[c - \frac{c}{h'} z_i + v_0\right]^3 dz$$

In der einschlägigen Literatur findet man keinerlei Herleitungen für den Geschwindigkeitshöhenausgleichswert α_A beziehungsweise den Druckhöhenausgleichswert β_A. Deshalb ist die Herleitung des Geschwindigkeitshöhenausgleichswertes α_A hier angefügt. Auf die Herleitung von β_A wird verzichtet, da sie nach dem gleichen Muster erfolgen kann.

Der Geschwindigkeitshöhenausgleichswert α_A soll für den Fall der linearen Geschwindigkeitsverteilung im Querschnitt am Beginn des breitkronigen Rückens berechnet werden. Es gibt verschiedene Ansätze für v_i. Verwendet wird der folgende.

$$v_i = v_s - \frac{c}{h'} z_i$$

$$\alpha_A = \frac{1}{v_m^3 h'} \int\limits_{z=0}^{z=h'} \left(v_s - \frac{c}{h'} \cdot z_i\right)^3 dz$$

Die Integration liefert:

$$\alpha_A = -\frac{1}{4v_m^3 \cdot c} \cdot \left(v_s - \frac{c}{h'} \cdot z_i\right)^4 \Bigg|_0^{h'}$$

$$\alpha_A = -\frac{1}{4v_m^3 \cdot c} \cdot \left(\left[v_s - c\right]^4 - v_s^4\right)$$

Aus der Berechnung des Binoms $\left(v_s - c\right)^4$ folgt:

$$\left(v_s - c\right)^4 = v_s^4 - 4v_s^3 \cdot c + 6v_s^2 \cdot c^2 - 4v_s \cdot c^3 + c^4$$

Eingesetzt in die vorherige Beziehung liefert:

$$\alpha_A = -\frac{1}{4v_m^3 \cdot c} \cdot \left(v_s^4 - 4v_s^3 \cdot c + 6v_s^2 \cdot c^2 - 4v_s \cdot c^3 + c^4 - v_s^4\right)$$

beziehungsweise

$$\alpha_A = \frac{1}{4v_m^3 \cdot c} \cdot \left(4v_s^3 \cdot c - 6v_s^2 \cdot c^2 + 4v_s \cdot c^3 - c^4\right)$$

Aus $\quad v_s = v_m + \dfrac{c}{2}$ wird

$$\frac{v_s}{v_m} = 1 + \frac{c}{2v_m} = 1 + \frac{v_s - v_0}{v_s + v_0}$$

$$\alpha_A = \frac{1}{v_m^3} \cdot \left(v_s^3 - \frac{3}{2}v_s^2 \cdot c + v_s \cdot c^2 - \frac{1}{4}c^3\right)$$

Die Klammer wird aufgelöst und für v_s wird $v_s = v_m + c/2$ verwendet.

$$v_m^3 \cdot \alpha_A = \left(v_m + \frac{c}{2}\right)^3 - \frac{3}{2}c \cdot \left(v_m + \frac{c}{2}\right)^2 + c^2 \cdot \left(v_m + \frac{c}{2}\right) - \frac{c^3}{4}$$

$$v_m^3 \cdot \alpha_A = v_m^3 + 3v_m^2 \cdot \left(\frac{c}{2}\right) + 3v_m \cdot \left(\frac{c}{2}\right)^2 + \left(\frac{c}{2}\right)^3 - \frac{3}{2}v_m^2 \cdot c - \frac{3}{2}v_m \cdot c^2 - 3\left(\frac{c}{2}\right)^3 + v_m \cdot c^2 +$$

$$4\left(\frac{c}{2}\right)^3 - 2\left(\frac{c}{2}\right)^3$$

$$v_m^3 \cdot \alpha_A = v_m^3 + 3v_m \cdot \left(\frac{c}{2}\right)^2 - 6v_m \cdot \left(\frac{c}{2}\right)^2 + 4v_m \cdot \left(\frac{c}{2}\right)^2$$

$$v_m^3 \cdot \alpha_A = v_m^3 + v_m \cdot \left(\frac{c}{2}\right)^2$$

Nach Division durch die mittlere Geschwindigkeit v_m gilt:

$$\alpha_A = 1 + \left(\frac{c}{2v_m}\right)^2 = 1 + \left(\frac{v_s - v_0}{v_s + v_0}\right)^2$$

Damit ist gezeigt, dass der α_A-Wert durch die angegebene Gleichung ausgedrückt werden kann.

$$\alpha_A = 1 + \left(\frac{c}{2v_m}\right)^2 \tag{2.44}$$

$$\beta_A = \frac{1}{v_m h'^2} \int_{z=0}^{z=h'} \left(z_i + \frac{p_i}{\rho \cdot g} \right) \cdot v_i \cdot dz$$

Verwendet werden die Gleichungen 2.39 und 2.40 Nach Integration und algebraischer Umformung erhält man für β_A

$$\beta_A = 1 - \frac{v_m c}{2g \cdot h'} = 1 - \frac{(v_s + v_0) \cdot (v_s - v_0)}{4g \cdot h'} = 1 - \frac{v_s^2 - v_0^2}{4g \cdot h'}. \tag{2.45}$$

Gleichung 2.33 lässt sich nun in die Form

$$H' = \beta_A \cdot h' + \alpha_A \cdot \frac{v_m^2}{2g} = \left(1 - \frac{v_m c}{2g \cdot h'} \right) h' + \left[1 + \left(\frac{c}{2v_m} \right)^2 \right] \frac{v_m^2}{2g} \tag{2.46}$$

bringen. Mit Hilfe dieser Beziehung ist es möglich, die Querschnittsenergiehöhe am Beginn des breitkronigen Rückens zu berechnen.

2.3.7.4 Energiehöhe am Beginn des horizontalen Rückens unter Berücksichtigung der mittleren Krümmung der Stromlinien

Nach einem Vorschlag von Smyslow [49] und anderen russischen Autoren kann der Zusammenhang zwischen β_S und der mittleren Krümmung der Stromfäden k_m mit der Einheit $1/m$ durch die Beziehung

$$\beta_S = 1 + k_m \frac{v_m^2}{g} \tag{2.47}$$

angegeben werden. Für negative Krümmungen wird β_S kleiner eins, für positive ist β_S größer eins. Die hydrostatische Druckverteilung liegt für den Fall das $k_m = 0$ und $\beta_S = 1$ vor. Die Gleichungen 2.45 und 2.47 ergeben mit $q = Q/b$:

$$c = -2k_m \cdot q \tag{2.48}$$

Gleichung 2.48 in 2.44 ergibt:

$$\alpha_S = 1 + k_m'^2 h'^2 \tag{2.49}$$

Somit lautet die auf die mittlere Krümmung der Stromfäden bezogene Energiehöhe am Beginn des Rückens

$$H' = \beta_S \cdot h' + \alpha_S \cdot \frac{v_m'}{2g} = \left(1 + k_m' \frac{v_m'^2}{g} \right) h' + \left(1 + k_m'^2 h'^2 \right) \cdot \frac{v_m'^2}{2g} \tag{2.50}$$

Betrachtet man die Gleichungen 2.46 und 2.50, so stellen diese eine Möglichkeit dar, die Querschnittsenergiehöhe am Eintritt des breitkronigen Rückens zu berechnen. Beiden liegt die experimentell nachgewiesene lineare Geschwindigkeitsverteilung v_x zugrunde. Sicher ist die

Annahme berechtigt, dass sich diese stetig zunehmende oder abnehmende Geschwindigkeit von v_0 bis v_s (Abbildung 2-29) in Fließrichtung fortsetzt, ausgenommen dort, wo die Krümmung Null ist.

Ausgehend von Gleichung 2.50, soll in Abschnitt 2.3.7.5 versucht werden, den Abfluss über das breitkronige Wehr zu berechnen. Die theoretischen Überlegungen sollen dabei mit eigenen experimentellen Ergebnissen [33] und Ergebnissen von Köhler [22] verglichen werden. Ergänzt werden diese Berechnungen durch ein konkretes Beispiel.

2.3.7.5   Abflussermittlung mit Hilfe der neuen Energiegleichung

Betrachtet man die Energiegleichung nach Abbildung 2-30 vor dem Wehr und am Beginn des Rückens, so gilt:

$$H = \eta \cdot H' \tag{2.51}$$

wobei durch η der Energieverlust zwischen diesen beiden Stellen dargestellt wird.

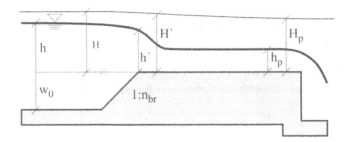

Abbildung 2-30: Energiehöhen an breitkronigen Wehren

$$H = h + \frac{v^2}{2g} = h + \frac{q^2}{2g \cdot (h+w)^2} \tag{2.52}$$

Verknüpft man die Beziehungen 2.50 bis 2.52, so erhält man mit $q = v'_m \cdot h'$

$$q = \sqrt{\frac{2g \cdot (h' - \eta \cdot h)}{\dfrac{\eta}{(h+w)^2} - \dfrac{1}{h'^2} - \dfrac{2k'_m}{h'} - k'^2_m}} \tag{2.53}$$

Mit $h'/h = \gamma$ und $\varepsilon = w_0/h$ sowie $k'_m h' = \omega$ werden drei dimensionslose Größen eingeführt. Gleichung 2.53 kann in die Form

$$\frac{v'^2}{g \cdot h'} = \frac{2(\gamma - \eta) \cdot (1+\varepsilon)^2}{\eta \cdot \gamma^2 - (1+\varepsilon)^2 \{1 + \omega(2+\omega)\}} = \varphi' = \frac{Q^2}{g \cdot b^2 \cdot h'^3} \tag{2.54}$$

gebracht werden. Da sie den dimensionsanalytischen Forderungen entspricht, ist sie nicht auf das Modell beschränkt. Für die Überfallwassermenge folgt dann:

$$Q = \sqrt{g \cdot \varphi'} \cdot b \cdot h'^{\frac{3}{2}} \text{ beziehungsweise} \tag{2.55}$$

$$Q = C_{h'} \cdot b \cdot h'^{\frac{3}{2}} \tag{2.56}$$

Formt man Gleichung 2.54 etwas anders um, so gilt:

$$\frac{v'^2}{g \cdot h} = \frac{2(\gamma - \eta) \cdot (1 + \varepsilon)^2}{\eta \cdot \gamma^2 - (1 + \varepsilon)^2 \{1 + \omega(2 + \omega)\}} = \varphi = \frac{Q^2}{g \cdot b^2 \cdot h^3} \tag{2.57}$$

Daraus folgt eine Überfallwassermenge, die jetzt auf die Überfallhöhe h bezogen ist.

$$Q = \sqrt{\varphi \cdot g} \cdot \gamma \cdot b \cdot h^{\frac{3}{2}} \text{ beziehungsweise} \tag{2.58}$$

$$Q = C_h \cdot b \cdot h^{\frac{3}{2}} \tag{2.59}$$

Die Gleichung 2.59 hat den Vorteil, dass sie als Poleni-Gleichung auf die direkt messbare Überfallhöhe h bezogen ist. Betrachtet man Gleichung 2.56, so ist diese von geometrischen und hydromechanischen Größen abhängig. Bei Vorgabe eines festen Wehres mit einer Wehrbreite b, einer Wehrhöhe w_0, Wehrlänge L und einer Anlaufneigung n_{br} sind die Verhältnisse $1 : n_{br}$ und L/w_0 die geometrischen Randbedingungen, die jeder Überfallwassermenge Q eine Überfallhöhe h zuordnen, gegeben. Dieser Überfallhöhe wird über das Verhältnis L/h einer der fünf möglichen Wasserspiegelverläufe zugeordnet. Umfangreiche Messungen, die im Labor für wasserbauliches Versuchswesen der Hochschule Magdeburg-Stendal (FH) durchgeführt wurden, gestatten es, die theoretisch ermittelten Ergebnisse zu überprüfen. Für $1 : n_{br} = 1 : 2$ sollen die berechneten Ausgleichsfunktionen für γ, η und ω angegeben werden.

$$\gamma = 1 - \frac{\dfrac{w_0}{h}}{1,8072 + 6,8085 \dfrac{w_0}{h}} \tag{2.60}$$

$$\eta = 0,9987 - 0,00463 \frac{w_0}{h} \tag{2.61}$$

$$\omega = -0,1439 - 0,0477 \ln \frac{w_0}{h} \tag{2.62}$$

Bei Vorgabe der Überfallhöhen h (die als Versuchsmesswerte vorliegen) können die Relativzahlen ε, γ, η, ω und φ berechnet werden. Gleichung 2.58 liefert dann Q.

2.3.7.6   *Betrachtungen zum Wasserspiegelverlauf*

Ausgehend von Gleichung 2.33 und 2.47, soll die Energiehöhe in die Form

$$H = \beta_S \cdot h + \frac{v^2}{2g}$$

gebracht werden. Mit β_S kann der Einfluss der mittleren Krümmung an einem feststehenden Querschnitt in die Untersuchungen bezüglich der Energiegleichung mit einbezogen werden. Damit liegt die Energiehöhe H_x an jeder beliebigen Stelle x fest. Die hydraulischen Verhältnisse sind aus Abbildung 2-31 zu entnehmen.

$$H_x = h_x - w_x + k_x \frac{v_x^2}{g} h_x + \frac{v_x^2}{2g} \tag{2.63}$$

In dieser Beziehung ist k_x die mittlere Krümmung an der Stelle x und v_x die mittlere Geschwindigkeit an der Stelle x. Die hydraulischen Verluste finden keine Berücksichtigung, da die Auswertung der Versuche deutlich gezeigt hat (siehe auch η - Werte nach Gleichung 2.61), dass stetige Verluste vernachlässigt werden dürfen.

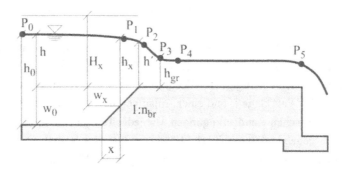

Abbildung 2-31: Energiehöhe H_x am breitkronigen Wehr

Betrachtet man die Änderung von H_x in x- Richtung, so ist diese bei konvergenter Strömung auf kurzen Strecken vernachlässigbar:

$$\frac{dH_x}{dx} \approx 0$$

und somit gilt auch η gleich eins.

$$\frac{dH_x}{dx} = \frac{dh_x}{dx} - \frac{dw_x}{dx} + k_x \cdot h_x \cdot \frac{2v_x}{g} \cdot \frac{dv_x}{dx} + k_x \cdot \frac{v_x^2}{g} \cdot \frac{dh_x}{dx} + h_x \frac{v_x^2}{g} \cdot \frac{dk_x}{dx} + \frac{v_x}{g} \cdot \frac{dv_x}{dx} = 0$$

$$\tag{2.64}$$

Die Kontinuitätsgleichung erhält man in der Form:

$$Q = b_x \cdot h_x \cdot v_x \qquad (2.65)$$

Hierbei sind b_x, h_x und v_x die entsprechenden Werte für die Breite, Wassertiefe und die mittlere Geschwindigkeit an der Stelle x. Die Kontinuitätsgleichung lautet:

$$\frac{dQ}{dx} = 0$$

$$\frac{dQ}{dx} = b_x \cdot h_x \cdot v_x \frac{1}{b_x} \frac{db_x}{dx} + b_x \cdot h_x \cdot v_x \cdot \frac{1}{h_x} \frac{dh_x}{dx} + b_x \cdot h_x \cdot v_x \cdot \frac{1}{v_x} \frac{dv_x}{dx} = 0$$

beziehungsweise

$$\frac{1}{b_x \cdot h_x \cdot v_x} \frac{dQ}{dx} = \frac{1}{b_x} \frac{db_x}{dx} + \frac{1}{h_x} \frac{dh_x}{dx} + \frac{1}{v_x} \frac{dv_x}{dx} = 0 \qquad (2.66)$$

Mit $b = 1m$ folgt:

$$\frac{1}{h_x \cdot v_x} \frac{dq}{dx} = \frac{1}{h_x} \frac{dh_x}{dx} + \frac{1}{v_x} \frac{dv_x}{dx} = 0$$

Umgestellt nach dv_x/dx ergibt

$$\frac{dv_x}{dx} = -\frac{v_x}{h_x} \cdot \frac{dh_x}{dx}$$

Dieser Ausdruck wird in Gleichung 2.64 eingesetzt.

$$\frac{dh_x}{dx} - \frac{dw_x}{dx} - k_x \cdot \frac{2v_x^2}{g} \cdot \frac{dh_x}{dx} + k_x \cdot \frac{v_x^2}{g} \cdot \frac{dh_x}{dx} + h_x \frac{v_x^2}{g} \cdot \frac{dk_x}{dx} - \frac{v_x^2}{g \cdot h_x} \cdot \frac{dh_x}{dx} = 0 \qquad (2.67)$$

Umgestellt nach dh_x/dx, erhält man die Differentialgleichung, die unter Berücksichtigung der mittleren Krümmung den Wasserspiegelverlauf entlang des breitkronigen Wehres beschreibt.

$$\frac{dh_x}{dx} = \frac{\dfrac{dw_x}{dx} - h_x \dfrac{v_x^2}{g} \dfrac{dk_x}{dx}}{1 - k_x \cdot \dfrac{v_x^2}{g} - \dfrac{v_x^2}{g \cdot h_x}} \qquad (2.68)$$

Betrachtet werden soll der Wasserspiegelverlauf auf dem Rücken des breitkronigen Wehres. Die Differentialgleichung lässt sich daher folgendermaßen schreiben.

$$\frac{dh_x}{dx} = -\frac{h_x \dfrac{v_x^2}{g} \dfrac{dk_x}{dx}}{1 - k_x \cdot \dfrac{v_x^2}{g} - \dfrac{v_x^2}{g \cdot h_x}} \qquad (2.69)$$

Bei Vorgabe einer durchgehenden Senkungslinie ist im gesamten Bereich die Ableitung $(dh_x/dx) < 0$. Da auf dem Wehrrücken nach Abbildung 2-31 Parallelabfluss vorliegen soll, ist $(dh_x/dx) < 0$ nur im Einlaufbereich vorhanden. Der Krümmungsverlauf weist drei charakteristische Punkte, nämlich $P_2; P_3$ und P_4 auf. Im Punkt P_2 liegt der Übergang vom konkaven zum konvexen Krümmungsverhalten. Durch diesen Punkt verläuft die Wendetangente und somit ist $k_x = 0$ nicht aber (dk_x/dx). Für P_2 ist $(dh_x/dx) > 0$. Im Punkt P_3 tritt die größte konvexe Krümmung auf. Hier erreicht die Strömung den kritischen Zustand.

Wird P_4 erreicht, so gilt:

$$k_x = 0; \quad \frac{dh_x}{dx} = 0 \text{und} \quad \frac{dk_x}{dx} = 0$$

Grundsätzlich darf der Nenner der Differentialgleichung nicht Null, aber größer oder kleiner als Null sein. Dies hängt davon ab, welches Vorzeichen die Ableitungen dh_x/dx und dk_x/dx besitzen. Betrachtet wird der Punkt P_2. Für diesen kann geschrieben werden

$$k_x = 0$$

sowie

$$\frac{dh_x}{dx} < 0 \text{ und } \frac{dk_x}{dx} > 0.$$

Mit diesen Überlegungen muss für den Nenner von Gleichung 2.69 gelten:

$$1 - \frac{v_x^2}{g \cdot h_x} = 1 - \frac{q^2}{g \cdot h_x^3} > 0$$

beziehungsweise umgestellt nach h_x

$$h_x > \sqrt[3]{\frac{q^2}{g}} \quad \rightarrow \text{ strömender Abfluss}$$

Nun kann eine qualitative Aussage über Punkt P_4 getroffen werden. Es ist zu erkennen, dass hier der Parallelabfluss beginnt. Die Werte

$$k_x = 0 \; ; \; \left(\frac{dk_x}{dx}\right) = 0; \; \left(\frac{dh_x}{dx}\right) = 0$$

werden in Gleichung (2.69) eingesetzt.

$$0 = -\frac{0}{1 - \dfrac{v_x^2}{g \cdot h_x}}$$

Damit dieser Ausdruck nicht unbestimmt wird, muss der Nenner ungleich Null sein. Betrachtet wird der gekrümmte Abschnitt von P_2 bis P_4. Beide Ableitungen sowohl dk_x/dx als auch

dh_x/dx sind kleiner als Null. Damit der Bruch des rechten Teiles der Differentialgleichung negativ wird, muss

$$1 - \frac{v_x^2}{g \cdot h_x} = 1 - \frac{q^2}{g \cdot h_x^3} < 0$$

sein, beziehungsweise

$$h_x < \sqrt[3]{\frac{q^2}{g}} = h_{gr}$$

schießender Abfluss vorliegen. Mit dieser Aussage verschwindet der Widerspruch zwischen den Versuchsergebnissen und den Schlussfolgerungen aus den alten Theorien, bezüglich der Lage der Grenztiefe beim Parallelabfluss am breitkronigen Wehr. Die sich beim Parallelabfluss einstellenden hydraulischen Bedingungen sind nur mit einer Wassertiefe, die kleiner ist als die klassische Grenztiefe des Parallelabfluss, möglich.

Am breitkronigen Wehr lassen sich mit der Energiegleichung 2.63 alle möglichen Wasserspiegelformen ausgezeichnet beschreiben. Ausgangspunkt ist der Parallelabfluss. Dies betrifft insbesondere auch die durchgehende Senkungslinie mit veränderlichem Krümmungsverhalten sowie den relativ schwierigen Abfluss mit stationären Wellen auf dem Rücken des breitkronigen Wehres. Gesteuert werden die unterschiedlichen Wasserspiegelverläufe durch das Verhältnis L/h. Bisher wurden nur Aussagen über die Krümmung k_x an ganz bestimmten Punkten getroffen. Betrachtet man die Energiegleichung 2.63 in der Form,

$$H_x = h_x + k_x \cdot \frac{q^2}{g \cdot h_x} + \frac{q^2}{2g \cdot h_x^2}$$

so können, mit der zulässigen Annahme H_x = const, allgemeine Aussagen über das Krümmungsverhalten gemacht werden. Umgestellt nach k_x folgt:

$$k_x = \frac{H_x}{q^2} \cdot g \cdot h_x - \frac{g}{q^2} \cdot h_x^2 - \frac{1}{2h_x}$$

Bei der Vielzahl der gemessenen Wasserspiegelverläufe in allen möglichen L/h- Bereichen, sind weitere Aussagen zu dieser Problematik möglich. Den Rahmen dieses Buches würde dieses sicher sprengen. Die theoretisch vorgestellten Ergebnisse sollen im Folgenden mit einer konkret aufgenommenen Messreihe verglichen werden.

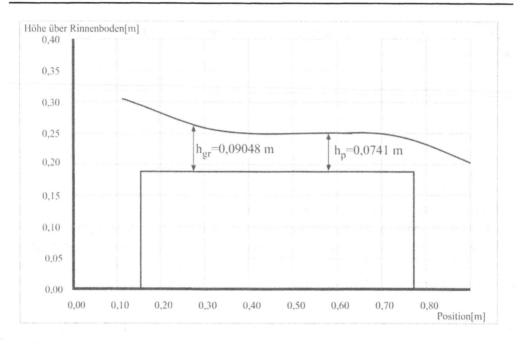

Abbildung 2-32: Parallelabfluss aus Messwerten an einem breitkronigen Wehr

Der Vergleich bezieht sich auf das im vorgegebenen Intervall geltenden Parallelabflussverhältnis h_p/h, sowie das im gesamten Abflussspektrum geltende Verhältnis h_{gr}/h.

Für das erste Verhältnis gilt die Gleichung 2.20.

$$\frac{h_p}{h} = \left(2,6445 - 3,4175 \cdot C_h + 1,323 \cdot C_h^2\right) \cdot \left(1 + \frac{v_0^2}{2g \cdot h}\right)$$

Das zweite Verhältnis gilt im gesamten Bereich:

$$\frac{h_{gr}}{h} = 0,778 \cdot \left(\frac{1 + 2,082 \frac{w_0}{h}}{1 + 2,782 \frac{w_0}{h}}\right)$$

Für $Q = 0,026 \text{m}^3/\text{s}$ wurden bei $w_0 = 0,175\text{m}$ und $L = 0,70\text{m}$ sowie $h = 0,1461\text{m}$ gemessen. Berechnet wurden sowohl $C_h = 1,557 \text{m}^{1/2}/\text{s}$ und $v_0 = 0,2629\text{m/s}$ als auch das Verhältnis $h_p/h = 0,543$ woraus sich $h_p = 0,0794\text{m}$ ergab. Die gemessene Parallelwassertiefe betrug $h_p = 0,0741\text{m}$. Diese Übereinstimmung ist sehr gut. Jetzt soll das Verhältnis Grenztiefe zur Überfallhöhe berechnet werden, da die Beziehung noch nicht vorgestellt wurde.

$$\frac{h_{gr}}{h} = 0,778 \cdot \left(\frac{1+2,082\frac{w_0}{h}}{1+2,782\frac{w_0}{h}}\right) = 0,778 \cdot \left(\frac{1+2,082\frac{0,175}{0,1461}}{1+2,782\frac{0,175}{0,1461}}\right) = 0,6274$$

$$h_{gr} = 0,0916m$$

Die berechnete Grenztiefe aus den Laborversuchen beträgt:

$$h_{gr} = \sqrt[3]{\frac{0,026^2}{9,81 \cdot 0,305^2}} = 0,09048m$$

Diese Übereinstimmung ist noch exakter. Da dieses zuletzt vorgestellte Verhältnis im fest definierten breitkronigen Bereich gilt, soll ein weiterer Laborversuch angeführt werden. Für $Q = 0,058m^3/s$ wurden bei $w_0 = 0,175m$ und $L = 0,70m$ $h = 0,2422m$ gemessen. Daraus ergibt sich $h_{gr}/h = 0,6473$ und somit $h_{gr} = 0,1567m$. Der ausgewertete Laborversuch ergab

$$h_{gr} = \sqrt[3]{\frac{0,058^2}{9,81 \cdot 0,305^2}} = 0,1545m \, .$$

2.4 Der vollkommene Überfall an rundkronigen Wehren

2.4.1 An rundkronigen Wehren mit Ausrundungsradius und Schussrücken.

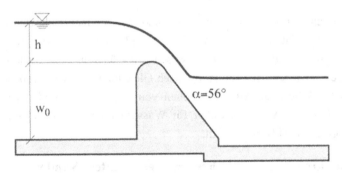

Abbildung 2-33: Vollkommener Überfall an rundkronigen Wehren mit Ausrundungsradius und Schussrücken

Nach Rehbock [39] gilt für μ:

$$\mu = 0,312 + \sqrt{0,30 - 0,01 \cdot \left(5 - \frac{h}{r}\right)^2} + 0,09 \cdot \frac{h}{w_0} \qquad (2.70)$$

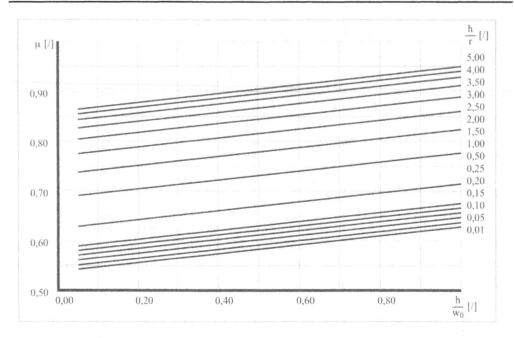

Abbildung 2-34: Überfallbeiwerte für rundkronige Wehre mit Ausrundungsradius und Schussrücken
nach Rehbock [39]

Diese Beziehung gilt für den anliegenden Strahl in den nachfolgenden Grenzen:

$$w_0 > r > 0,02\text{m} \quad \text{und} \quad h < r \cdot \left(6 - \frac{20r}{w_0 + 3r} \right) \tag{2.71}$$

Durch die Ungleichung wird bei vorgegebenem r und w_0 die maximale Überfallhöhe festgelegt. Trägt man die Überfallbeiwerte μ nach Rehbock [39] mit dem Parameter h/r sowie der
h/w_0- Achse als Abszisse auf, so ist h/w_0 unwesentlich größer als eins. Diese Zahl ist deshalb
als Intervallgrenze angegeben. Ursache ist die nach Gleichung 2.71 vorgegebene Ungleichung,
die das Verhältnis h/r festlegt. Mit Wehrhöhen von $w_0 = 0,22$m und $w_0 = 0,32$m sowie
$w_0 = 0,48$m wurde dieses Wehr im Labor für Wasserbauliches Versuchswesen der Hochschule Magdeburg-Stendal (FH) untersucht.

2.4.2   An halbkreisförmigen Wehren mit senkrechten Wänden

Die bekannteste Beziehung für diese Wehrform stammt von Kramer [23]. Sie lautet:

$$\mu = 1,02 - \frac{1,015}{\left(\dfrac{h}{r} + 2,08 \right)} + \left[0,04 \left(\frac{h}{r} + 0,19 \right)^2 + 0,0223 \right] \cdot \frac{r}{w_0} \tag{2.72}$$

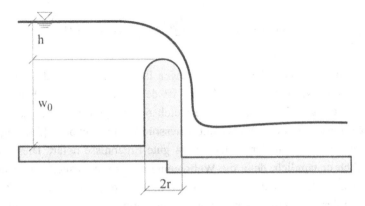

Abbildung 2-35: Vollkommener Überfall an halbkreisförmigen Wehren mit senkrechten Wänden

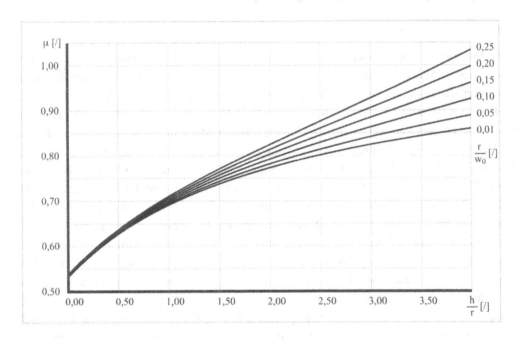

Abbildung 2-36: Überfallbeiwerte für den vollkommener Überfall an rundkronigen Wehren mit senkrechten Wänden

Einzuhaltende Bedingungen sind: $r > 0,05m$ und $w_0 > r$. In dieser Beziehung sind alle Einflussgrößen dimensionslos. Die grafische Darstellung von Gleichung 2.72 erfolgt in einem Diagramm mit h/r als x- Achse. Der Parameter ist r/w_0.

Nach Bollrich [7], der sich auf Untersuchungen von Schirmer [43] beruft, besteht die Gefahr der Grenzschichtablösung bei rundkronigen Wehren nicht, wenn das Verhältnis h/r kleiner fünf ist. Eine der wenigen Beziehungen, die sich auf die du Buat-Gleichung bezieht, stammt von Indlekofer und Rouvé [18]

$$\mu_{dB} = 0{,}55550 + 0{,}16334 \frac{H}{r} - 0{,}029982 \cdot \left(\frac{H}{r}\right)^2 + 0{,}0023235 \cdot \left(\frac{H}{r}\right)^3 \qquad (2.73)$$

Die Übereinstimmung zwischen beiden Gleichungen ist sehr gut, wenn das obige Verhältnis eingehalten wird. Für $w_0 = 1m$ und $r = 0{,}15m$ ist der sich einstellende Fehler bis $h/r = 4$ weniger als 1%. Bei $h/r = 5$ sind es 2%. Vergleichsrechnungen zwischen den Gleichungen nach Kramer [23] für Rundkronige Wehre mit Schussrücken und Rehbock [39] zeigen, dass die Übereinstimmung bis zu einem Verhältnis $h/r = 4$ gute Ergebnisse liefert. Diese Übereinstimmung ist eigentlich erstaunlich, denn die Wehrgeometrie ist unterschiedlich. Bemerkenswert war die ausgezeichnete Übereinstimmung der Überfallbeiwerte der Gleichungen 2.72 und 2.73 mit denen, die bei der Auswertung der Versuchsreihen ermittelt wurden. Dies gilt für die gesamte Modelfamilie bis zu einem Durchfluss von 250l/s.

2.4.3   An Standardprofilen

Beim Standardprofil ist der Wehrrücken der unteren belüfteten Strahlfläche des scharfkantigen Wehres nachgebildet. Zu jeder Überfallhöhe h gehört, unter der Voraussetzung der Belüftung des Überfallstrahles, ein eindeutig festgelegter Wasserspiegel sowohl an der Oberfläche als auch an der Unterfläche des Überfallstrahles. Sowohl oben als auch unten liegt damit ein druckloser Zustand vor. Bei einer bautechnischen Nachbildung der unteren Fläche erhält man für diesen eindeutigen Bemessungszustand das zugehörige Standardprofil. Diesem konkreten Fall ist eine Überfallhöhe, ein Überfallbeiwert und eine Entlastungsmenge Q zugeordnet. Der Überfallbeiwert ist nur für diesen Fall aus Gleichung 2.74 oder aus Gleichung 2.75 zu berechnen. Die Energiehöhe H oder die Überfallhöhe h im linken Teil der Abbildung 2-37 liefert dann im rechten Teil die Entwurfsüberfallenergiehöhe H_E, beziehungsweise die Entwurfsüberfallhöhe h_E. Je nachdem, ob dieser Fall über- oder unterschritten wird, ergibt sich Unterdruck oder Überdruck entlang des Wehrrückens. Bei $H = H_E$, oder $h = h_E$, dem Entwurfsfall, liegt druckloser Zustand beziehungsweise Atmosphärendruck vor. Die Herausbildung von Unterdruck beim Überschreiten des Entwurfsfalles bewirkt eine Abflussbeschleunigung. Standardprofile besitzen somit eine hohe spezifische Leistungsfähigkeit. Gleichzeitig wird durch den festen Überfallrücken instabiles Verhalten bis zu einer bestimmten Überfallhöhe vermieden.

Die konstruktive Gestaltung des Standardüberfalles wird in Bollrich [7] ausführlich behandelt. Grundlage der dortigen Beziehung bilden die eingezeichneten Koordinatenachsen in Abbildung 2-37. Der Koordinatenursprung liegt im höchsten Punkt des unteren Überfallstrahls.

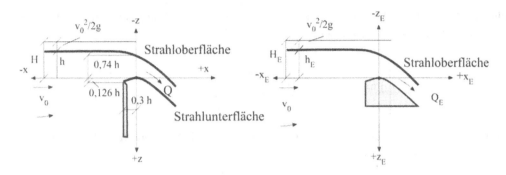

Abbildung 2-37: Standardprofil im Entwurfsfall

Die Messungen der beiden Wasserspiegelverläufe am scharfkantig belüfteten Wehr sind sehr sorgfältig vorgenommen worden. Dabei wurde zum Beispiel festgestellt, dass der untere Wasserspiegel, der sich anfänglich anhebt, den maximalen Wert genau $0,3 \cdot h$ von der Wehrkante entfernt erreicht.

Tabelle 2-3: Koordinaten des Überfallstrahles des scharfkantigen Wehres nach Oficerow [30]

x/h	z/h		x/h	z/h	
	Unterfläche	Oberfläche		Unterfläche	Oberfläche
-3,700		-0,997	0,900	0,410	-0,219
-2,550		-0,988	1,000	0,497	-0,100
-1,430		-0,958	1,200	0,693	0,090
-0,870		-0,923	1,400	0,918	0,305
-0,300	0,126	-0,831	1,600	1,172	0,540
-0,200	0,036	-0,803	1,800	1,456	0,834
-0,100	0,007	-0,772	2,000	1,769	1,140
0,000	0,000	-0,740	2,200	2,111	1,500
0,100	0,007	-0,702	2,400	2,482	1,880
0,200	0,027	-0,655	2,600	2,883	2,390
0,300	0,063	-0,620	2,800	3,313	2,700
0,400	0,103	-0,560	3,000	3,772	3,160
0,500	0,153	-0,511	3,200	4,261	3,660
0,600	0,206	-0,450	3,400	4,779	4,150
0,700	0,267	-0,380	3,600	5,236	4,650
0,800	0,355	-0,290	4,200	7,150	6,540

Mit den Koordinaten in Tabelle 2-3, die von Oficerow [30] stammen, lassen sich für den oberen und den unteren Wasserspiegel die Koordinaten berechnen. Somit kann für jeden konkreten Entwurfsfall eine Wehrkonstruktion ermittelt werden.

Für den Entwurfsfall liefert der Überfallbeiwert μ_{KE} nach Knapp ausgezeichnete Werte. Dieser bezieht sich auf die Energiehöhe H_E.

$$\mu_{KE} = 0,7825 \cdot \left[0,9674 - 0,0150 \left(\frac{H_E}{w_0} \right)^{0,9742} \right]^{\frac{3}{2}} \tag{2.74}$$

Vom Verfasser wurde für den Entwurfsfall eine auf die Entwurfsüberfallhöhe h_E bezogene Gleichung 2.75 entwickelt.

$$C_{hE} = 2,198 \cdot \left[1 - 0,00329 \cdot \frac{h_E}{w_0} + 0,1009 \left(\frac{h_E}{w_0} \right)^2 \right] \tag{2.75}$$

Um die Überfallbeiwerte im Gesamtspektrum angeben zu können, sind Korrekturen notwendig. Einmal für $H < H_E$, bei dem der Entwurfsfall unterschritten wird (auf dem Wehr­rücken tritt Überdruck auf). Zum anderen für $H > H_E$, bei dem die Überfallhöhe des Entwurfsfalles überschritten wird. Hierbei tritt eine erhebliche Zunahme der Überfallleistung auf. Der auf dem Wehrrücken auftretende Unterdruck ist hierfür die Triebkraft. Will man die Leistung durch weiteres Ansteigen der Überfallhöhe steigern, so muss geprüft werden ob die Druckreduzierung nicht zu Kavitation führen kann. In der Regel geschieht dies erst bei dem 3,5-fachen des Entwurfsfalles. Bei Überschreiten des Entwurfsfalles wird die von Schirmer [43] publizierte Gleichung verwendet. Sie berücksichtigt die dimensionsanalytisch korrekten Beziehungen.

$$\frac{H}{H_E} \text{ sowie } \frac{H_E}{w_0}$$

Sie gilt nur für den Überlastbereich, also für H / H_E größer eins.

$$\mu_{dB} = 0,9877 \cdot \left[1 - 0,015 \left(\frac{H_E}{w_0} \right)^{0,9742} \right]^{\frac{3}{2}} \cdot \left[0,0814 \frac{H_E}{w_0} + 0,8003 + 0,2566 \frac{H}{H_E} \right.$$
$$\left. - 0,0822 \frac{H}{H_E} \cdot \frac{H_E}{w_0} - 0,0646 \left(\frac{H_E}{w_0} \right)^2 - 0,0691 \left(\frac{H_E}{H_E} \right)^2 + 0,00598 \left(\frac{H}{H_E} \right)^3 \right] \tag{2.76}$$

Die Umrechnung dieser auf die Energiehöhe H bezogenen Überfallbeiwerte μ_{dB} auf die Überfallbeiwerte nach Poleni μ_p liefert die dimensionsanalytische Abhängigkeit

$$2,953 \cdot \mu_P = C_h = f \left(\frac{h_E}{w_0} ; \frac{h}{h_E} \right)$$

beziehungsweise

$$\frac{2}{3}\mu_P \cdot \sqrt{2g} \cdot b \cdot h^{\frac{3}{2}} = \frac{2}{3}\mu_{dB} \cdot \sqrt{2g} \cdot b \cdot \left(h + \frac{v_0^2}{2g}\right)^{\frac{3}{2}}.$$

Daraus folgt

$$\mu_P = \mu_{dB} \cdot \left(1 + \frac{v_0^2}{2g \cdot h}\right)^{\frac{3}{2}}.$$

Abbildung 2-38 zeigt die graphische Darstellung dieser Verhältnisse. Es zeigt sich, dass bei großen Wehrhöhen (die untere Kurve) der Überfallbeiwert die kleinsten Werte annimmt. Dies ist verständlich, denn in diesem Fall ist die Anströmgeschwindigkeit am geringsten. Für den Entwurfsfall ist das Verhältnis zwischen gegebener Überfallhöhe und Entwurfsüberfallhöhe $h/h_E = 1$. Der zugehörige Überfallbeiwert hängt dann nur noch von dem Verhältnis h_E/w_0 ab. Die Überfallbeiwerte des vollkommenen Überfalls am Standardprofil können grundsätzlich aus der umgerechneten Schirmer-Gleichung im Intervall $0 < (h/h_E) < 3$ abgelesen werden. Sie können aus Gleichung 2.76, die für $1 \leq (H/H_E) \leq 3,50$ gilt, berechnet werden. Nach eigenen Untersuchungen gilt im Intervall $0 < (h/h_E) < 2,40$ die Gleichung:

$$C_h = \frac{(a_1 + a_2 \cdot x + a_3 \cdot x^2 + a_4 \cdot x^3 + a_5 \cdot y + a_6 \cdot y^2)}{1 + a_7 \cdot x + a_8 \cdot y + a_9 \cdot y^2 + a_{10} \cdot y^3}. \qquad (2.77)$$

$a_1 = 1,71665959$ $a_2 = 0,18960529$ $a_3 = -0,25295826$ $a_4 = 0,02829171$

$a_5 = -0,56537642$ $a_6 = 0,19651723$ $a_7 = -0,2339861$ $a_8 = -0,25445844$

$a_9 = -0,07415699$ $a_{10} = 0,1529097$

$$x = \frac{h}{h_E} \quad \text{und} \quad y = \frac{h_E}{w_0}$$

Mit der Gleichung 2.77 steht eine Beziehung zur Verfügung, durch die der gesuchte Beiwert berechnet werden kann. Für den bei Schirmer fehlenden Bereich von $0 < (h/h_E) < 1$ sowie im Intervall $1 < (h/h_E) < 2,4$ liefert die Gleichung 2.77 ausgezeichnete Werte. Bei kleineren h_E/w_0 Werten gilt die Gleichung 2.77 auch bis zu einem Verhältnis $h/h_E = 3$.

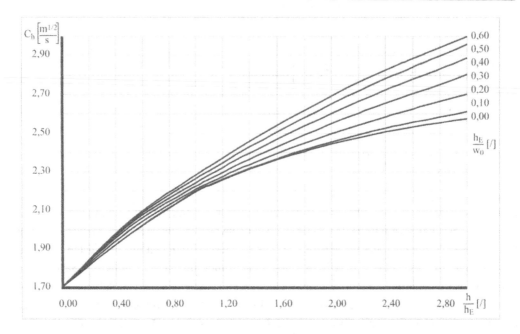

Abbildung 2-38: Auf die Überfallhöhe umgerechnete Überfallbeiwerte für den vollkommenen Überfall an Standardprofilen nach Schirmer

Schirmer [43] hat im Rahmen seiner Untersuchungen ebenfalls den Druckverlauf entlang des Wehrrückens sowie die Lage des minimalen Unterdruckes analysiert. Die Ergebnisse sind wieder auf die Energiehöhe bezogen. Es konnte festgestellt werden, dass der minimale Unterdruck unweit vor der Wehrkrone des Standardprofils auftritt. Der dimensionslose, auf die Energiehöhe bezogene, minimale Druckverlauf ergibt sich aus nachfolgender Gleichung:

$$\frac{p_{min}}{\rho \cdot g \cdot H} = 0,9503 + 0,3499 \frac{H_E}{w_0} - 1,0484 \frac{H}{H_E} - 1,1749 \left(\frac{H_E}{w_0}\right)^2 + 0,3198 \frac{H}{H_E} \cdot \frac{H_E}{w_0}$$

(2.78)

Der Gültigkeitsbereich dieser Beziehungen ist durch

$$1 \le \frac{H}{H_E} \le 3,50 \text{ sowie}$$

$$0 \le \frac{H_E}{w_0} \le 0,60$$

definiert.

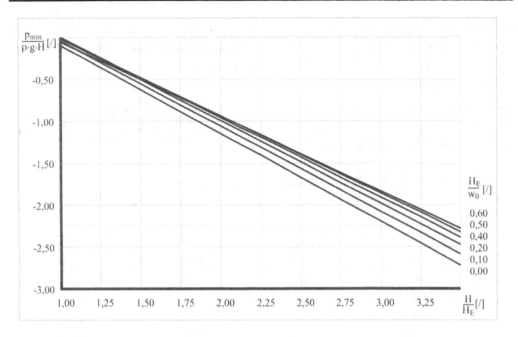

Abbildung 2-39: Minimaler Druckverlauf an Standardprofilen

Eine Gefahr der Grenzschichtablösung besteht nach Schirmer nicht, solange der Unterdruck auf dem Wehrrücken des Standardprofils auf sieben Meter begrenzt ist.

2.4.4 An elliptischen Wehren mit senkrechter Wasser- und geneigter Luftseite

Wird das Kopfende eines Überfallwehres in Ellipsenform ausgebildet (mit den Halbachsen a_E und b_E), so bildet sich unter dem von der Krone abfließenden Strahl Unterdruck.

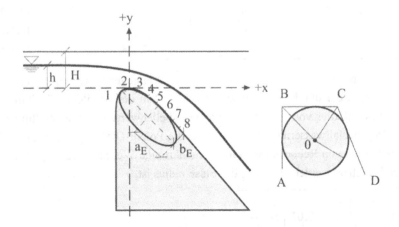

Abbildung 2-40: Koordinaten und fiktiver Radius für elliptische Wehre

Die Stauwand von solchen Überfällen ist gewöhnlich vertikal, während der Wehrrücken im weiteren Verlauf der Neigung des rundkronigen Wehr mit Ausrundungsradius und Schussrücken folgt (Rehbock-Überfall [39]). Nachfolgende Überlegungen sind aus dem Werkstandard WAPRO 4.09 [53] entnommen.

Die Koordinaten der Punkte zur Konstruktion des zu behandelnden Profils sind aus der Tabelle 2-4, die Rozanow [41] für zwei unterschiedliche Halbachsenverhältnisse nach Versuchen zusammengestellt hat, zu entnehmen.

Tabelle 2-4:   Koordinaten für elliptisch Wehre

Nr. des Punktes	$a_E / b_E = 2,00$		$a_E / b_E = 3,00$	
	x	y	x	y
1	-0,692	0,830	-0,472	0,629
2	-0,560	0,248	-0,368	0,189
3	0,000	0,000	0,000	0,000
4	0,629	0,226	0,541	0,173
5	1,242	0,730	1,022	0,503
6	1,682	1,278	1,456	0,800
7	2,327	2,246	1,855	1,320
8	2,956	3,789	2,240	1,792
9	4,450	5,430	2,580	2,270
10	5,299	6,704	3,193	3,214
11	6,195	8,048	4,685	5,453
12	7,767	10,405	5,561	6,767
13	8,994	12,246	6,422	8,088
14	10,208	14,067	7,998	10,442
15	11,724	16,370	9,222	12,258
16	13,365	18,803	10,438	14,082
17	-	-	11,591	16,352
18	-	-	13,587	18,805

Die Koordinaten sind für einen fiktiven Radius $r_f = 1,00$ angegeben. Dieser Radius beschreibt jenen fiktiven Kreis, der durch die Trapezkontur ABCD in der Abbildung 2-40 umschrieben wird. Weicht dieser Radius von eins ab, so sind die Tabellenwerte mit r_f zu multiplizieren. Die Berechnung der Überfallwassermenge erfolgt über die Poleni-Gleichung. Der Überfallbeiwert kann über die Formel von Rehbock [39] für das rundkronige Wehr mit Ausrundungsradius und Schussrücken berechnet werden, wobei r_e der Ersatzradius ist.

$$\mu = 0,312 + \sqrt{0,30 - 0,01 \cdot \left(5 - \frac{h}{r_e}\right)^2 + 0,09 \cdot \frac{h}{w_0}}$$

$$r_e = b_E \cdot \left[\frac{4,57 b_E}{2a_E + b_E} + \frac{a_E}{20 b_E} - 0,573 \right] \tag{2.79}$$

Das Verhältnis der Halbachsen liegt in folgendem Bereich:

$$6 > \frac{a_E}{b_E} > 0,05 \tag{2.80}$$

2.4.5 An halbkreisförmigen Wehren

Dieses Wehr findet man in der Literatur relativ häufig beschrieben. Aufgeführt seien Schmidt [46] und Bollrich [7]. Bezogen wird sich jeweils auf Forschungsergebnisse von Rehbock. Die Besonderheit dieses Überfalles ist das die Beziehung $r = w_0$ gilt.

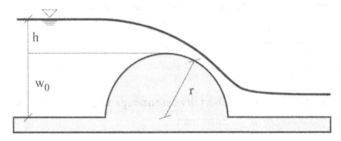

Abbildung 2-41: Vollkommener Überfall an halbkreisförmigen Wehren

Für ein halbkreisförmiges Wehr gilt im vorgegebenen Intervall

$$0,10 \leq \frac{h}{w_0} \leq 0,80$$

die nachfolgende Gleichung für den Überfallbeiwert.

$$\mu = 0,55 + 0,22 \frac{h}{w_0} \tag{2.81}$$

Dieses Wehr wird derzeit (2004) mit unterschiedlichen Radien, sowohl für den vollkommenen als auch für den unvollkommenen Überfall, im Labor für wasserbauliches Versuchswesen der Hochschule Magdeburg-Stendal (FH) untersucht. Der größte Radius beträgt dabei 0,40m. Somit kann ein relativ großes Abflussspektrum (bis 250 l/s) beleuchtet werden.

2.5   Der vollkommene Ausfluss an unterströmten Wehren

2.5.1   Freier Ausfluss an unterströmten Wehren

Mit Hilfe von unterströmten Wehren kann der Wasserspiegel in einem Gerinne sehr gut eingestellt werden. Regulieren lassen sich sowohl konstante als auch veränderliche Wasserspiegellagen und Durchflüsse. Beim freien Ausfluss unter Schützöffnungen wird wie beim vollkommenen Überfall das Oberwasser vom Unterwasserstand nicht beeinflusst. Im Unterwasser kann durchgängig schießender Ausfluss vorliegen. Es ist aber Unterstrom auch ein Wechselsprung möglich, sofern dieser den Ausflussstrahl nicht überstaut. Diese Verhältnisse sind in Abbildung 2-42 dargestellt. Wendet man den Energiesatz auf die Stellen 0 und den engsten Querschnitt (vena contracta) in der Abbildung 2-42 an, so erhält man:

$$Q = a \cdot b \frac{\psi}{\sqrt{1 + \psi \dfrac{a}{h_0}}} \cdot \sqrt{2g \cdot h_0} \qquad\qquad (2.82)$$

Im Gegensatz zu Überfällen, wo die Überfallwassermenge Q proportional zu $h^{3/2}$ ist, ergibt sich hier eine Proportionalität zu $h^{1/2}$. Setzt man

$$\mu = \frac{\psi}{\sqrt{1 + \psi \dfrac{a}{h_0}}} \qquad\qquad (2.83)$$

mit μ als Ausflusszahl, so folgt

$$Q = a \cdot b \cdot \mu \cdot \sqrt{2g \cdot h_0} \,. \qquad\qquad (2.84)$$

Der Gültigkeitsbereich für den freien Ausfluss liegt im Intervall $15° \leq \alpha \leq 90°$ und gilt für ein Verhältnis von $h_0/a > 1{,}33$.

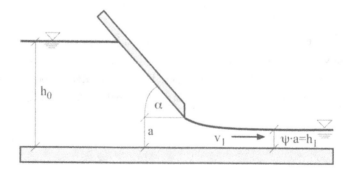

Abbildung 2-42:   Freier Ausfluss an unterströmten Wehren

Der Faktor ψ ist ein Maß für die Einschnürung des Ausflussstrahles. Die energetische Umwandlung der Druckhöhe in Geschwindigkeitshöhe ist an der Austrittsstelle noch nicht beendet. Aufgrund der Massenträgheit senkt sich der Wasserspiegel in Fliessrichtung auf h_1 ab. Es gilt $\psi = h_1/a$. Die Ausflusszahl μ wird im wesentlichen durch das Verhältnis a/h_0, durch die Einschnürungszahl ψ und durch den Neigungswinkel α bestimmt. Sehr deutlich ist diese Abhängigkeit durch die Einbeziehung der Froude-Zahl möglich. Die entwickelten Beziehungen sollen für die Froude-Zahl im engsten Querschnitt gelten. Grundsätzlich kann geschrieben werden, wobei c die Ausbreitungsgeschwindigkeit sehr kleiner (ebener 2D) Oberflächenstörwellen bezeichnet.

$$Fr^2 = \frac{v^2}{c^2} = \frac{v^2 \cdot b}{g \cdot A} = \frac{Q^2 \cdot b}{g \cdot A^3} \tag{2.85}$$

Mit $A = b \cdot h_1$ und $h_1 = \psi \cdot a$ ergibt sich:

$$Fr^2 = \frac{Q^2 \cdot b}{g \cdot (b \cdot a \cdot \psi)^3} = \frac{Q^2}{(b \cdot a \cdot \psi)^2} \cdot \frac{b}{g} \cdot \frac{1}{b \cdot a \cdot \psi}$$

Gleichung (2.82) lässt sich umschreiben. Es gilt dann:

$$\frac{Q^2}{(b \cdot a \cdot \psi)^2} = \frac{2g \cdot h_0}{1 + \psi \cdot \dfrac{a}{h_0}}$$

Das Quadrat der Froude-Zahl kann in zwei Faktoren zerlegt werden.

$$Fr^2 = \frac{Q^2}{(b \cdot a \cdot \psi)^2} \cdot \frac{b}{g \cdot b \cdot a \cdot \psi}$$

Der erste Faktor wird durch die rechte Seite des aus Gleichung (2.82) ermittelten Ausdruckes ersetzt.

$$Fr^2 = \frac{2g \cdot h_0}{\left(1 + \psi \cdot \dfrac{a}{h_0}\right) g \cdot a \cdot \psi} = \frac{2h_0}{\left(1 + \psi \cdot \dfrac{a}{h_0}\right) \cdot a \cdot \psi} \quad \text{beziehungsweise}$$

$$Fr^2 = \frac{2}{\left(1 + \psi \cdot \dfrac{a}{h_0}\right) \cdot \psi \cdot \dfrac{a}{h_0}} = \frac{2}{\psi \cdot \dfrac{a}{h_0} + \left(\psi \cdot \dfrac{a}{h_0}\right)^2}$$

Für die Froude-Zahl im engsten Querschnitt gilt dann Gleichung (2.86)

$$Fr = \sqrt{\frac{2}{\psi \cdot \dfrac{a}{h_0} + \left(\psi \cdot \dfrac{a}{h_0}\right)^2}}$$ (2.86)

Der Zusammenhang zwischen dem Einschnürungsverhältnis ψ und der Ausflusszahl μ kann in die folgende Form gebracht werden. Grundlage ist Gleichung (2.83), wobei $x = h_0/a$ gesetzt wird.

$$\psi = \frac{\mu^2}{2x} + \mu \cdot \sqrt{\frac{1}{4x^2} + 1}$$ (2.87)

Der Zusammenhang zwischen $\mu = f(a/h_0)$ und $\psi = f(a/h_0)$ ist in der Abbildung 2-43 und der Abbildung 2-44 dargestellt. Beide Kurven beziehen sich auf die gleiche Abszisse. In beiden Diagrammen ist die x- Achse durch die Grenze $h_0/a = 1,33$ beziehungsweise $a/h_0 = 0,7518$ festgelegt.

In der Literatur findet man immer nur diesen indirekten und somit sehr fehleranfälligen Weg, um die Ausflussleistung einer Schützöffnung zu berechnen. Dies ist nicht verwunderlich, denn die Größe des Einschnürungsverhältnisses wird zum Beispiel durch den Neigungswinkel α und das Verhältnis h_0/a bestimmt. Es müssen daher immer die obigen Diagramme zu Hilfe genommen werden. Zusätzliche eigene Versuche und die Auswertung von Versuchsergebnissen aus der Fachliteratur haben es ermöglicht, die Funktion 2.88 zu ermitteln. Mit $x = h_0/a$ sowie $y = \alpha$ lässt sich die Ausflusszahl μ explizit bestimmen.

$$\mu = \frac{a_1 + a_2 \cdot \ln(x) + a_3 \cdot y + a_4 \cdot y^2 + a_5 \cdot y^3}{1 + a_6 \cdot \ln(x) + a_7 \cdot \left(\ln(x)\right)^2 + a_8 \cdot y + a_9 \cdot y^2}$$ (2.88)

Die Koeffizienten dieser Gleichung lauten:

$a_1 = 0,7341169$ $a_2 = -0,04261387$ $a_3 = -0,01410859$ $a_4 = 0,00016111$

$a_5 = -0,00000040072$ $a_6 = -0,18920573$ $a_7 = 0,02434395$ $a_8 = -0,01236335$

$a_9 = 0,00012978$

Aus der Abbildung 2-45 können die Ausflusszahlen für geneigte Schütztafeln entnommen werden.

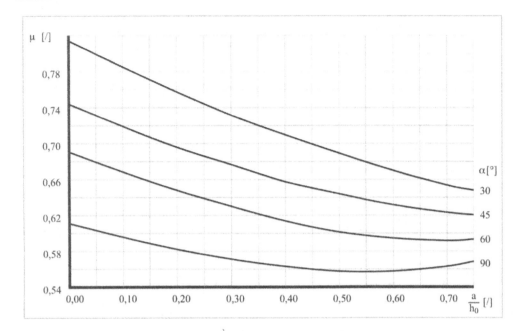

Abbildung 2-43: Ausflusszahl μ an unterströmten Wehren

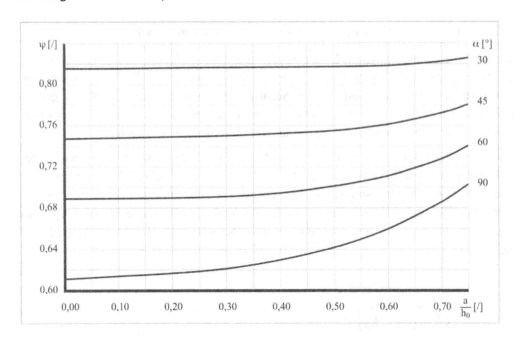

Abbildung 2-44: Einschnürungszahl ψ an unterströmten Wehren

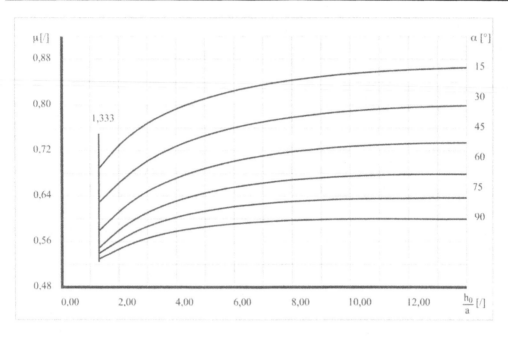

Abbildung 2-45: Ausflusszahl μ an unterströmten Wehren

2.5.2   Die Grenze zwischen freiem und rückgestautem Ausfluss

Der Ausfluss an unterströmten Wehren weist ähnlich dem Abfluss an Überfallwehre zwei qualitativ unterschiedlichen Ausflussformen auf. Der vollkommene Überfall entspricht dem vorherig behandelten freien Ausfluss unter Schützen. Der unvollkommene Überfall ist gekennzeichnet durch die Beeinflussung des Oberwassers durch den Rückstau aus dem Unterwasser. Entsprechendes tritt beim Ausfluss unter Schützen bei rückgestautem Ausfluss auf.

Als erstes soll der Grenzwert ermittelt werden, bei dem sich dieser Wechsel vollzieht. Unterhalb von der unterströmten Schütztafel stellt sich bei geringem Sohlgefälle unstetiger Fließwechsel vom schießenden Abfluss unterhalb der Schütze zum strömenden Abfluss unterstrom durch einen Wechselsprung ein. Gesucht ist die zur Unterwassertiefe h_2 gehörende konjugierte Wassertiefe $h_1 = \psi \cdot a$. Die Froude-Zahl im engsten Querschnitt $A = b \cdot a \cdot \psi = b \cdot h_1$ ergibt sich zu:

$$Fr = \sqrt{\frac{2}{\psi \cdot \dfrac{a}{h_0} + \left(\psi \cdot \dfrac{a}{h_0}\right)^2}}$$

Die Gleichung für den ebenen Wechselsprung lautet:

$$\frac{h_2}{\psi \cdot a} = \frac{1}{2}\left(\sqrt{1 + 8 \cdot Fr^2} - 1\right) \tag{2.89}$$

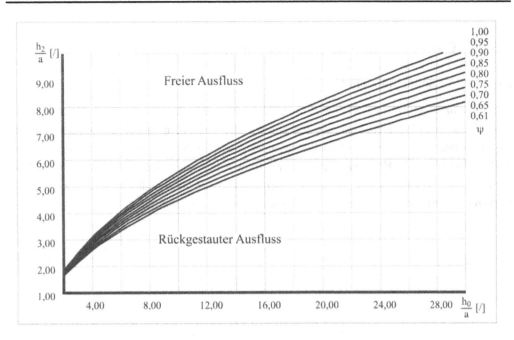

Abbildung 2-46: Grenze zwischen freiem und rückgestautem Abfluss an unterströmten Wehren

Dies ist die konjugierte Wassertiefe h_2 zu $h_1 = \psi \cdot a$. Verbindet man diese beiden vorstehenden Gleichungen, so erhält man mit Gleichung 2.90 die zu h_0 gehörende Wassertiefe h_2 bei der der rückgestaute Ausfluss beginnt.

$$\frac{h_2}{a} = \frac{\psi}{2} \cdot \left(\sqrt{1 + \frac{16\frac{h_0}{a}}{\psi\left(1 + \psi\frac{a}{h_0}\right)}} - 1 \right) \tag{2.90}$$

Diese Beziehung ist dimensionsanalytisch korrekt, denn es kann geschrieben werden:

$$\frac{h_2}{a} = f\left(\psi; \frac{h_0}{a}\right) = f\left(\frac{h_1}{a}; \frac{h_0}{a}\right)$$

Gleichung 2.90 zeigt in Abbildung 2-46 mit dem Parameter ψ die Grenzen zwischen dem freien und rückgestauten Ausfluss auf.

Wandert der Wechselsprung mit der Unterwassertiefe h_2 durch Rückstau stromauf, bis die konjugierte Tiefe $h_1 = \psi \cdot a$ der Fließtiefe in der „vena contracta" entspricht, ist die Grenze des freien Ausflusses erreicht und es liegen die Voraussetzungen für die Behandlung des unvollkommenen beziehungsweise rückgestauten Ausflusses vor.

2.6   Der vollkommene Überfall an Sonderformen

2.6.1   An Schachtüberfällen

Überfälle mit einer horizontalen, meist kreisförmigen Überlaufkrone und einem sich anschließ-
enden Fallschacht bezeichnet man als Schachtüberfälle. Nach dem Fallschacht schließt sich ein
Krümmer und ein in der Regel flach verlaufender Auslaufstollen an. Sie dienen unter anderem
nach Bollrich [7] als Hochwasserentlastungsanlagen bei Staudämmen, zur schadlosen Ableitung von Überschusswasser in Wasserkraftanlagen oder als Standrohrüberlauf in Wasser-
werken zur Einhaltung eines bestimmten Gegendruckes für Schnellfilter.

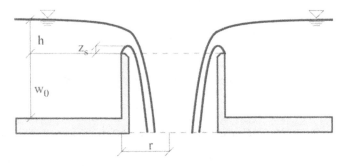

Abbildung 2-47: Scharfkantiger Schachtüberfall

Schachtüberfälle lassen sich Platz sparend und als eigenständiges Bauwerk errichten. Der
gesamte und sehr komplexe Strömungsverlauf lässt sich nach Bollrich [7] einteilen in:

- Überfallströmung über die im Grundriss kreisförmige Überfallkrone
- Fallender Strahl oder Druckrohrströmung im Fallschacht verbunden mit starker Durch-
  lüftung des mit hoher Geschwindigkeit abfließenden Wassers
- Freispiegelströmung (schießender, stationär ungleichförmig, verzögert) im Abflussstollen
- Energieabbau durch den Wechselsprung in einem Tosbecken, in welches der Ablaufstollen
  einmündet.

In der Regel werden die Überfälle bei einer gut ausgerundeten Überfallkrone dem Standardprofil nachgebildet. Ansonsten werden scharfkantige Überfälle verwendet. Die Abflussleistung
des Standardschachtüberfalles ist größer als die des scharfkantigen Überfalles.

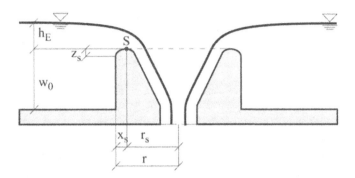

Abbildung 2-48: Standard-Schachtüberfall

Die hydraulische Berechnung des Schachtüberfalls erfolgt nach der Poleni-Gleichung:

$$Q = \frac{2}{3}\mu \cdot \sqrt{2g} \cdot b_U \cdot h^{\frac{3}{2}} = C_h \cdot b_U \cdot h^{\frac{3}{2}}$$

Für die Überfallbreite b wird der Kreisumfang der Überfallkrone eingesetzt. Der Schachtüberfall berechnet sich dann wie folgt:

$$Q = 2\pi \cdot r \cdot C_h \cdot h^{\frac{3}{2}} \qquad (2.91)$$

Die Überfallhöhe h bezieht sich auf die Wehrkrone des scharfkantigen Überfalles. Der auf die Überfallhöhe h bezogene Überfallbeiwert C_h ist durch Versuche von Wagner und Helmert experimentell ermittelt und in Bollrich [7] als Abbildung dargestellt. Für die praktische Handhabung liegt eine Ausgleichsfunktion vor. Sie lautet für den scharfkantigen Schachtüberfall:

$$C_h = -1,458\left(\frac{h}{r}\right)^3 + 0,589\left(\frac{h}{r}\right)^2 - 0,227\left(\frac{h}{r}\right) + 1,841 \qquad (2.92)$$

Bedingt durch die räumliche Strahleinschnürung, wird der Überfallbeiwert mit steigender Überfallhöhe geringer. Der Gültigkeitsbereich ist durch das Verhältnis $h/r < 0,65$ begrenzt. Der Standard-Schachtüberfall ist dem unteren Wasserspiegelverlauf des scharkantigen Wehres nachgebildet. Die Überfallhöhe beginnt im höchsten Punkt des Wehrrückens im Punkt S.

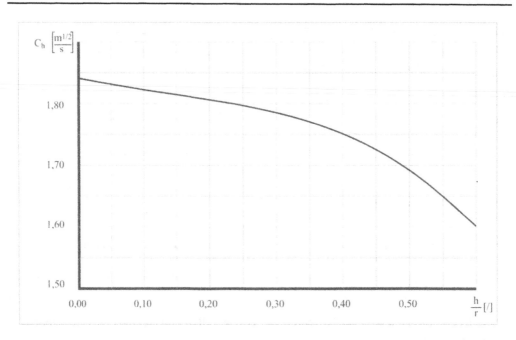

Abbildung 2-49: Überfallbeiwerte für den scharfkantigen Schachtüberfall

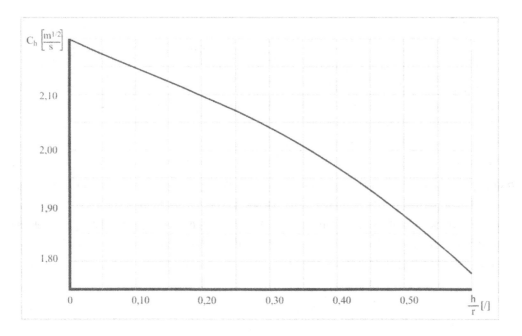

Abbildung 2-50: Überfallbeiwerte für den Standard-Schachtüberfall

Damit ist die Überfallhöhe um ein eindeutig festgelegtes Maß z_s geringer als beim scharfkantigen Überfall. Bei Gleichheit der Überfallwassermengen entspricht die Überfallhöhe h des

scharfkantigen Überfalles dann der Entwurfsüberfallhöhe h_E am Standardprofil und C_{hE} dem Entwurfsüberfallbeiwert. Bei einer Entwurfsüberfallhöhe von h_E gleich ein Meter ergäben sich zum Beispiel gemäß der Abbildung 2-48 für $z_s = 0,126m$ und für $x_s = 0,30m$. Der Entwurfsüberfallbeiwert hängt noch vom Verhältnis h_E/w_0 ab. Bedingt durch die radiale Anströmung und eine relativ geringe Anströmungsgeschwindigkeit kann, dieser Einfluss unberücksichtigt bleiben.

$$Q = 2\pi \cdot r \cdot C_{hE} \cdot h_E^{\frac{3}{2}} \tag{2.93}$$

Diese Überfallwassermenge gilt nur für den Entwurfsfall. Allgemein wird für die Überfallhöhe ebenfalls h geschrieben. Für C_{hE} gilt dann C_h.

Bei den rundkronigen Wehren, also auch bei den Standard-Überfällen, beginnt die Zählung am höchsten Punkt der Wehrkrone.

$$C_h = 1,2494\left(\frac{h}{r}\right)^4 - 2,2302\left(\frac{h}{r}\right)^3 + 0,6423\left(\frac{h}{r}\right)^2 - 0,5537\left(\frac{h}{r}\right) + 2,199 \tag{2.94}$$

Der Abfluss berechnet sich, wenn für r_s auch der Radius r eingesetzt wird, über die Gleichung 2.95.

$$Q = 2\pi \cdot r \cdot C_h \cdot h^{\frac{3}{2}} \tag{2.95}$$

Die Anwendungsgrenzen liegen nach Bollrich [7] bei $h/r < 0,63$.

2.6.2 An Heberwehren

Recht häufig angewendete Entlastungsanlagen sind Heberwehre. Sie sind wie die Überfallwehre Oberflächenentlastungsanlagen, jedoch mit tief liegenden Ausflussöffnungen. Der Vorteil des Heberwehrs liegt in seiner gegenüber den Überfallwehren großen Leistung, der Nachteil in einer nicht einwandfreien Funktion bei unsachgemäßer Ausbildung.

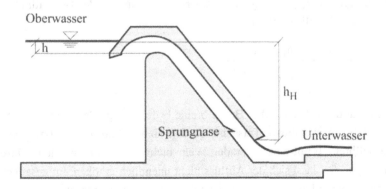

Abbildung 2-51: Heberwehr

Heberwehre gehören zu den festen Wehren. Sie bestehen aus einem festen Überfallrücken mit einer darüber angeordneten luftdichten Kappe, so dass sich der Strömungsvorgang ohne Verbindung zur Atmosphäre vollzieht. Der Anspringvorgang der selbsttätigen Heber wird bei Erreichen des Stauzieles durch einen freien Überfallstrahl eingeleitet. Bei beginnendem Übertritt des Wassers über die Überfallkrone gilt zunächst die Überfallformel:

$$Q = \frac{2}{3} \mu \cdot b \cdot \sqrt{2g} \cdot h^{\frac{3}{2}}$$

Wird das Stauziel überschritten, so fließt Wasser über den Überfall und saugt Luft über den Heberschlauch ab, so dass durch den Unterdruck Wasser aus dem Oberwasser angesaugt wird und der gesamte Querschnitt mit Wasser ausgefüllt ist. Hierbei spricht man von der vollen Heberwirkung. Das Ansaugen des Wassers kann durch besondere Maßnahmen beschleunigt werden. So kann zum Beispiel durch Sprungnasen eine schnellere Entlüftung des Heberschlauches erreicht werden. Hydraulisch ist eine Heberströmung eine Druckrohrströmung, für die folgende Gleichung geschrieben werden kann.

$$Q_H = a \cdot b \cdot \mu_H \cdot \sqrt{2g \cdot h_H} \tag{2.96}$$

Im Gegensatz zur geringen Überfallhöhe h bei Wehrüberfällen steht in der vorliegenden Druckrohrleitung die gesamte Fallhöhe h_H zur Verfügung. Der Abflussbeiwert μ_H berücksichtigt lokale Verluste (Einlauf-, Krümmer- und Ablösungsverluste an der Sprungnase) und Reibungsverluste. Für diesen gilt folglich:

$$\mu_H = \frac{1}{\sqrt{\frac{\lambda}{D} + \sum \zeta}} \quad \text{mit } \sum \zeta = \zeta_e + \zeta_k + \zeta_a \tag{2.97}$$

Berücksichtigt man das mittlere Verhältnis für den Reibungsverlust sowie die lokalen Verluste, so kann $\mu \approx 0{,}80$ angenommen werden. Sinkt der Wasserspiegel wieder ab, so gelangt Luft in den Heberscheitel, und der Heber hört auf zu arbeiten. Bildet man das Verhältnis des Abflusses Q_H des Heberwehres zu $Q_{ü}$ beim geraden Überfall, so wird bei der Überfallhöhe h = a und annähernd gleichen Überfallbeiwerten:

$$\frac{Q_H}{Q_Ü} = \frac{a \cdot b \cdot \mu_H \cdot \sqrt{2g \cdot h_H}}{a \cdot b \cdot \frac{2}{3} \mu_Ü \cdot \sqrt{2g \cdot a}} \approx \frac{3}{2} \sqrt{\frac{h_H}{a}} \tag{2.98}$$

Das Heberwehr hat damit bei gleicher Breite b eine bedeutend größere Abflussleistung als der gerade Überfall. Aufgrund dieser Tatsache werden Heberwehre eingesetzt, wenn eine notwendige Überfallbreite b mit einem geraden Wehr nicht zur Verfügung steht. Durch Vergrößerung der Fallhöhe h_H lässt sich der Abfluss nicht unendlich erhöhen. Im gesamten Heber ist negativer Druck vorhanden, der praktisch höchstens auf eine absolute Druckhöhe von annähernd $p_{abs}/\rho \cdot g = 3m$ absinken darf. Die maximale Unterdruckhöhe darf somit nicht unter

$p_s/\rho \cdot g = -7\,m$ fallen. Zur Bemessung von Heberwehren wird ein Bemessungsabfluss vorgegeben. Es werden dann bei einem gegebenen Heberquerschnitt die maximale Fallhöhe h_H beziehungsweise bei einer beliebigen Fallhöhe h_H der Heberquerschnitt ermittelt.

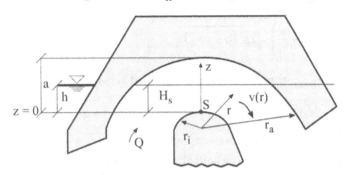

Abbildung 2-52: Verhältnisse im Heberscheitel

Bei einer reibungsfreien Potentialströmung mit konzentrischen Kreisen ist die Geschwindigkeitsverteilung im Bereich des Heberscheitels als $v_{(r)} = const/r$ anzusetzen. Ist der Heberquerschnitt rechteckig und der Überfallrücken sowie die Heberdecke im Bereich des Heberscheitels durch Kreisbogen mit den Radien r_a und r_i ausgeführt, so lässt sich die folgende Geschwindigkeitsverteilung im Kronenquerschnitt berechnen.

$$v_{(r)} = \frac{Q}{b \cdot r \cdot \ln \dfrac{r_a}{r_i}} = \frac{Q}{b \cdot (r_i + z) \cdot \ln\left(1 + \dfrac{a}{r_i}\right)} \qquad (2.99)$$

Hier ist z der senkrechte Abstand vom Scheitelpunkt nach oben. Die Energiebilanz im Scheitel des Hebers wird über die Bernoulli-Gleichung ermittelt.

$$H_S = z + \frac{p_{(z)}}{\rho \cdot g} + \frac{v_{(z)}^2}{2g} \qquad (2.100)$$

Die Energiehöhe H_S ist bezüglich z gleich Null.

$$H_S = h \qquad (2.101)$$

Für die Druckverteilung im Heber gilt Gleichung 2.102.

$$\frac{p_{(z)}}{\rho \cdot g} = h - z - \frac{Q^2}{2g \cdot b^2 \cdot \left(r_i + z\right)^2 \cdot \ln^2\left(1 + \dfrac{a}{r_i}\right)} \qquad (2.102)$$

Für die maximale mögliche Unterdruckhöhe $p_s/\rho \cdot g = -7\,m$ ergibt sich für den maximalen Durchfluss für die Innenseite mit z gleich Null

$$Q_{max} = b \cdot r_i \cdot \ln\left(1 + \frac{a}{r_i}\right) \cdot \sqrt{2g \cdot (h + 7)} \tag{2.103}$$

und für die Außenseiten $(z = a)$

$$Q_{max} = b \cdot r_a \cdot \ln\left(1 + \frac{a}{r_i}\right) \cdot \sqrt{2g \cdot (h - a + 7)}. \tag{2.104}$$

Zur Festlegung von $h_{H\,max}$ wird der kleinere Q_{max} - Wert verwendet.

$$h_{H\,max} = \frac{Q^2_{max}}{a^2 \cdot b^2 \cdot \mu_H^{\,2} \cdot 2g} \tag{2.105}$$

Bei der Berechnung der für die Querschnittsfläche A benötigten Heberhöhe a wird aus einer vorgegebenen Fallhöhe h_H kleiner neun Meter die minimale Höhe a_{min} am Austrittsquerschnitt berechnet.

$$a_{min} = \frac{Q_{max}}{b \cdot \mu_H \cdot \sqrt{2g \cdot h_H}} \tag{2.106}$$

Bei der Berechnung von μ_H ist der Zusammenhang mit a_{min} zu berücksichtigen.

2.6.3 An Streichwehren, insbesondere an gedrosselten Streichwehren

2.6.3.1 Allgemeine Aussagen zu Streichwehren

Liegt die Wehrkrone parallel oder schräg zur Hauptströmungsrichtung des Gerinnes, so spricht man von einem parallelen Wehr, respektive schräg angeströmten Wehr, wenn das gesamte zufließende Wasser über dieses Wehr entlastet wird. Man spricht von einem Streichwehr, wenn nur ein Teil dieser zufließenden Wassermenge über dieses abgeschlagen wird. Anwendung finden diese Einrichtungen zum Beispiel als Entnahme- oder Entlastungsbauten für die Bewässerung, als Regenüberläufe in der Abwassertechnik beziehungsweise für die Hochwasserentlastung eingedeichter Flussprofile.

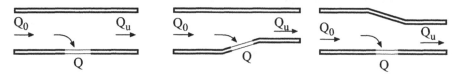

Abbildung 2-53: Gerade und schiefe Streichwehre nach Schmidt

In der Publikation der Forschungsergebnisse von Wetzstein [49] steht: „Zur Einhaltung der hydraulischen Kapazitäten der Kanäle sowie zur Sicherung der Reinigungsleistung der Kläranlagen werden Bauwerke angeordnet, die die im Kanal verbleibenden Abflüsse begrenzen und damit die Kanalisation entlasten. Beim Überschreiten des maximal weiterzuleitenden Abflusses wird der nicht abführbare Teil entweder zwischengespeichert oder umgehend aus der Kanalisation ausgeleitet. Die so abgeschlagenen Wassermengen werden in der Regel punktweise in das nächste Fließgewässer eingeleitet. Entlastungen erfolgen aus Regenüberläufen, Regenüberlaufbecken und Regenrückhaltebecken. Insbesondere bei Regen- und Beckenüberlaufen werden die entlasteten Mischwasserabflüsse bis auf Ausnahmen nicht weiter behandelt."

Zunehmende Bedeutung in der Kanalisationstechnik besitzen gedrosselte Streichwehre. Bei dieser konstruktiven Lösung erfolgt der Mischwasserzufluss über ein Zulaufgerinne. Die zu entlastende Überfallwassermenge fließt über ein Streichwehr ab. Die nachfolgende Drosselleitung, in der Regel ein Kreisprofil, führt die Differenz zur Kläranlage ab.

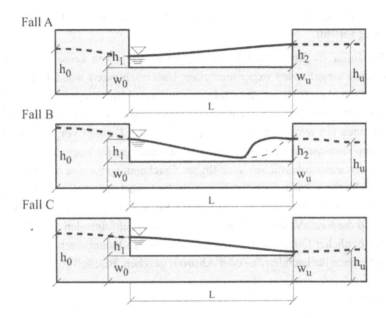

Abbildung 2-54: Mögliche Wasserspiegelformen an Streichwehren in Gerinnen nach Bollrich [7]
Fall A: Strömender Normalabfluss ohne Fließwechsel
Fall B: Strömender Zufluss mit Wechselsprung
Fall C: Schießender Normalabfluss im Hauptgerinne

Zur Bestimmung der Abflussmenge über Streichwehre verwendete man schon frühzeitig den Ansatz von Poleni. Die größten Probleme hierbei sind die zu verwendenden Überfallbeiwerte sowie die maßgebende mittlere Überfallhöhe. Die Schrägstellung bewirkt komplizierte dreidimensionale, schwer berechenbare Wasserspiegelverläufe entlang des Wehres.

$$q_s(x) = \frac{2}{3}\sqrt{2g} \cdot \mu_s \cdot b \cdot h_x^{\frac{3}{2}} \qquad (2.107)$$

Die Überfallwassermenge lässt sich theoretisch über einen spezifischen Abfluss q_s berechnen.

$$Q_S = \int_0^L q_S \cdot dx_S = \frac{2}{3}\sqrt{2g}\int_0^L \mu_S \cdot h_{x_S}^{\frac{3}{2}} \cdot dx_S \qquad (2.108)$$

2.6.3.2   Wasserspiegellinienverlauf an Streichwehren

Zur angenäherten Berechnung der Wasserspiegellinie vor einem seitlichen Streichwehr beschreiben die meisten Autoren ein Differenzenverfahren, bei welchem der laterale Abstrom auf die mittlere Überfallhöhe bezogen wird. Hier kommt häufig die Beziehung

$$h_m = \frac{1}{2}\left(h_1 + h_2\right)$$

zur Anwendung. Dieser Ansatz ist nur zulässig, wenn die Spiegellinie vor dem Überfallwehr angenähert linear verläuft.

Bei Regenüberläufen vor Drosselstrecken sollte dieses Verfahren keine Anwendung finden. Gestützt auf seine eingehenden experimentellen Untersuchungen weist Kallwass [20] ausdrücklich darauf hin, dass für Regenüberläufe obiger Ansatz für die mittlere Überfallhöhe nicht geeignet ist. Die Bemessungsregeln der Abwassertechnischen Vereinigung ATV für Regententlastungen schreiben ein relativ großes Sohlgefälle vor der Drossel vor, um die notwendige Schleppspannung sicherzustellen. Daher ist der Näherungswert für Regenüberläufe ungeeignet. In Anbetracht der außerordentlichen vielfältigen Erscheinungsformen des Spiegellinienverlaufes vor Streichwehren kann alleine die numerische Berechnung mit dem Lohner-Algorithmus AWA, Bischoff [6], zuverlässige und sichere Ergebnisse gewährleisten. Die Ausgangsgleichungen sind die Saint-Venant-Gleichungen. Mit den nachfolgenden zwei Beziehungen ist ein System gewöhnlicher Differentialgleichungen der Spiegellinienberechnung in einem nichtprismatischen Gerinne für lateralen Zu- oder Abstrom gegeben, Bischoff [6].

$$\frac{dQ}{dx_S} = q(x_S) \qquad (2.109)$$

$$\frac{dh}{dx_S} = \frac{I_S - \dfrac{\lambda \cdot \alpha \cdot v^2}{8g \cdot A} - \dfrac{q \cdot (2v - u)}{g \cdot A} - \dfrac{\alpha \cdot v^2 \cdot \left(\dfrac{\partial A}{\partial x_S}\right)_h}{g \cdot A}}{\cos\varphi - \dfrac{\alpha \cdot v^2 \cdot b}{g \cdot A}} \qquad (2.110)$$

Die Gleichungen 2.109 und 2.110 sind universell gültig, unabhängig davon, ob durchgängig strömender oder schießender Abfluss oder ob Fließwechsel entlang des Wehres auftritt.

2.6.3.3   Gedrosselte Streichwehre

Hier soll der in der Abwassertechnik sehr häufige Fall mit einem Kreisprofil im Zu- und Ablauf betrachtet werden. Das Kreisprofil im Ablauf entspricht der Drosselleitung. Entlang des

Streichwehres wird ein konisch verlaufendes U-Profil verwendet. Hier gestalten sich dann die hydraulischen Verhältnisse einfacher. Wesentlichen Einfluss auf die zu entlastende Überfall-wassermenge hat die gewählte mittlere Überfallhöhe. Für den strömenden Fall wird eine Wurzelfunktion für den Spiegellinienverlauf empfohlen.

$$h(x_S) = h_1 + \frac{h_2 - h_1}{\sqrt{L}} \cdot \sqrt{x}_S \qquad (2.111)$$

Unter dieser Voraussetzung ergibt sich dann für die mittlere Überfallhöhe:

$$h_m = h_1 + \frac{2}{3}\left(h_2 - h_1\right) \qquad (2.112)$$

2.6.3.4 Berechnung von Wasserspiegellagen an gedrosselte Streichwehre

Die folgenden Überlegungen stammen von Wetzstein [53], wobei die Differentialgleichung der Spiegellinie für diskontinuierlichen Abfluss in nichtprismatischen Gerinnen betrachtet wird. Das hier vorgestellte Verfahren ist von Hager [16] entwickelt worden. Es gilt für gedrosselte Streichwehre:

$$\frac{dQ}{dx_S} = -\frac{3}{5} n \cdot c_k \cdot \sqrt{g} \cdot (h-w)^{1,5} \cdot \sqrt{\frac{H-h}{3H-2h-w}} \cdot \left(1 - (\delta + I_S) \cdot \sqrt{\frac{3(H-h)}{h-w}}\right) \qquad (2.113)$$

Hierbei steht n für die Anzahl der Überlaufschwellen und δ für den Verengungswinkel bei gedrosselten Streichwehren

$$\tan \delta = \frac{d_0 - d_u}{L} \qquad (2.114)$$

Überfallbeiwerte für breitkronige Wehre:

$$c_k = 1 - \frac{2}{9\left(1 + \left(\dfrac{H - w_0}{L}\right)^4\right)} \qquad (2.115)$$

Überfallbeiwerte für rundkronige Wehre:

$$c_k = \frac{\sqrt{3}}{2} \cdot \left(1 + \frac{\dfrac{22}{81}\left(\dfrac{H-h}{r}\right)^2}{1 + \dfrac{1}{2}\left(\dfrac{H-w_0}{r}\right)^2}\right) \qquad (2.116)$$

Hierbei ist nicht genau bekannt, um welchen Typ eines rundkronigen Wehres es sich handelt. Es kann sich also um ein Standard-Profil, um ein rundkroniges Wehr mit geneigter Schuss-wand oder um ein rundkroniges Wehr mit senkrechten Wänden handeln. Ausgangspunkt von

Wetzstein [53] ist die Bilanzgleichung für den linearen Impuls in differenzieller Form Gleichung 2.117. Der Impulsstrombeiwert α' wird gleich eins gesetzt.

$$\frac{Q}{A^2} \cdot \frac{dQ}{dx_S} - \frac{Q^2}{g \cdot A^3} \cdot \frac{dA}{dx_S} + \frac{dh}{dx_S} = I_S - I_E \tag{2.117}$$

$$A_{x_S} = \frac{1}{2} \cdot \frac{\pi \cdot dx_S^2}{4} + \left(h_{x_S} - \frac{dx_S}{2}\right) \cdot d_{x_S} = \left(\frac{\pi}{8} - \frac{1}{2}\right) \cdot dx_S^2 + h_{x_S} \cdot d_{x_S} \tag{2.118}$$

Für den variabeln Durchmesser kann Gleichung (2.119) geschrieben werden.

$$d_{x_S} = d_0 - \frac{d_0 - d_u}{L} \cdot x_S = d_0 - x_S \cdot \tan\delta \tag{2.119}$$

Unter Berücksichtigung der mittleren Geschwindigkeit $v_m = Q/A$, sowie des hydraulischen Radius $R = A/U$ ist das Energieliniengefälle durch Gleichung 2.120 gegeben.

$$I_E = \frac{\lambda \cdot U \cdot Q^2}{8g \cdot A^3} \tag{2.120}$$

Für den Widerstandsbeiwert λ, unter der Annahme vollrauen Strömungsverhaltens, gilt der Zusammenhang in der folgenden Gleichung.

$$\frac{1}{\sqrt{\lambda}} = -2 \cdot \log\left(\frac{\frac{k}{4R \cdot f}}{3,71}\right) \tag{2.121}$$

Der von Marchi stammende Formbeiwert f berücksichtigt die Abweichungen vom Kreisprofil, und k entspricht der äquivalenten Sandrauheit im m. Der Überfallbeiwert ändert sich mit der Überfallhöhe h. Bei den Versuchen wurden die Beiwerte für das rundkronige Wehr mit Ausrundungsradius und Schussrücken verwendet. Somit gilt die Beziehung 2.122.

$$\mu_i = 0,312 + \sqrt{0,30 - 0,01\left(5 - \frac{h_i}{r}\right)^2} + 0,09\frac{h_i}{w_{0i}} \tag{2.122}$$

Der Einfluss der Schrägstellung des Wehres wird von Schmidt mit $\mu_{Si} = 0,95 \cdot \mu$ übernommen. Gleichung 2.123 lässt sich dann in eine auswertbare Differentialgleichung überführen.

$$\frac{dh}{dx_S} = \frac{I_s \cdot A - \frac{\lambda}{4}U \cdot (H-h) + \sqrt{H-h} \cdot \frac{4}{3}\mu_S \cdot (h-w_0)^{1,50}}{A - 2(H-h) \cdot (d_0 - x_S \cdot \tan\delta)}$$
$$+ \frac{2(H-h) \cdot \tan\delta \cdot \left(-0,2146(x_S \cdot \tan\delta - d_0) - h\right)}{A - 2(H-h) \cdot (d_0 - x_S \cdot \tan\delta)} \tag{2.123}$$

Es soll zuerst bei der Lösung dieser Differentialgleichung nur strömender Zufluss betrachtet werden. Der Lösungsalgorithmus beginnt am Ende des Bauwerkes beziehungsweise am Beginn der Drosselleitung. An dieser Stelle sind die zu entlastende Drosselmenge sowie der Unterwasserstand gegeben. Damit liegt die Energiehöhe an dieser Stelle unter der Voraussetzung, dass Druck- und Geschwindigkeitshöhenausgleichswerte annähernd eins gesetzt werden dürfen, fest. Auf diese Weise sind die Energiehöhe und Überfallhöhe an der nächsten Stelle berechenbar.

In den Beispielen sollen der Wasserspiegelverlauf und die zufließenden Wassermengen eines konkreten Falles der Versuchsreihe von Wetzstein [53] ermittelt und mit den Ergebnissen von AWA verglichen werden. Bei der Durchführung der Versuchsreihen waren fast praxisnahe Bedingungen vorgegeben. Die Abflüsse beziehungsweise Entlastungsmengen weisen eine relativ große Bandbreite auf.

3   Der unvollkommenen Überfall an unterschiedlichen Wehrformen

Der unvollkommene Überfall wird in der Literatur mit wenigen Ausnahmen kaum behandelt. Zum größten Teil sind die Ergebnisse der Berechnungen falsch, da sich nicht auf die alles steuernde Unterwassertiefe $h_u + w_u$, sondern auf die Wehrhöhe im Oberwasser w_0 bezogen wird. Verwiesen wird auf die fünf verschiedene Kurven der Abbildung 3-11, die den gesamten Bereich der Abminderungsfaktoren φ für alle möglichen Wehrformen als Funktion von h_u/h repräsentieren. Hierbei handelt es sich um zwei Kurven für rundkronige Wehre, je eine Kurve für breitkronige und scharfkantige sowie eine Darstellung des Dachwehres. Naudascher [29] zeigt für eine Wehrform das Standardprofil (WES- Profil) die sehr komplexe Abhängigkeit des unvollkommenen Überfalles vom Unterwasserstand.

3.1   An scharfkantigen Wehren

3.1.1   Grundlegende Betrachtungen zu Überfallformen an scharfkantigen Wehren

Die unterschiedlichsten Arten der Überfallströmung werden an einem Wehrkörper durch die Wehrform, die Wehrhöhe im Oberwasser, die Überfallhöhen im Ober- und im Unterwasser, sowie die Wehrhöhe im Unterwasser bestimmt. Für das scharfkantige Wehr untersuchte Bazin [5] neben dem belüfteten, vollkommenem Überfall, den gesamten Verlauf des unbelüfteten Überfalles mit unterschiedlichen Unterwasserbedingungen. Dabei wurden vier unterschiedliche

Überfallstrahlformen beobachtet und durch bestimmte Verhältnisse beziehungsweise Randbedingungen voneinander getrennt.

- Tauchstrahl mit abgedrängtem Wechselsprung
- Tauchstrahl mit anliegendem Wechselsprung
- Wellstrahl
- Überströmter Bereich

Eine weitere Unterscheidung erfolgt durch die klassische Definition des unvollkommenen Überfalles. So wurden hier Unterwasserstände unterhalb und oberhalb der Wehrkrone gesondert betrachtet. Bezogen auf die Wehrkrone wird der Unterwasserstand unterhalb dieser negativ angesetzt. Oberhalb wird positives Vorzeichen festgelegt. Die von Bazin [5] aufgestellten Gleichungen fließen in Form von Beiwerten in die Abflussbestimmung ein. Die grundlegende Einteilung der Überfälle hinsichtlich ihrer Überströmung ist die Unterteilung in vollkommene und unvollkommene Überfälle.

Die einzig richtige Definition des unvollkommenen Überfalles liegt vor, wenn für eine gegebene Wassermenge Q durch Veränderungen der Unterwasserbedingungen der Oberwasserstand, mithin die Überfallhöhe h sich ändert. Wie die theoretischen Überlegungen und die Messungen am scharfkantigen Wehr eindeutig gezeigt haben, sind die möglichen Änderungen der Überfallhöhe h in beiden Richtungen denkbar.

Die Überfallhöhe h steigt an, wenn der klassische Fall des unvollkommenen Überfalles mit einem Unterwasserstand über der Wehrkrone vorliegt. Bei der herkömmlichen und leider noch sehr verbreiteten Definition wird der Überstau der Wehrkrone als maßgebender Beginn des unvollkommenen Überfalles bezeichnet. Bemerkenswert ist auch die Beobachtung, dass das Auftreten der Grenztiefe auf dem Wehrrücken nicht in jedem Fall den vollkommenen Überfall bewirkt. Überfallstrahlen können als freier Strahl, anliegender Strahl oder angesaugter Strahl vorliegen. Hervorgerufen werden diese Strahlformen durch unterschiedliche Druckverteilungen im Überfallstrahl.

Nun soll eine differenziertere Unterteilung behandelt werden. Vor der folgenden Einteilung muss darauf hingewiesen werden, dass die am Beispiel des scharfkantigen Wehres dargestellten Wasserspiegelverläufe und deren Bezeichnung in abgewandelter Form auch an rundkronigen Wehren beziehungsweise schmalkronigen Wehren auftreten. Beim scharfkantigen Wehr ist in einem sehr breiten Spektrum der klassische Korrekturfaktor φ größer als eins. Erst ab einem Verhältnis für h_u/h im Bereich von $0,14 < h_u/h < 0,30$ beginnt der Wasserspiegel anzusteigen. Bewirkt wird diese Erscheinungsform durch den eigentlichen Abminderungsfaktor mit $\varphi < 1$ sowie einer Abflussbehinderung im Überfallbereich. Für das beschriebene Intervall mit $\varphi > 1$ kann in Analogie zu den hydraulischen Bedingungen bei $\varphi < 1$ von einer Abflussbeschleunigung beziehungsweise von einer Wasserspiegelabsenkung im Überfallbereich gesprochen werden. Es ist deshalb sinnvoll, von einem Korrekturfaktor zu sprechen.

Der vollkommene und somit belüftete Überfall könnte in der nachfolgenden Darstellung das gesamte Wasserspiegellagenspektrum abrunden. Sinnvoller erscheint es aber, diesem wesentlichen Fall einen Sonderstatus auch beim vollkommenen Überfall zuzuordnen.

3.1.2 Einteilung der Überfallstrahlen beim unvollkommenen unbelüfteten Überfall

3.1.2.1 Tauchstrahl mit Luftpolster

Liegt der Zustand einer gestörten Belüftung vor, so entwickelt sich auf der Strahlunterseite ein Unterdruck. Dieser führt zur Absenkung des Überfallstrahles und damit zu veränderten Abflussbedingungen. Dieser Zustand entsteht, wenn beim belüfteten Überfallstrahl Luft aus dem Innenraum herausgerissen wird.

Die Höhe der Wassersäule wird durch q beschrieben. Dieser Wert gibt die Höhe der Wassersäule an, die dem Unterdruck der Luft unmittelbar unter dem Strahl entspricht. In Abbildung 3-1 sind diese Bedingungen dargestellt. Nach Bazin [5] gilt für q/h < 0 und Tauchstrahl mit anliegendem Wechselsprung die Beziehung 3.1.

$$\varphi = \left[1 - 0,235\frac{q}{h} \cdot \left(1 + \frac{q}{7h}\right)\right] \tag{3.1}$$

Mit q gleich Null ergibt sich φ gleich eins, und es liegt der belüftete Fall vor. Ist das Verhältnis q/h < 0,30 und liegt zusätzlich ein abgedrängter Wechselsprung vor, so gilt nach Bazin [5]:

$$\varphi = 1,01 - 0,22\frac{q}{h} \tag{3.2}$$

Für den Überdruckbereich sowie für den anliegenden Wechselsprung gilt nach Bazin [5] im Intervall 0,00 < (q/h) < 0,60 folgende Beziehung:

$$\varphi = \left[1 - 0,235\frac{q}{h} \cdot \left(1 + \frac{q}{h}\right)\right] \tag{3.3}$$

Im Intervall q/h > 0,60 sowie für den anliegenden Wechselsprung ergibt sich für den Korrekturfaktor der Ausdruck 3.4.

$$\varphi = \sqrt[3]{1 - \frac{q}{h}} \cdot \left(1 + 0,04\frac{h_u}{w_u}\right) \tag{3.4}$$

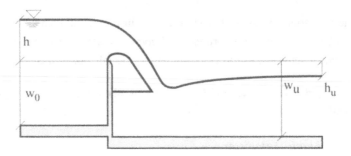

Abbildung 3-1:   Tauchstrahl mit Luftpolster und anliegendem Wechselsprung an scharfkantig senkrechten Wehren

3.1.2.2   Tauchstrahl mit abgedrängtem Wechselsprung

Ist der gesamte Raum unterhalb des Überfallstrahles mit Wasser ausgefüllt und liegt im Unterwasser schießender Abfluss vor, ist die Strahlform als Tauchstrahl mit abgedrängtem Wechselsprung, Abbildung 3-2, zu bezeichnen.

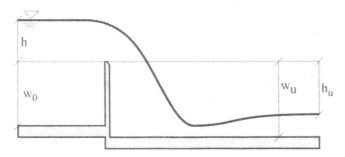

Abbildung 3-2:   Tauchstrahl mit abgedrängtem Wechselsprung an scharfkantig senkrechten Wehren

Nach Bazin [5] entspricht dies dem ersten von vier möglichen Fällen. In den ersten drei Bereichen befindet sich der Unterwasserstand h_u unterhalb der Wehrkrone. Der dargestellte Wasserspiegelverlauf setzt voraus, dass die Wehrhöhe im Unterwasser $w_u \leq 2,50 \cdot h$ ist. Ansonsten kommt es zur Selbstbelüftung.

Die Grenze der Selbstbelüftung ist eindeutig festgelegt durch das Verhältnis $w_u/h > 2,50$. In diesem Bereich können keine Angaben über den Korrekturfaktor gemacht werden, da es sich um einen äußerst instabilen Zustand handelt. Der Korrekturfaktor steigt, nimmt aber keinen stabilen Wert an. Bei dieser Überfallform liegt der Wechselsprung nicht am Wehr an.

Der Korrekturfaktor hängt bei $w_u \leq 2,50 \cdot h$ nur vom Verhältnis der Unterwasserwehrhöhe zur Überfallhöhe im Oberwasser ab.

$$\phi = 0,845 + 0,176 \frac{w_u}{h} - 0,016 \left(\frac{w_u}{h} \right)^2 \tag{3.5}$$

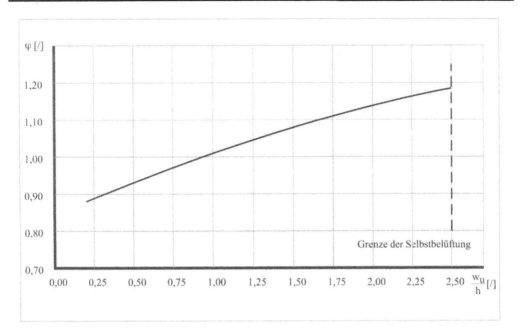

Abbildung 3-3:   Korrekturfaktor für den Tauchstrahl mit abgedrängtem Wechselsprung

Es gelten die nachfolgenden Grenzen, die sehr exakt mit den Versuchswerten übereinstimmen. Diese liegen bei $(w_u/h) \leq 2,50$ und $(z/w_u) > 0,75$ sowie $(w_u/z) < 1,33$. Hierbei stellt z die Differenz zwischen Ober- und Unterwasserstand dar. Bei negativem Unterwasserstand addieren sie sich zu $z = h - h_u$.

3.1.2.3   Tauchstrahl mit am Wehr anliegendem Wechselsprung

Der zunehmende Rückstau aus dem Unterwasser bewirkt eine deutliche Änderung des Wasserspiegelverlaufes. Der Wechselsprung verschiebt sich an das Wehr. Unabhängig davon, ob der Unterwasserstand h_u oberhalb oder unterhalb der Wehrkrone liegt, der Wasserspiegelverlauf entspricht der Abbildung 3-7. Die beiden nachfolgenden Gleichungen beschreiben die hydromechanischen Verhältnisse des Korrekturfaktors.

$$\varphi = 1,06 + 0,16y - 0,02y^2 \tag{3.6}$$

$$y = \left(\frac{h_u}{w_u} - 0,05 \right) \cdot \frac{w_u}{h} \tag{3.7}$$

Es gelten die Grenzbedingungen $w_u/h < 2,50$ und $z/w_u < 0,75$ sowie $w_u/z < 1,33$. Die Darstellung des Beiwertes des unvollkommenen Überfalles zeigt, dass innerhalb des vorgegebenen Intervalls alle Werte größer als eins sind.

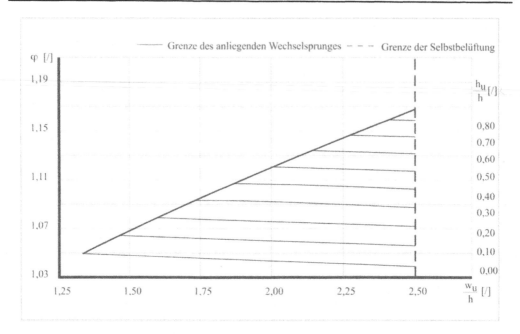

Abbildung 3-4:   Korrekturfaktor für Tauchstrahl mit anliegendem Wechselsprung bei $h_u < 0,00$

Die obere Begrenzungslinie wird durch Gleichung 3.8 beschrieben.

$$\frac{w_u}{h} = \frac{1}{0,75} \cdot \left(1 - \frac{h_u}{h}\right) \tag{3.8}$$

Liegen die Wasserstände im Unterwasser unterhalb der Wehrkrone, so wird $h_u/h < 0$. Für diesen Bereich wird die Gleichung 3.8 dann zu

$$\frac{w_u}{h} = \frac{1}{0,75} \cdot \left(1 + \frac{h_u}{h}\right)$$

Ein kurzes Beispiel soll dies erläutern. Gewählt wird $h_u/h = 0,30$ hieraus ergibt sich

$$\frac{w_u}{h} = 1,333 \cdot \left(1 + 0,30\right) = 1,733$$

Dieser Wert kann annähernd auch aus der Abbildung 3-4 entnommen werden. Er besagt, dass die Grenze des abgedrängten zum anliegenden Wechselsprung durch $w_u/h = 1,73$ festgelegt ist. Erreicht der Unterwasserstand die Wehrkrone, so liegt der Korrekturfaktor in den Grenzen 1,040 bis 1,049. Der φ–Wert wird bestimmt von den Verhältnissen h_u/h und w_u/h.

3.1.2.4   Haftstrahl oder angeschmiegter Strahl

Da hier alle Abflusszustände des scharfkantigen Überfalls untersucht werden sollen, wird auch der Zustand anliegender Strahlen mit behandelt. Derartige Formen sind durch eine mangelnde Belüftung und relativ kleine Wasserführungen gekennzeichnet. Der Unterwasserstand hat keinen Einfluss auf die Wasserführung. Befindet sich zwischen der Wehrkrone sowie dem Überfallstrahl ein mit Luft gefüllter abgeschlossener Raum, wird diese Form als Haftstrahl mit Luftpolster (Abbildung 3-5) bezeichnet. Durch die wirkenden Kräfte sind derartige Formen nicht beständig, also instabil. Beim Abreißen der Strömung kann es hier zur Selbstbelüftung kommen. Hiermit verbunden sind in bestimmten Grenzen schwankende Überfallhöhen und damit verbunden veränderliche Abflussleistungen.

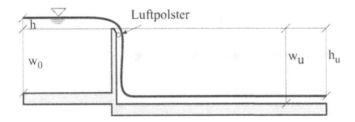

Abbildung 3-5:   Haftstrahl mit Luftpolster

Bildet sich unterhalb der Wehrkrone eine vollständig mit Wasser gefüllte Walze aus, so liegt ein Haftstrahl, ein mit Wasser gefüllter Ablösungswirbel vor (Abbildung 3-6). An rund-kronigen Wehren kann diese Walze vollständig verschwinden.

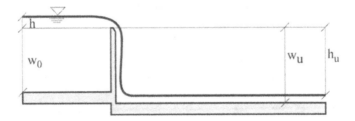

Abbildung 3-6:   Haftstrahl

3.1.2.5   Tauchstrahl mit anliegendem Wechselsprung

In den weiteren Betrachtungen erhält der Einfluss des steigenden Unterwassers eine zu-nehmende Bedeutung. So stellen sich bestimmte Überfallstrahlformen erst durch Anheben des Unterwassers ein. Der Tauchstrahl mit anliegendem Wechselsprung (Abbildung 3-7) besteht innerhalb eines möglichen weiten Spektrums der Unterwasserstände. Diese können unterhalb und oberhalb der Wehrkrone liegen. Mit sich verändernden Wasserständen unterhalb des

Wehres verändert sich auch der Eintauchwinkel des Überfallstrahles in das Unterwasser. Wenn h_u unterhalb der Wehrkrone liegt, so entspricht dies dem zweiten Fall nach Bazin [5]. Auch hier liegt ein Tauchstrahl mit anliegendem Wechselsprung vor. Die noch fehlenden zwei möglichen Wasserspiegellagen sind durch die oberhalb der Wehrkrone liegenden Wasserstände h_u im Unterwasser festgelegt.

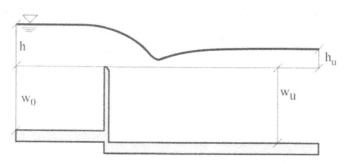

Abbildung 3-7:   Tauchstrahl mit anliegendem Wechselsprung

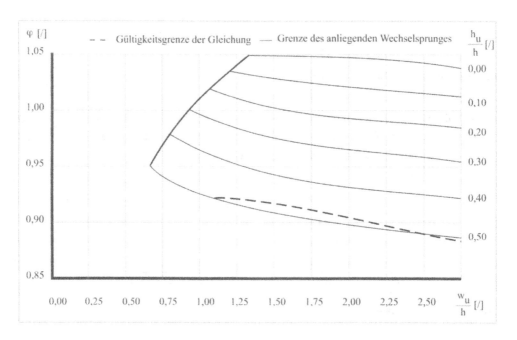

Abbildung 3-8:   Korrekturfaktor des Tauchstrahles mit anliegendem Wechselprung für $h_u > 0,00$

In diesem Bereich steht für z die Beziehung $z = h - h_u$. Es handelt sich auch hier um die Wasserspiegeldifferenz.

Der angegebene Überfallstrahl stellt sich nach Bazin [5] im Bereich $0,75 > (z/w_u) > 0,30$ ein. Bei der Berechnung des Korrekturfaktors werden zwei unterschiedliche Verhältnisse berücksichtigt, je nachdem ob die Gleichungen (3.10) oder (3.12) gelten.

$$\varphi = 1,06 + \frac{h_u}{4w_u} - \left(0,008 + \frac{h_u}{3w_u} + \frac{1}{3}\left(\frac{h_u}{w_u}\right)^2\right) \cdot \frac{w_u}{h} \tag{3.9}$$

Die Grenzbedingungen sind durch die nachfolgenden Beziehungen bestimmt. Um die Übersicht zu wahren, werden die Größen f_1 und f_2 eingeführt.

$$f_2 = \frac{z}{w_u} = \frac{h - h_u}{w_u} > \frac{1}{0,40\left(1 + 0,30\frac{w_u}{h_u}\right)^2} - \frac{h_u}{w_u} = f_1 \tag{3.10}$$

Ist $f_2 > f_1$ wird der Korrekturfaktor mit Gleichung 3.9 ermittelt. Ist $f_2 < f_1$ muss die Gleichung 3.11 Anwendung finden. Die Grenzen sind in Abbildung 3-8 dargestellt. Für die obere Grenze gilt wieder die Gleichung 3.8. Die untere Grenzkurve ist durch Gleichung 3.10 festgelegt. Hierbei gilt das Gleichheitszeichen. Der eigentliche Anstieg des Oberwasserspiegels beim scharfkantigen Wehr mit $\varphi < 1$, also der Beginn des unvollkommenen Überfalles, kann sich bis zu einem Verhältnis von $h_u/h = 0,30$ verschieben. Bei einem Verhältnis von $h_u/h = 0,20$ ist zum Beispiel der Abminderungsfaktor für den Bereich $1,10 < w_u/h < 1,58$ größer als eins. Grundsätzlich ist $\varphi > 1$ bis zu einem Verhältnis von $h_u/h \approx 0,14$. Mit den genannten Einschränkungen kann dann für den Bereich von

$$0,14 < \frac{h_u}{h} < 0,30$$

ein φ-Wert größer eins eingesetzt werden. Mit steigenden Unterwasserständen geht der Tauchstrahl in einen Wellstrahl über.

3.1.2.6 Wellstrahl

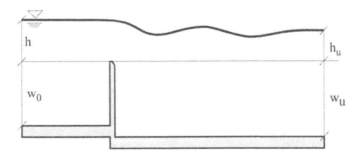

Abbildung 3-9: Wellstrahl

Geht der Überfallstrahl von einem Tauchstrahl in einen Oberflächenstrahl über, so ist dieses mit der Ausbildung stehender Wellen verbunden. Aufgrund dieser Tatsache wird die Bezeichnung Wellstrahl (Abbildung 3-9) benutzt. Hierbei liegt grundsätzlich der Unterwasserstand oberhalb der Wehrkrone. Dieser stellt sich im Bereich $0,30 > (z/w_u) > 1/5$ bis $1/6$ ein. Die Auswertung der Versuche ergab, dass nicht die von Schmidt und Bazin [5] angegebene Beziehung

$$\varphi = \left(1,05 + 0,20 \frac{h_u}{w_u}\right) \cdot \sqrt[3]{1 - \frac{h_u}{h}},$$

sondern die von Mostkow [28] empfohlenen Gleichung 3.11 die Fließvorgänge genauer beschreibt.

$$\varphi = \left(1,08 + 0,18 \frac{h_u}{w_u}\right) \cdot \sqrt[3]{1 - \frac{h_u}{h}} \tag{3.11}$$

Es gelten die Grenzbedingungen:

$$f_2 = \frac{z}{w_u} = \frac{h - h_u}{w_u} < \frac{1}{0,40\left(1 + 0,30 \frac{w_u}{h_u}\right)^2} - \frac{h_u}{w_u} = f_1 \tag{3.12}$$

Die Gleichung 3.12 beschreibt die Gültigkeitsgrenze und ist in Abbildung 3-10 dargestellt.

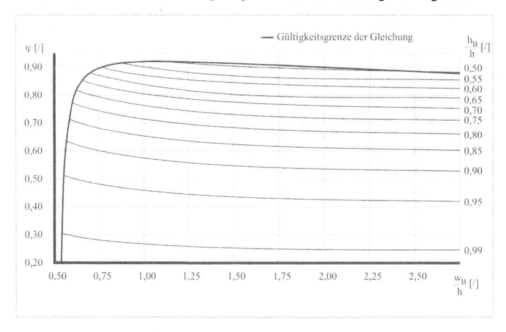

Abbildung 3-10: Korrekturfaktor für den Wellstrahl

In Abbildung 3-11 ist die Abhängigkeit des Abminderungsfaktors φ vom Verhältnis h_u/h für das scharfkantige Wehr dargestellt.

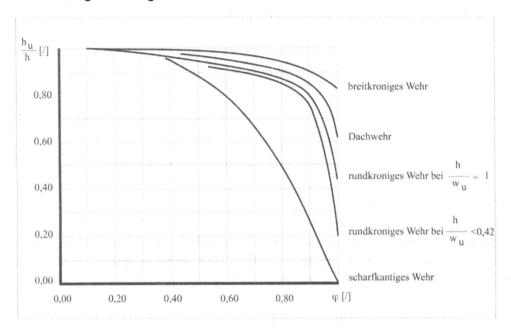

Abbildung 3-11: Unvollkommener Überfall nach Schmidt für verschiedene Wehrformen

Schmidt [46] hat dort nur den vom Unterwasser unabhängigen letzten Faktor der Gleichung 3.14 von Bazin [5] verwendet.

$$\varphi = \sqrt[3]{1 - \frac{h_u}{h}} \tag{3.13}$$

Damit zeigt die dargestellte Kurve in Abbildung 3-11 nur eine Näherungslösung für φ, weil der Ausdruck in der Klammer stets größer als eins ist. Bazin [5] und Mostkow [28] unterteilten das Intervall in unterschiedliche Bereiche, welche durch verschiedene Gleichungen beschrieben werden. Für h_u oberhalb der Wehrkrone betrifft dies Gleichung 3.9 und 3.11 Schmidt gibt für diesen Bereich nur eine Funktion an.

$$\varphi = \left(1,05 + 0,20\frac{h_u}{w_u}\right) \cdot \sqrt[3]{1 - \frac{h_u}{h}} \tag{3.14}$$

Bazin [5] und die russische Literatur beziehen sich auf die Gleichung 3.15 Die 1,05 steht dort vor der Klammer. Sicher ist dies bei Schmidt ein Übertragungsfehler.

$$\varphi = 1,05 \cdot \left(1 + 0,20\frac{h_u}{w_u}\right) \cdot \sqrt[3]{1 - \frac{h_u}{h}} \tag{3.15}$$

Verschwindet die Wellenbildung an der Oberfläche mit steigendem Unterwasser, so verringert sich der Einfluss des Wehres auf das Abflussgeschehen. Dieser Zustand soll als Überströmen bezeichnet werden. Er ist in Abbildung 3-12 dargestellt.

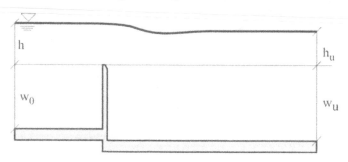

Abbildung 3-12: Überströmen

Alle Überfallstrahlformen können nicht voneinander losgelöst betrachtet werden. Durch leichte Veränderungen der Randbedingungen kann eine Form in die andere übergehen. Bei den Untersuchungen wurden auch Übergangsformen beobachtet.

3.2   An breitkronigen Wehren

Der Beginn des unvollkommenen Überfalles verschiebt sich beim breitkronigen Wehr in einem bestimmten h_u/h - Bereich. Beim scharfkantigen breitkronigen Überfall beginnt dieses, gesteuert vom Unterwasser und vom Durchfluss, bei h_u/h annähernd 0,80 bis 0,88. Bei großen Überfallhöhen geht h_u/h auf 0,75 zurück. Jeder Überfallwassermenge Q und somit jedem Überfallbeiwert C_h ist ein individueller Störungsbeginn des Oberwassers durch das Unterwasser zugeordnet. Dieser Störungsbeginn wird durch den prozentualen Anteil der unterwasserseitigen Überfallhöhe h_u an der gesamten Unterwassertiefe $h_u + w_u$ bestimmt, also durch die Beziehung 3.16.

$$\frac{h_u}{h_u + w_u} \tag{3.16}$$

Dieser Zusammenhang ist in Abbildung 3-13 dargestellt. Der Zusammenhang zwischen C_h und dem Verhältnis 3.16 ist beim Beginn des unvollkommenen Überfalles des scharfkantigen breitkronigen Wehres durch die folgende quadratische Beziehung gegeben.

$$C_h = 1,45741 - 0,06425 \left(\frac{h_u}{h_u + w_u} \right) + 0,70504 \left(\frac{h_u}{h_u + w_u} \right)^2 \tag{3.17}$$

Der Bereich liegt im folgenden Intervall.

$$0,20 < \frac{h_u}{h_u + w_u} < 0,80$$

Beim angerundet breitkronigen Überfall verschiebt sich der Beginn zu kleineren h_u/h - Werten. Das zugehörige Intervall liegt bei $0,75 < (h_u/h) < 0,825$ und geht bei großen Überfallbeiwerten auf $h_u/h \approx 0,70$ zurück. Bei dieser Wehrform ist die Grenzkurve zwischen dem vollkommenen und dem unvollkommenen Überfall als vom Unterwasser und vom Durchfluss gesteuerte Abhängigkeit gegeben durch:

$$C_h = 1,70905 - 0,1668\left(\frac{h_u}{h_u + w_u}\right) + 0,6384\left(\frac{h_u}{h_u + w_u}\right)^2 \tag{3.18}$$

Die Bereichsgrenzen liegen hier bei

$$0,15 < \frac{h_u}{h_u + w_u} < 0,75$$

Für das breitkronig scharfkantige Wehr ergibt sich nach Bartel [4] folgende Gleichung, mit der die φ – Werte berechnet werden können:

$$\varphi = a_1 \cdot x_1^3 + a_2 \cdot x_1^3 \cdot x_2^3 + a_3 \cdot x_1^3 \cdot x_2^2 + a_4 \cdot x_1^3 \cdot x_2 + a_5 \cdot x_1^2 + a_6 \cdot x_1^2 \cdot x_2^3 + a_7 \cdot x_1^2 \cdot x_2^2 +$$
$$a_8 \cdot x_1^2 \cdot x_2 + a_9 \cdot x_1 + a_{10} \cdot x_1 \cdot x_2^3 + a_{11} \cdot x_1 \cdot x_2^2 + a_{12} \cdot x_1 \cdot x_2 + a_{13} \cdot x_2 + a_{14} \cdot x_2^2 + a_{15} \cdot x_2^3 \tag{3.19}$$

$$x_1 = \frac{h_u}{(h_u + w_u)} \quad \text{und} \quad x_2 = \frac{h_u}{h}$$

Die Parameter der obigen Gleichung sind für zwei Bereiche von φ in Tabelle 3-1 angegeben. Abbildung 3-13 zeigt die φ-Kurven.

Tabelle 3-1:   Parameter für die Gleichung 3.19

$0,40 < \varphi < 0,85$

$a_1 = -7708,23$	$a_2 = 8782,23$	$a_3 = -25177,72$	$a_4 = 24104,38$	$a_5 = 8535,80$
$a_6 = -9483,13$	$a_7 = 27416,97$	$a_8 = -26469,92$	$a_9 = -1747,64$	$a_{10} = 1687,74$
$a_{11} = -5127,06$	$a_{12} = 5186,61$	$a_{13} = 52,48$	$a_{14} = -101,85$	$a_{15} = 49,72$

$0,85 < \varphi < 1,00$

$a_1 = 1201,04$	$a_2 = -1445,32$	$a_3 = 4076,89$	$a_4 = -3837,45$	$a_5 = -2281,50$
$a_6 = 2888,11$	$a_7 = -8022,19$	$a_8 = 7420,42$	$a_9 = 1085,89$	$a_{10} = -1334,30$
$a_{11} = 3762,62$	$a_{12} = -3513,02$	$a_{13} = -58,42$	$a_{14} = 143,78$	$a_{15} = -86,59$

Wie zu sehen ist, verschiebt sich der Beginn des unvollkommenen Überfalles zu höheren (h_u/h)-Werten, um anschließend wieder kleinere Werte anzunehmen. Der Beginn des unvoll-kommenen Überfalls soll nun näher erläutert werden. Lässt man das Unterwasser bei konstan-tem Q in kleinen Schritten ansteigen, so zeigt sich, dass die sich einstellenden Wasserspiegel-verläufe nicht gleich sind. Die Ursache liegt in den durch die entsprechenden L/h-Intervalle vorgegebenen Wasserspiegelverläufe des vollkommen Überfalles an breitkronigen Wehren. Für den Bereich des Parallelabflusses mit $4,50 < L/h < 6,50$ wurde beobachtet, dass sich am Einlaufbereich der Wasserspiegel absenkt. Dieser konvexe Wasserspiegel ändert auf dem Wehrrücken seine Krümmung. Im Punkt der größten positiven Krümmung tritt die Grenztiefe auf.

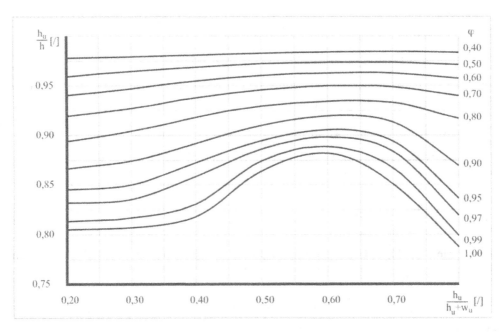

Abbildung 3-13: Unvollkommener Überfall an breitkronigen Wehren

Der Wasserspiegel senkt sich anschließend noch auf die konstante Parallelwassertiefe h_p ab, um sich am Absturz weiter abzusenken. Wird nun der Unterwasserstand angehoben, wandert der Wechselsprung von Unterstrom in Richtung Wehr. Ist der Wechselsprung in unmittelbarer Nähe angelangt, hebt sich der Tauchstrahl allmählich und flacht ab. Bei weiterem Anstieg geht der Tauchstrahl in den Wellstrahl über. Dieser Wellstrahl wird ebenfalls flacher, bis es bei einer bestimmten Unterwassertiefe zur geradlinigen Fortsetzung der Parallelwassertiefe kommt. Ein weiteres Ansteigen des Unterwassers lässt am Wehrende eine Wellung erkennen, die sich mit der Vergrößerung von h_u auf dem Wehrrücken entgegen der Fließrichtung be-wegt. Ist diese Wellung ungefähr in der Mitte des breitkronigen Rückens angelangt, beginnt das Oberwasser anzusteigen. Diese Wasserspiegellage kann man bereits als Überströmen einer Grundschwelle deuten. Damit ist die These Jakoby's [19], beim breitkronigen Wehr gäbe es keinen unvollkommenen Überfall, weil der vollkommene Überfall unmittelbar in den Zustand des Überströmen übergeht, bestätigt worden. Dies gilt aber nur für kleine Überfallhöhen. Ein entsprechendes Bild ergibt sich für L/h > 6. Der unvollkommene Überfall beginnt dann, wenn die stromauf wandernde Welle die bereits vorhandene Welle auf dem Rücken der Schwelle erreicht. Für den Fall L/h > 4 wird der vollkommene Überfall durch Tauchstrahl und Wellstrahl repräsentiert. Beim Standardprofil gehört der Wellstrahl (bei kleinen und mittleren Überfallhöhen) bereits zum Fließzustand des unvollkommenen Überfalls. Bei steigender Überfallhöhe sinkt das Verhältnis L/h für den vollkommenen Überfall. Es stellt sich eine durchgehende Senkungslinie ein, da das Wehr zu kurz wird, um parallelen Abfluss auszubilden. Die Lage der kritischen Tiefe verschiebt sich in Fließrichtung. Tauchstrahl und Wellstrahl werden intensiver. Die Reihenfolge der Wasserspiegeländerungen ist bei steigendem Unterwasser gleich wie bei den vorher diskutierten L/h Bereichen. Bei kleinen Verhältnissen L/h erfolgt schon beim Tauchstrahl eine Beeinflussung des Oberwassers, mithin beim schießenden Abfluss.

3.3   An rundkronigen Wehren

Die in den meisten einschlägigen Fachbüchern verwendete Abbildung 3-11 gilt für den unvollkommenen Überfall und stammt von Schmidt [46]. Er hat die Abminderungskurven eindeutig auf die Unterwasserwehrhöhe w_u bezogen. Bei dem Standardprofil gibt es 2 Abminderungskurven. Für $h/w_u = 1$ sowie für $h/w_u \leq 0,42$. Dieses Intervall beziehungsweise der konkrete Wert sind aus der Abbildung 3-14, ebenfalls nach Schmidt [46] entnommen. Betrachtet man diese Abhängigkeiten, so entspricht jeder Überfallwassermenge Q ein eindeutiger Beginn des unvollkommenen Überfalles und eine eigene Abminderungskurve. Der Beginn des unvollkommenen Überfalles verschiebt sich im Intervall $0,20 < (h/h_u) < 0,48$. Gesteuert wird dieses durch das Verhältnis h/w_u. Bei steigendem Durchfluss verschiebt sich der Beginn des unvollkommenen Überfalles in Richtung zunehmender h/w_u-Werte.

3.3.1   An Standardprofilen

Die umfangreichsten Untersuchungen des unvollkommenen Überfalles am Standardprofil wurden vom U. S. Bureau of Reclamation (1948) durchgeführt und werden von Naudascher [29] zitiert. Sie sind in Abbildung 3-15 dargestellt. Die untersuchten Intervalle sind durch die Grenzen $0 < (w_u/H) \leq 4$ sowie $-0,20 \leq (h_u/H) < 1$ festgelegt. Die Ergebnisse sollen kurz diskutiert werden. Betrachtet werden konstante h_u/H beziehungsweise h_u/h - Werte. Nicht ein einzelner φ-Wert ist als Lösung abzulesen, sondern in jedem Fall ein Intervall. In der Abbildung 3-15 steht der Abminderungsfaktor für $(1-\varphi)$.

$$h_u / H = 0,20 \;\rightarrow\; 0,80 < \varphi < 0,995$$

$$h_u / H = 0,80 \;\rightarrow\; 0,78 < \varphi < 0,92$$

$$h_u / H = -0,10 \rightarrow 0,97 < \varphi < 1,00$$

Betrachtet werden konstante w_u/H- beziehungsweise w_u/h-Werte. Die Änderung des Abminderungsfaktors ist im Intervall $3 < (w_u/H) < 4$ sehr gering. Bei $w_u/H = 1$ hat sich für $\varphi = 0,98$ der zugehörige Wert von $h_u/H = 0,42$ auf $h_u/H = 0,65$ verschoben. Der Einfluss des Unterwassers ist erheblich.

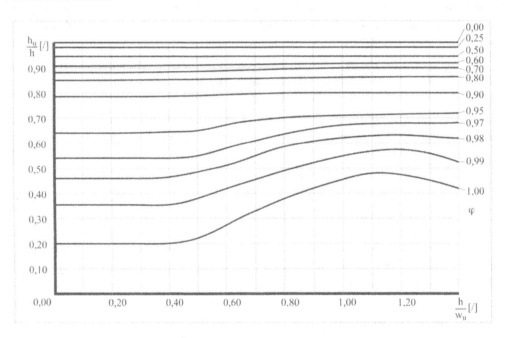

Abbildung 3-14:   Unvollkommener Überfall an Standardprofilen nach Schmidt

Die Annahme, dass einem konstanten φ-Wert ein konstantes Verhältnis h_u/H zugeordnet sei, ist nicht aufrechtzuerhalten. Für jeden Abfluss Q und jede Wehrhöhe w_u im Unterwasser gibt es einen eindeutig festgelegten individuellen Verlauf der Abminderungsfaktoren. Ändert sich nur eine der beiden Größen, so nehmen die φ-Werte einen anderen Verlauf im dargestellten Koordinatensystem. Betrachtet man wieder $\varphi = 0,98$, so ändert sich h_u/H zuerst von $h_u/H = 0,42$ auf $h_u/H = 0,65$. Dies war bei $w_u/H = 1$ der Fall. Verringert man dieses Verhältnis auf $w_u/H = 0,50$, so ist bis $h_u/H = -0,20$ der Abminderungsfaktor $\varphi = 0,98$.

Ein Ergebnis soll noch herausgestellt werden. Es gibt größere Bereiche, in denen trotz auftretendem Fließwechsel auf der Wehrkrone der Überfall bereits vom Unterwasser gestört ist und kein vollkommener Überfallzustand vorliegt. Dieses Phänomen tritt bei kleinen Werten von w_u/H auf. Diese Ergebnisse wurden durch eigene Untersuchungen am Standardprofil und an anderen Profilen experimentell bestätigt.

Schmidt [46] schreibt, dass die Abbildung 3-14 aus den Ergebnissen der amerikanischen Experimentatoren zusammengestellt worden ist. Naudascher [29] zeigt die entsprechenden Ergebnisse in einem $x = w_u/H$- und $y = h_u/H$-System. Ven Te Chow [51] zeigt dies in einem $x = 1 + (w_u/H)$- sowie $y = 1 - (h_u/H)$-System. Die Abbildung 3-15 ist auf die Energiehöhen H bezogen, die Abbildung 3-14 aber auf die Überfallhöhe h. Dies ist sicherlich ein Widerspruch. Ein weiterer Widerspruch ist der Verlauf der Grenzkurve zwischen dem vollkommenen und dem unvollkommenen Überfall. Sowohl die von Naudascher [29] stammende Abbildung 3-15 als auch die Kurvenverläufe von Ven Te Chow [51] zeigen nicht die Variabilität der Grenzkurve nach Schmidt [46]. Laco [24] zeigt in einem $x = 1 + (w_u/H)$- sowie $y = 1 - (h_u/H)$-System ebenfalls die Ergebnisse der amerikanischen Experimentatoren. Die Kurvenverläufe sind mit denen in Abbildung 3-15 vergleichbar. Nur die Grenzkurve verläuft anders. Sie entspricht der erwarteten Dynamik nach Schmidt [46].

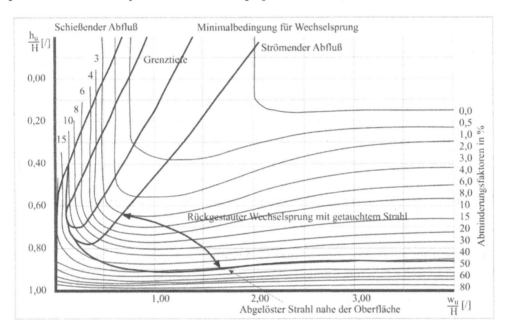

Abbildung 3-15: Abminderungsbeiwerte durch Rückstaueffekte nach Naudascher [29]

Im Intervall $5 > 1 + (w_u/H) > 3,20$ liegt der Beginn des unvollkommenen Überfalles bei $h_u/H = 0,20$. Für die x- Achse nach Schmidt [46] ergibt sich $0,25 < (H/w_u) < 0,416$. Bei einer immer größer werdenden Wehrhöhe im Unterwasser strebt der Ausdruck $H/w_u \rightarrow 0$. Der Beginn des vollkommenen Überfalls bleibt konstant. Im Intervall $3,20 > (1 + (w_u/H)) > 1,71$ verschiebt sich der Beginn des unvollkommenen Überfalles zuerst von $h_u/H = 0,20$ auf $h_u/H = 0,48$, um dann von $h_u/H = 0,48$ auf $h_u/H = 0,40$ abzusinken. Das zugeordnete Intervall bei Schmidt [46] entspricht $0,416 < (H/w_u) < 1,40$. Die Abszisse und die Ordinate müssten sich eigentlich auf die Energiehöhe H beziehen. Alle Abminderungskurven bis $\varphi = 0,80$ verlaufen ab einem bestimmten w_u/H parallel zur h_u/H Achse. Schmidt [46] hat seine Darstellung bei $H/w_u = 1,40$ abgebrochen. Das entspricht nach Laco [24] genau dem senkrechten Verlauf der $\varphi = 1,00$ Kurve, bei Naudascher dem Verhältnis $w_u/H = 0,7143$.

3.3.2   An halbkreisförmigen Wehren mit senkrechten Wänden

Über diese Wehrform findet man in der Literatur keine Angaben zum unvollkommenen Überfall. Dies ist verwunderlich, denn in der Praxis wird diese Wehrkonstruktion trotz fehlender theoretischer Grundlagen häufig gebaut. Abbildung 3-16 zeigt den unvollkommenen Fließzustand in einer von vielen möglichen Darstellungen.

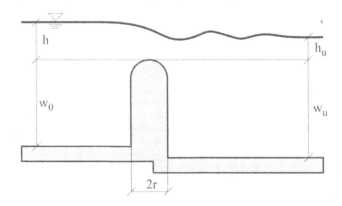

Abbildung 3-16:   Unvollkommener Überfall an halbkreisförmigen Wehren mit senkrechten Wänden nach Kramer

Mit Hilfe der Dimensionsanalyse findet man die Verhältnisse w_0/h, w_u/h, h_u/h und h/r beziehungsweise deren Kehrwerte. Somit ist:

$$\varphi = f\left(\frac{w_0}{h}; \frac{w_u}{h}; \frac{h_u}{h}; \frac{h}{r}\right)$$

Ähnlich wie bei scharfkantigen Wehren stellt sich eine Vielfalt von Wasserspiegelformen, beginnend beim Haftstrahl mit abgedrängtem Wechselsprung und endend beim Überströmen, ein. Bei den Untersuchungen zum unvollkommenen Überfall im Labor für wasserbauliches Versuchswesen der Hochschule Magdeburg-Stendal (FH) wurden für vier verschiedene Radien ($r = 0,028m$, $r = 0,037m$, $r = 0,055m$ und $r = 0,08m$) die Unterwasserhöhen in jeweils sieben Schritten angehoben. Der unvollkommene Überfall beginnt, wenn das Oberwasser durch zunehmenden Rückstau im Unterwasser ansteigt. Verändert sich die Ausgangsüberfallhöhe von h auf h', so änderte sich, bedingt durch die zugeordnete Überfallgleichung, μ auf μ'. Damit kann der φ-Wert berechnet werden:

$$\varphi = \left(\frac{\mu}{\mu'} \cdot \left(\frac{h}{h'} \right)^{\frac{3}{2}} \right)$$

Bei der Vielzahl mitwirkender Einflussgrößen ist die mathematische Auswertung äußerst schwierig und komplex. Die erste von vier Beziehungen betrifft den Fall „schießender Abfluss" im Unterwasser. Der φ- Wert an rundkronigen Wehren ist beim schießenden Abfluss (abgedrängter Wechselsprung) durch r/h und w_u/h bestimmt. Werden für diesen Abflusszustand die berechneten Einflussgrößen r/h und w_u/h in einem Diagramm aufgetragen und die ermittelten Abminderungsbeiwerte in Klassen eingeteilt, so zeigt sich ein eindeutiger funktioneller Zusammenhang. Der Verlauf der einzelnen Klassen für φ entspricht ungefähr dem Kurvenverlauf der Funktion vom Typ

$$x = \frac{w_u}{h} \cdot \frac{r}{h} \tag{3.20}$$

Durch die Wichtung der Einflussgrößen kann der Funktionsverlauf dem Klassenverlauf noch besser angepasst werden.

$$x = \left(\frac{w_u}{h} \right)^{\alpha+0,5} \cdot \left(\frac{r}{h} \right)^{0,5-\alpha} \tag{3.21}$$

Dieser Ansatz ist in die weitere Auswertung aufgenommen. Durch die Grenzbereiche mit $r/h = 0,25$ und $w_u = r$ ist eine eindeutige Darstellung zu erreichen. Für die anderen Abflüsse zeigen sich ähnliche Abhängigkeiten, so dass die x-Achse überall die gleichen Verhältnisse berücksichtigt. Die Darstellung von $\varphi = f(x)$, aufgeteilt in Klassen über h_u/h, dient zur Modellierung des mathematischen Modells. Die x-Achse entspricht dabei den Funktionswerten nach Gleichung 3.21. Der Ansatz ist dem Verlauf der Klassen von h_u/h in mehreren Schritten angepasst. Die Komplexität der Abhängigkeiten macht die Ermittlung von neun Parametern über nichtlineare Regression der Messwerte erforderlich. Die Berechnung erfolgte mit dem Programm LMDIF C in einer von Prof. Felgenhauer (Hochschule Magdeburg-Stendal (FH)) veränderten Version. Die Regression wird nach der Methode von Levenberg-Marquardt über die Ermittlung der Euklidischen Norm und der mittleren quadratischen Abweichung durchgeführt. Der gefundene Ansatz lautet:

$$\varphi = \frac{\left(a_2 + a_6 \frac{h_u}{h} + a_7 \left(\frac{h_u}{h} \right)^2 \right) + a_3 \left(\left(\frac{w_u}{h} \right)^{a_8+0,5} \cdot \left(\frac{r}{h} \right)^{0,5-a_8} - a_1 - a_5 \frac{h_u}{h} \right) -}{\sqrt{\frac{1}{4} \left((1+a_4) \cdot \left(\left(\frac{w_u}{h} \right)^{a_8+0,5} \cdot \left(\frac{r}{h} \right)^{0,5-a_8} - a_1 - a_5 \frac{h_u}{h} \right) \right)^2 + (1+a_0)^2}} \tag{3.22}$$

Die einzelnen Parameter werden mit a_0 bis a_8 bezeichnet. Es war nicht möglich, für alle Bedingungen einheitliche Parameter zu bestimmen. Aus diesem Grund muss der gesamte Verlauf des Überfallvorganges in vier Bereiche unterteilt werden. Die Gültigkeit der einzelnen Bereiche wird durch verschiedene h_u/h Intervalle festgelegt. Diese Intervalle und die zugehörigen Parameter sind in Tabelle 3-2 angegeben.

Neben den Parametern a_i werden für die entsprechenden Intervalle die Euklidische Norm, die mittlere quadratische Abweichung sowie die maximale Abweichung berechnet. Die Beeinflussung des Oberwassers durch das Unterwasser lässt sich versuchstechnisch ausgezeichnet nachweisen. Um dieses dann auch richtig interpretieren zu können, ist es notwendig, für den vollkommenen Überfall eine Bemessungsvorschrift zu entwickeln. Die hier gültigen Beziehungen nach Indlekofer und Kramer [23] liefern im gültigen Intervall ausgezeichnete Übereinstimmung. Leider ist nicht bekannt, mit welchen Wehrhöhen im Unterwasser diese Versuchsreihen durchgeführt wurden.

Tabelle 3-2:   Parameter für Gleichung 3.22

Parameter	schießend und $\dfrac{h_U}{h} < -2$	$-2 < \dfrac{h_u}{h} \leq 0$	$0 < \dfrac{h_u}{h} < 0,6$	$0,60 < \dfrac{h_u}{h} < 0,95$
a_0	-0,96655	-0,96107	-0,84796	-0,83635
a_1	0,69799	0,55733	0,12033	0,28067
a_2	0,98679	0,99479	1,02459	0,12114
a_3	0,31673	0,24188	0,40257	0,53216
a_4	-0,41578	-0,57031	-0,22348	-0,09635
a_5	0,00000	0,33799	0,57225	-0,00784
a_6	0,00000	0,00400	0,00190	2,92675
a_7	0,00000	-0,00035	-0,00067	-2,52417
a_8	-0,05426	-0,36208	-0,60688	-0,65505

Es ist anzunehmen, dass bei der Vielzahl der Wehrmodelle mit bekannten veränderlichen Radien und Wehrhöhen im Oberwasser die Unterwasserwehrhöhe gleich groß gewählt wurde. Die Vielzahl der hydromechanischen Zustände bei den Laboruntersuchungen, bedingt durch die unterschiedlichen Radien und durch jeweils sieben Unterwasserwehrhöhen, liefert für alle Verhältnisse einen Definitionsbereich. Der Gültigkeitsbereich des Ansatzes der Gleichung 3.22 liegt in den Grenzen von $-7,00 < (h_u/h) < 0,95$. Für den Bereich mit abgedrängtem Wechselsprung im Unterwasser (schießender Abfluss) gilt:

$$0,55 < (w_u/h) < 10 \quad \text{und} \quad 0,20 < (r/h) < 3$$

sowie

$$0,35 < x = \left(\frac{w_u}{h}\right)^{\alpha+0,5} \cdot \left(\frac{r}{h}\right)^{0,5-\alpha} < 2.$$

Für die nachfolgenden Bereich gelten $0,40 < (w_u/h) < 10$ und $0,14 < (r/h) < 2,50$ sowie

$$0,15 < x = \left(\frac{w_u}{h}\right)^{\alpha+0,5} \cdot \left(\frac{r}{h}\right)^{0,5-\alpha} < 1,50$$

Bei schießendem Abfluss im Unterwasser kann sich für relativ kleine Unterwasserwehrhöhen und relativ kleine Radien kein unabhängiger Unterwasserstand einstellen. Der Überfallstrahl wird somit ausschließlich von den Größen w_u/h und r/h beeinflusst. Abbildung 3-17 zeigt für diesen Bereich einen stetigen Anstieg des Abminderungsbeiwertes. Dies bedeutet, dass in einem relativ großen Bereich eine ständige Beeinflussung des Abflussverhaltens und somit unvollkommener Überfall vorliegt. Bei diesem zuerst untersuchten Fall können die φ-Werte kleiner oder größer eins werden. Der Zustand $\varphi = 1$ ist nur für einen bestimmten x-Wert möglich.

$$x = \left(\frac{w_u}{h}\right)^{\alpha+0,5} \cdot \left(\frac{r}{h}\right)^{0,5-\alpha}$$

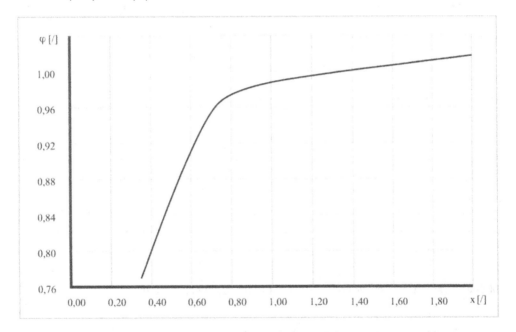

Abbildung 3-17: Funktionswerte nach Gleichung 3.22 für schießenden Abfluss für $h_u/h < -2,00$

Der $\varphi = 1$-Bereich existiert aber schon ab $x = 0,80$, denn die Abminderungsfaktoren liegen dann zwischen 0,98 und 1,00. Das Programm LMDIF C liefert für diesen Bereich die Euklidische Norm 0,45625, die mittlere quadratische Abweichung 0,01395 und die maximale Abweichung mit 0,06521. Der Vergleich der gemessenen mit den berechneten Durchflussmengen liefert eine Abweichung $< \pm 3\,\%$.

Mit steigendem Unterwasser ergeben sich für den nachfolgenden 2. Bereich wieder andere Wasserspiegelformen. Die Funktionswerte für das Intervall $-2 < (h_u/h) \leq 0$ sind in Abbildung 3-18 dargestellt. Für diesen Bereich liefert das mathematische Modell die Euklidische Norm mit 0,43575, die mittlere quadratische Abweichung mit 0,01449 und eine maximale Abweichung von 0,05123. Die zugehörigen Abweichungen liegen im Intervall zwischen 5% und 8%. Geht man davon aus, dass es keinerlei Hinweise beziehungsweise mathematische Berechnungsvorschriften für dieses Wehr gibt, so sind diese Abweichungen noch nicht befriedigend. Die ersten Versuche mit einer Unterwasserwehrhöhe von 0,50m und einem Durchfluss bis $Q = 0,30 \text{m}^3/\text{s}$ wurden erfolgreich durchgeführt.

Nachfolgend erreicht der Wasserspiegel die Wehrkrone. Damit würde nach der üblichen Definition der unvollkommene Überfall beginnen. Wie die bisherigen Ergebnisse zeigen, ist diese Betrachtung nicht aufrecht zu halten.

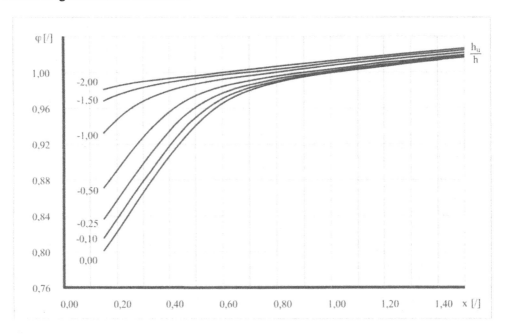

Abbildung 3-18: Funktionswerte nach Gleichung 3.22 für $-2,00 < h_u/h < 0,00$

Die Beeinflussung des Oberwassers durch das Unterwasser beginnt schon viel früher. In Abbildung 3-19 sind die Ergebnisse für den Bereich $0 < (h_u/h) < 0,60$ dargestellt. Für die ermittelten Parameter berechnet sich die Euklidische Norm zu 0,81990, die mittlere quadratische Abweichung zu 0,01721 und die maximale Abweichung zu 0,08232. Die Abweichungen liegen im Intervall $< \pm 5\%$.

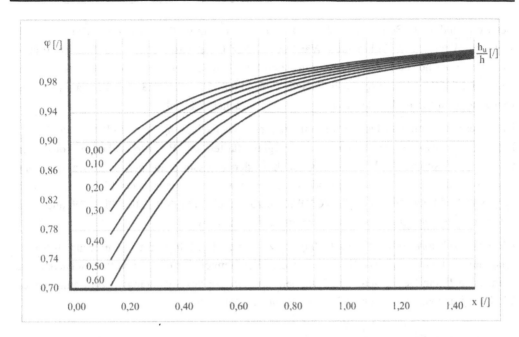

Abbildung 3-19: Funktionswerte nach Gleichung 3.22 für $0,00 < h_u/h < 0,60$

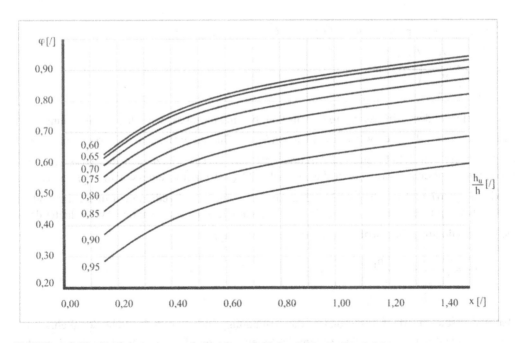

Abbildung 3-20: Funktionswerte nach Gleichung 3.22 für $0,60 < h_u/h < 0,95$

Der vierte und letzte Bereich schließt die Behandlung des unvollkommenen Überfalls an rund-kronigen Wehren mit senkrechten Wänden ab. Für Unterwasserstände im Bereich $0,60 < (h_u/h) < 0,95$ sind die Funktionswerte in Abbildung 3-20 eingetragen. Die Euklidische Norm liegt bei $1,21774$, die mittlere quadratische Abweichung bei $0,02628$ und die maximale Ab-weichung bei $0,15946$. Die Abweichungen liegen zwischen 5% und 7%.

Der Übergang vom Tauchstrahl mit anliegendem Wechselsprung zum Wellstrahl stellt eine Besonderheit bei den vielfältigen Wasserspiegelverläufen dar. Bei vorgegebenem konstanten Durchfluss Q konnte die Wirkung des zunehmenden Rückstaus aus dem Unterwasser genau studiert werden. Es ist für abnehmende Unterwasserwehrhöhen eine Verschiebung des Über-ganges in Richtung höherer h_u/h Verhältnisse zu verzeichnen. Somit bestätigt sich auch hier eine Beeinflussung durch die unterwasserseitige Wehrhöhe w_u.

Für diese Wehrform soll die Grenzbedingung zwischen abgedrängtem und anliegendem Wech-selsprung betrachtet werden. Es kann auf die Gleichungen für das unbelüftete scharfkantige Wehr nach Bazin Bezug genommen werden. Die Grenze des abgedrängten zum anliegenden Wechselsprung ist durch die nachfolgende Beziehung gegeben.

$$g_1 = 0,75 < \frac{1}{\dfrac{w_u}{h}} \cdot \left(1 - \frac{h_u}{h}\right)$$

Für das betrachtete rundkronige Wehr gilt die Gleichung 3.23.

$$g_2 = \frac{1}{\dfrac{w_u}{h}} \cdot \left(1 - \frac{h_u}{h}\right) \tag{3.23}$$

Da bei schießendem Abfluss h_u unterhalb von h_{gr} liegen muss, wird h_{gr} in Gleichung 3.23 eingesetzt. Über alle Messwerte des schießenden Abflusses errechnen sich somit für g_2 ein Maximalwert von $1,4344$ und ein Minimalwert von $1,0108$. Setzt man die Messwerte des beobachteten Wechselsprunges in die Formel 3.23 (mit einem gemessenem h_u), so ist g_2 maximal $0,9767$ und minimal $0,2211$. Die Grenze zwischen abgedrängtem und anliegendem Wechselsprung müsste somit $g_2 \approx 1,00$ sein. In Analogie zum scharfkantigen Wehr lautet dann die Grenzbedingung für den abgedrängten Wechselsprung:

$$g_2 = 1 < \frac{1}{\dfrac{w_u}{h}} \cdot \left(1 - \frac{h_u}{h}\right)$$

Der Wasserspiegelverlauf, insbesondere das Krümmungsverhalten in der Nähe der Wehrkrone, reagiert eindeutig auf die Druckverteilung in diesem Bereich. Dieser Verlauf stellt gleichzeitig die obere Randstromlinie dar. Während der Versuchsphase sind für alle vier verschiedenen Radien, jeweils für fünf unterschiedliche Überfallwassermengen Q, sehr sorgfältig diese Verläufe aufgenommen worden. In der Literatur werden zur Vereinfachung für die Stromlinienverläufe häufig konzentrische Bahnen angenommen. Aufschlussreich für die Betrachtung des tatsächlichen Verlaufes ist die Darstellung der Randstromlinien. Im Fall des anliegenden oder angesaugten Überfallstrahls stellt der Wehrkörper die untere Randstromlinie und die freie Wasseroberfläche die obere Randstromlinie dar. Es zeigte sich, dass der Wasserspiegelverlauf auch nicht annähernd einen konzentrischen Verlauf bezüglich des Wehrradius beschreibt. Somit ist die Annahme konzentrischer Stromlinienverläufe falsch. Wie bereits gezeigt, kommt es besonders durch die Unterwasserbedingungen zur Beeinflussung des Überfallstrahles. So bilden sich im Unterwasser am Fuß des Wehres in Abhängigkeit von w_u, h, h_u und r Wirbel aus. Diese wiederum bewirken ein Ablösen des Überfallstrahles vom Wehrkörper. Damit ist der untere Wehrkörper nicht mehr Randstromlinie des unteren Überfallstrahls. Diesbezüglich waren keine Untersuchungen möglich. Einfacher gestaltete sich die Aufnahme des Wasserspiegelverlaufes in Fließrichtung.

3.4   An unterströmten Wehren (Schützen)

Beim unvollkommenen Ausfluss ist die Oberwassertiefe h_0 nicht mehr die alleinige Triebkraft. Es ist aber auch nicht die Differenz zwischen Oberwasserstand und Unterwasserstand $(h_0 - h_2)$, wie man vermuten könnte, sondern die Wassertiefe unmittelbar nach der Schütztafel, die geringer ist als die beim stationär gleichförmigen Ausfluss. Diese Wassertiefe kann mit dem Impulssatz berechnet werden. Sie kann auch sehr gut mit Modellversuchen im Labor untersucht werden.

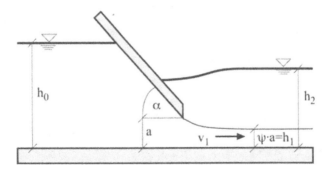

Abbildung 3-21: Rückgestauter Ausfluss an unterströmten Wehren

Der Gültigkeitsbereich ist mit den Beziehungen $15° < \alpha < 90°$ und $h_0 > h_2$ vorgegeben. Wie bei dem freien Ausfluss wird beim rückgestauten Ausfluss der μ-Wert in die Berechnung mit einbezogen. Auch bei dieser Strömungsform wird der Strahl unter der Schützöffnung eingeschnürt. χ berücksichtigt die Rückstausituation.

$$Q = \chi \cdot \frac{\psi}{\sqrt{1 + \dfrac{\psi \cdot a}{h_0}}} \cdot a \cdot b \cdot \sqrt{2g \cdot h_0} = \chi \cdot \mu \cdot A \cdot \sqrt{2g \cdot h_0} \qquad (3.24)$$

Die Beiwerte werden durch die nachfolgenden dimensionslosen Parameter bestimmt:

$$\mu = f\left(\alpha;\; \Psi\left(\alpha;\; \frac{h_0}{a}\right);\; \frac{h_0}{h}\right) \text{ und } \chi = f\left(\alpha;\; \frac{h_0}{a};\; \frac{h_2}{a};\; \frac{h_2}{h_0}\right) \qquad (3.25)$$

Der Abminderungsfaktor χ zur Berechnung der Ausflussmenge Q wird von sehr vielen Ein-flüssen bestimmt. Gleichung 3.26 gestattet es, unter Einbeziehung der dimensionslosen Kenn-größen, das hydraulische Problem rückgestauter Ausfluss an unterströmten Wehren zu be-rechnen.

$$\chi = \left(\left(1 + \frac{\psi}{z}\right) \cdot \left\{\left[1 - 2\frac{\psi}{z} \cdot \left(1 - \frac{\psi}{z_1}\right)\right] - \sqrt{\left[1 - 2\frac{\psi}{z} \cdot \left(1 - \frac{\psi}{z_1}\right)\right]^2 + z_2^2 - 1}\right\}\right)^{\frac{1}{2}} \qquad (3.26)$$

Es gilt $z = h_0/a$ und $z_1 = h_2/a$ sowie $z_2 = h_2/h_0$. In den nachfolgenden Abbildungen sind für zwei unterschiedliche Neigungen die Abminderungsfaktoren χ dargestellt:

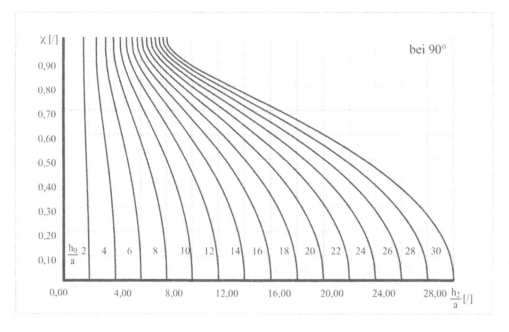

Abbildung 3-22: Unvollkommener Ausfluss an unterströmten Wehren, Abminderungsfaktor χ
                        bei $\alpha = 90°$

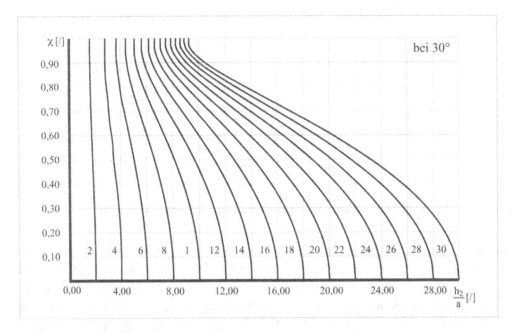

Abbildung 3-23: Unvollkommener Ausfluss an unterströmten Wehren, Abminderungsfaktor χ bei $\alpha = 30°$

Vergleicht man die χ - Werte, so ist der Unterschied nur sehr gering. In der Literatur findet man ausschließlich die Darstellung für $\alpha = 90°$. Im Folgenden soll dargestellt werden, dass der Unterschied bei Verwendung abweichender Winkel relativ gering ist.

Mit $a = 0,10\text{m}$, $h_0 = 2,60\text{m}$ und $h_2 = 1,50\text{m}$ folgt:

Tabelle 3-3: Verhältnisse und Abminderungsfaktoren bei unterschiedlichen Neigungswinkeln

Winkel $\alpha \left[°\right]$	90	45	30
h_0/a	26,00	26,00	26,00
h_2/a	15,00	15,00	15,00
χ	0,685	0,694	0,698

3.5 An unterströmten drehbaren Wehrklappen

Beim Ausfluss unter Schütztafeln geht man meist davon aus, dass diese nur in Richtung der Tafelachse in den Führungsschienen bewegt werden. Eine Steuerung von Wasserständen ist somit bei konstantem Neigungswinkel α nur durch Veränderung der Schützenhöhe a möglich. Bei unterströmten drehbaren Wehrklappen dreht sich diese um eine feste Achse, wie sie in der Abbildung 3-24 dargestellt ist. Bei dieser Konstruktion ist die Regulierung der Wasserstände durch die Öffnungshöhe a effektiver, denn der Schützenhub ändert sich nicht linear sondern auf einer Kreisbahn.

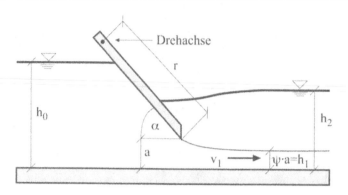

Abbildung 3-24: Rückgestauter Ausfluss an einer unterströmten, drehbaren Wehrklappe

Die Länge der Wehrtafel bezogen auf die Drehachse, liefert den wirksamen Kreisradius r. Auf der Grundlage dieser Überlegungen wurde eine drehbare Wehrklappe entwickelt. Diese wurde zur Steuerung einer Kläranlage eingebaut. In Abbildung 3-24 ist die Konstruktion dargestellt. Die damals existierende Messeinrichtung in der Kläranlage stand an der gleichen Stelle. Sie war als Venturi-Einbau ausgeführt. Die Messergebnisse waren aufgrund des geringen Höhenunterschiedes zwischen Ober- und Unterwasser messtechnisch unbrauchbar. Es stellte sich die Aufgabe, eine alternative Messeinrichtung einzubauen. Zur Lösung des Problems wurde eine drehbare Wehrklappe konstruiert und eingebaut. Durch zwei Wasserstandsmessungen, eine im Ober- und eine im Unterwasser, kann der Durchfluss bestimmt werden. Das gesamte System arbeitet problemlos. Die Übereinstimmung der berechneten Ausflüsse mit einem nachgeschalteten induktiven Durchflussmesser ist sehr gut. Wird von der Gleichung

$$Q = a \cdot b \cdot \chi \cdot \mu \cdot \sqrt{2g \cdot h_0}$$

ausgegangen, so muss für a die Beziehung 3.27 eingesetzt werden.

$$a = r \cdot (1 - \sin \alpha) \qquad\qquad (3.27)$$

In der nachfolgenden Beziehung ist a durch den Klappenradius r und den Winkel α ersetzt.

$$Q = r \cdot (1 - \sin \alpha) \cdot b \cdot \chi \cdot \mu \cdot \sqrt{2g \cdot h_0} \qquad\qquad (3.28)$$

Für μ gilt die Gleichung 2.88 mit den entsprechenden Koeffizienten. Die grenze zwischen freiem und rückgestauten Ausfluss wird beschrieben über die Gleichung 2.90. Für den Abminderungsfaktor χ gilt die Beziehung 3.26.

4 Berechnungsbeispiele Wehre

Betrachtet man die aktuelle Literatur über hydraulische Sonderbauwerke in Gerinnen und Rohrleitungen, so wird klar, dass es an der Zeit ist, ein auf profunden Forschungsergebnissen gegründetes Lehr- und Handbuch zu diesem Themenkreis zu präsentieren.

Jedem Beispiel wurde eine Themenspezifizierung vorangestellt. Es wird zum Beispiel zwischen vollkommenem und unvollkommenem Überfall unterschieden, beziehungsweise welcher konkrete Wert in der Aufgabe berechnet werden soll. Hierbei kann es sich um die Ermittlung von Überfallwassermengen, Überfallhöhen oder Überfallbeiwerten handeln. Die hier aufgeführten Berechnungsbeispiele stehen immer in einem direkten Bezug zu den entsprechenden theoretischen Abschnitten. Jeder Aufgabe wird deshalb eine Querverweis zu den Formeln und Diagramme vorangestellt. Die jeweils zugehörigen Quellen können somit schnell gefunden werden. Bei einigen Aufgaben werden die korrekt ermittelten Ergebnisse mit den Ergebnissen verglichen, die sich ergeben, wenn die Empfehlungen des Abwassertechnischen Vereins (ATV- A111) verwendet werden.

4.1 Berechnungsbeispiele zu scharfkantigen Wehren

Bei den scharfkantigen Wehren findet man in der Literatur nur die Formeln zur Berechnung des belüfteten senkrechten Wehres. Der unbelüftete Fall ist sehr kompliziert und versuchstechnisch äußerst aufwendig. Deshalb wurden diese hydromechanischen Fälle kaum behandelt. Wie im Beispielteil über scharfkantige Wehre gezeigt wird, ist die Vielfalt dieser Wehrformen erheblich. Sie werden meist als Messwehre verwendet. Dieser Einsatz setzt aber grundlegend einzuhaltende Randbedingungen voraus. Bei allen Wehrformen, außer dem normalen scharfkantigen Wehr, wird nur der vollkommene Überfall richtige Ergebnisse liefern. Bei dem scharfkantigen Wehr ist, wie die Beispiele zeigen, der gesamte mögliche Wasserspiegellagenbereich für Messwehrergebnisse geeignet.

4.1.1 Beispiele zu scharfkantig senkrechten und scharfkantig geneigten Wehren

Beispiel 4.1.1-1: Vollkommener Überfall: Einfluss des Neigungswinkels auf die Abflussleistung an scharfkantigen Wehren

Formeln: 5.1-1, Seite 244

Diagramme: 5.3-1, Seite 277

Es soll die Leistungsfähigkeit eines senkrecht stehenden scharfkantigen Wehres mit den Abmessungen $w_0 = 1,50\,\text{m}$ und $b = 2,50\,\text{m}$ mit einem um $\alpha = 50,0°$ geneigten scharfkantigen Wehr verglichen werden.

a) Es ist für die senkrecht stehende Wand die Funktion $Q = f(h)$ im Intervall

   $$0,05\,\text{m} \le h \le 0,65\,\text{m}$$

   zu berechnen und mit den Überfallbeiwerten in einer Tabelle darzustellen.

b) Es ist für die um $\alpha = 50,0°$ geneigte Wand die Funktion $Q = f(h)$ im Intervall

   $$0,05\,\text{m} \le h \le 0,65\,\text{m}$$

   zu berechnen und mit den Überfallbeiwerten ebenfalls in einer Tabelle darzustellen.

Lösung zu a:

Die grundlegende Formel ist die Poleni-Gleichung.

$$Q = \frac{2}{3}\sqrt{2g} \cdot \mu \cdot b \cdot h^{\frac{3}{2}}$$

Für das scharfkantige Wehr gilt die folgende Beziehung:

$$Q = \frac{2}{3}\sqrt{2g} \cdot \left(0,6035 + 0,0813\frac{h}{w_0}\right) \cdot b \cdot h^{\frac{3}{2}}$$

Die Überfallwassermenge Q soll für eine Überfallhöhe von $h = 0,50\,\text{m}$ berechnet werden.

$$Q = 2,953 \cdot \left(0,6035 + 0,0813\frac{0,50}{1,50}\right) \cdot 2,50 \cdot 0,50^{\frac{3}{2}}$$

Mit $\mu = 0,6306$ folgt:

$$Q = 1,6459\,\frac{\text{m}^3}{\text{s}}$$

Für die Überfallgleichung kann noch vereinfacht geschrieben werden:

$$Q = 7,3825 \cdot \left(0,6035 + 0,0813\frac{h}{1,50}\right) \cdot h^{\frac{3}{2}}$$

Die Tabelle 4-1 wurde mit obiger Gleichung berechnet.

Tabelle 4-1:   Berechnete Überfallwassermengen und Beiwerte im vorgegebenen Intervall

h[m]	$\dfrac{h}{w_0}$	μ	$Q\left[\dfrac{m^3}{s}\right]$
0,05	0,0333	0,6062	0,050
0,15	0,1000	0,6116	0,262
0,25	0,1666	0,6170	0,569
0,35	0,2333	0,6222	0,951
0,45	0,3000	0,6279	1,399
0,55	0,3666	0,6333	1,907
0,65	0,4333	0,6387	2,471

Lösung zu b:

Die in Strömungsrichtung geneigte Klappe hat durch μ_α einen größeren Überfallbeiwert. Dieser setzt sich aus dem Produkt

$$\mu_\alpha = \mu_0 \cdot \chi$$

zusammen, beziehungsweise er berechnet sich über

$$\mu_\alpha = \left(0,6035 + 0,0813\frac{h}{w_0}\right) \cdot \chi$$

$$\chi = 1 + 0,002374 \cdot \alpha + 1,74 \cdot 10^{-5} \cdot \alpha^2 - 2,866 \cdot 10^{-8} \cdot \alpha^3 - 5,14 \cdot 10^{-9} \cdot \alpha^4$$

$$Q = \frac{2}{3}\sqrt{2g} \cdot \mu_\alpha \cdot b \cdot h^{\frac{3}{2}}$$

Für eine Überfallhöhe von $h = 0,50m$ sowie einem Winkel $\alpha = 50,0°$ werden, wie in Aufgabe a, die konkreten Rechnungen durchgeführt.

$$\mu_0 = 0,6035 + 0,0813\frac{0,50}{1,50} = 0,6306$$

$$\chi = 1 + 0,002374 \cdot 50 + 1,74 \cdot 10^{-5} \cdot 50^2 - 2,866 \cdot 10^{-8} \cdot 50^3 - 5,14 \cdot 10^{-9} \cdot 50^4 = 1,1265$$

$$\mu_\alpha = 0,6306 \cdot 1,1265 = 0,7104$$

$$Q = 2,953 \cdot 0,710 \cdot 2,50 \cdot 0,50^{\frac{3}{2}} = 1,8531\frac{m^3}{s}$$

Vergleicht man dieses Ergebnis mit dem von Aufgabenstellung a), so ist das Verhältnis der Überfallwassermengen 1,126. Dieser Überfallzusatzbeiwert χ ist für einen Neigungswinkel $\alpha = 50°$ im gesamten Überfallbereich konstant mit $\chi = 1,1265$

Tabelle 4-2:   Berechnete Überfallwassermengen und Beiwerte im vorgegebenen Intervall

h[m]	$\dfrac{h}{w_0}$	μ_α	$Q\left[\dfrac{m^3}{s}\right]$
0,05	0,0333	0,6830	0,0560
0,15	0,1000	0,6890	0,2950
0,25	0,1666	0,6950	0,6410
0,35	0,2333	0,7010	1,0720
0,45	0,3000	0,7070	1,5760
0,55	0,3666	0,7130	2,1480
0,65	0,4333	0,7200	2,7840

Beispiel 4.1.1-2:   Vollkommener Überfall: Einfluss des Neigungswinkels auf die Abflussleistung und die Überfallhöhen an scharfkantigen Wehren

Formeln: 5.1-1, Seite 244

Diagramme: 5.3-1, Seite 277

Für ein scharfkantig senkrechtes Wehr mit den Parametern $w_0 = 1m$, $b = 1m$ und $h = 0,80m$ soll die Leistungsfähigkeit um 10 % gesteigert werden. Verwendet werden soll bei gleicher Stauhöhe ein scharfkantig geneigtes Wehr.

a) Bei welcher Neigung ist die Leistungssteigerung gewährleistet?

b) Bei welcher Überfallhöhe führt das geneigte Wehr die Überfallwassermenge Q des senkrechten Wehres ab?

Lösung zu a:

Es soll zunächst die Leistungsfähigkeit des senkrechten Wehres berechnet werden.

$$Q = \frac{2}{3}\sqrt{2g} \cdot \mu \cdot b \cdot h^{\frac{3}{2}}$$

$$Q = \frac{2}{3}\sqrt{2g} \cdot \left(0,6035 + 0,0813\,\frac{h}{w_0}\right) \cdot b \cdot h^{\frac{3}{2}}$$

Mit $\mu = 0,6685$ folgt

$$Q = 2,953\left(0,6035 + 0,0813\,\frac{0,80}{1,00}\right) \cdot 0,80^{\frac{3}{2}} = 1,4126\,\frac{m^3}{s}$$

Abzuführen sind zusätzlich 10% also $Q = 1,554 m^3/s$. Der Überfallbeiwert μ für das senkrechte Wehr wird mit einer Korrekturfunktion multipliziert. Dieses ergibt den Überfallbeiwert μ_α.

$$\mu_\alpha = \left(0,6035 + 0,0813\frac{h}{w_0}\right) \cdot (1 + 0,002374 \cdot \alpha + 1,74 \cdot 10^{-5} \cdot \alpha^2 - 2,87 \cdot 10^{-8} \cdot \alpha^3$$
$$-5,14 \cdot 10^{-9} \cdot \alpha^4)$$

Setzt man in der zweiten Klammer für α probeweise unterschiedliche Werte ein, dann ergibt sich als Beispiel für $\alpha = 37°$ ein Wert 1,10.

$$\mu_\alpha = \left(0,6035 + 0,0813\frac{0,80}{1,00}\right) \cdot 1,10 = 0,7354$$

Damit ist die gewünschte Leistungssteigerung bei einer Neigung der Wehres von $\alpha = 37°$ erfüllt.

Lösung zu b:

Die Leistungssteigerung bei $\alpha = 37°$ ist für den gesamten Überfallhöhenbereich konstant. Damit gilt:

$$Q = 2,953 \cdot 1,10 \cdot \left(0,6035 + 0,0813\frac{h}{w_0}\right) \cdot h^{\frac{3}{2}}$$

Gesucht ist h für $Q = 1,4126 \text{m}^3/\text{s}$. Für h muss gelten $h < 0,80 \text{m}$. Die Poleni-Gleichung wird nach dem h mit der höchsten Potenz umgestellt. Man erhält die Gleichung:

$$h = \left(\frac{Q}{2,953 \cdot 1,10 \cdot \left(0,6035 + 0,0813 \cdot \frac{h}{w_0}\right)}\right)^{\frac{2}{3}}$$

Die Lösung erfolgt über eine Fixpunktiteration, welche über den Exponentialausdruck von (2/3) konvergenzsicher ist. Fixpunktiterationen, zu denen auch das bekannte Newton-Verfahren gehört, sind effiziente Hilfsmittel des Ingenieurs, um Nullstellen-Suchprobleme vom Typ $g(x) = 0$ zu lösen, insbesondere für den Fall, dass die Gleichung nicht explizit nach x aufgelöst werden kann. Es gilt die Beziehung $g(x) = 0$ derart umzuformen, dass die Fixpunktgleichung

$$x = f(x) \leftrightarrow g(x) = 0$$

mathematisch mit der Nullstellengleichung übereinstimmt. Anschaulich dargestellt, wird der Schnittpunkt x_i gesucht, an dem die Funktionen $y_1(x) = x$ und $y_2(x) = f(x)$ einander schneiden. Gilt in der Umgebung dieses Schnittpunktes $|f'(x) < 1|$ dann konvergiert die Iterationsvorschrift $x_{i+1} = f(x_i)$ gegen x_i, falls ein beliebiger geeigneter Startwert x_0 in dieser Umgebung gewählt wird. Hier soll gezeigt werden, wie auch mit einfachen und preiswerten Taschenrechnern, die über algebraische Funktionen verfügen, solche komplexen mathematischen Zusammenhänge gelöst werden können.

Nach Eingabe eines Startwertes für h, zum Beispiel der Zahl 0,80 $\lfloor = \rfloor$, im „ANS"- Speicher, über den alle technisch wissenschaftlichen Taschenrechner verfügen, steht nun diese Zahl als Startwert. Die rechte Seite obiger Gleichung wird algebraisch mit den Zahlenwerten für Q und w_0 eingegeben. Die gesuchte Überfallhöhe h wird in der eingegebenen Formel durch das Speichersymbol ANS (oder Ans je nach Rechnertyp) eingegeben. Durch Drücken der $\lfloor = \rfloor$ Taste wird der alte ANS-Wert durch das neue Ergebnis ersetzt. Es findet eine so genannte Fixpunktiteration vom Typ $x_{i+1} = f(x_i)$ statt. Für diesen konkreten Fall bedeutet das:

$$h_{i+1} = \left(\frac{Q}{2,953 \cdot 1,10 \cdot \left(0,6035 + 0,0813 \dfrac{h_i}{w_0}\right)} \right)^{\frac{2}{3}}$$

Für das hier behandelte Problem wird bei angemessener Wahl des Startwertes h das Ergebnis stets zur korrekten Lösung konvergieren. Die Rechnereingabe lautet für verschiedene Startwerte:

$$0,80 \; \lfloor = \rfloor \; \text{oder} \; 1,00 \; \lfloor = \rfloor \; \text{oder} \; 3,00 \; \lfloor = \rfloor$$

$$\left[1,4126 / \left(2,953 \cdot 1,10 \cdot \left(0,6035 + 0,0813 \cdot \text{ANS} / 1,00 \right) \right) \right]^{\frac{2}{3}}$$

$$\lfloor = \rfloor \lfloor = \rfloor \lfloor = \rfloor \lfloor = \rfloor \Rightarrow 0,750741564 \text{m} = \text{h}$$

Die Iteration wird solange fortgesetzt, bis auf den wesentlichen Nachkommastellen keine Änderung im Display stattfindet. Die Lösung konvergenter nichtlinearer Fixpunktgleichungen mit leistungsfähigen Taschenrechnern ist nunmehr ebenso einfach wie die explizite Lösung von Formeln (Quelle Bischoff, mündlich). Die exakte Lösung lautet h = 0,75358m.

Wegen der Neigung des Wehres sind die hydraulischen Bedingungen günstiger. Es kommt somit zu einer Senkung des Wasserspiegels beziehungsweise der Überfallhöhe um 0,05m.

Beispiel 4.1.1-3:   Vollkommener Überfall: Fixpunktiterative Überfallberechnung nach du Buat sowie Beiwertberechnung nach Poleni
Formeln: 5.1-1, Seite 244
Diagramme: 5.3-1, Seite 277

a) Für ein scharfkantiges Wehr mit b = 1m, w_0 = 1m; μ_{dB} = 0,62 und h = 0,55m ist in einem Rechteckgerinne mit Hilfe der Gleichung von du Buat der Abfluss zu berechnen.

b) Für diesen speziellen Fall ist mit Hilfe der Poleni-Gleichung der zugeordnete Überfallbeiwert zu berechnen.

Lösung zu a:

Grundsätzlich gilt:

$$Q = \frac{2}{3}\mu_{dB} \cdot b \cdot \sqrt{2g} \cdot H^{\frac{3}{2}} = \frac{2}{3}\mu_{dB} \cdot b \cdot \sqrt{2g} \cdot \left(h + \frac{v_0^2}{2g}\right)^{\frac{3}{2}}$$

setzt man für $v_0 = Q/A$ mit $A = b(h + w_0)$ ein, so folgt:

$$Q = 2,953 \cdot b \cdot \mu_{dB} \cdot \left(h + \frac{Q^2}{b^2 \cdot (h + w_0)^2 \cdot 2g}\right)^{\frac{3}{2}}$$

Durch das Einsetzen der Überfallwassermenge Q erhält man nun die gesuchte Größe in einer impliziten Gleichung. Gleichzeitig ergibt sich nach Einsetzen eines Startwertes zum Beispiel $Q_0 = 0$ eine Fixpunktvorschrift zur iterativen Berechnung von Q_{i+1}.

$$Q_{i+1} = 1,8309 \cdot \left(0,55 + \frac{Q_i^2}{47,137}\right)^{\frac{3}{2}}$$

Startwert

$$Q_i = 0,0 \frac{m^3}{s}$$

In Analogie zur Aufgabe 4.1.1-2 gilt:

$$0,0 \; [=]; \; 1,8309 \cdot \left(0,55 + \frac{ANS^2}{47,138}\right)^{1,50}$$

Der erste Iterationsschritt liefert wegen $Q_0 = 0$ mit $Q_1 = 0,74681$ m³/s die Lösung der Poleni-Formel. Wird die Iteration fortgesetzt, so erhält man:

$$[=][=][=][=][=] \; 0,772758 \frac{m^3}{s}$$

Lösung:

$$Q = 0,7728 \frac{m^3}{s}$$

Die Rechenvorschrift konvergiert sehr schnell

Lösung zu b:

Unabhängig davon, ob die Berechnungen über die Poleni-Gleichung oder über die du Buat-Beziehung durchgeführt werden, sind die Ergebnisse gleich. Folglich muss gelten:

$$Q_{dB} = Q_P$$

$$\frac{2}{3}\mu_{dB} \cdot b \cdot \sqrt{2g} \cdot H^{\frac{3}{2}} = \frac{2}{3}\mu_P \cdot b \cdot \sqrt{2g} \cdot h^{\frac{3}{2}}$$

$$\mu_{dB} \cdot H^{\frac{3}{2}} = \mu_P \cdot h^{\frac{3}{2}}$$

$$\frac{\mu_{dB}}{\mu_P} = \left(\frac{h}{h + \dfrac{v_0^2}{2g}}\right)^{\frac{3}{2}} = \left(\frac{1}{1 + \dfrac{v_0^2}{2g \cdot h}}\right)^{\frac{3}{2}}$$

$$\mu_P = \mu_{dB} \cdot \left(1 + \frac{v_0^2}{2g \cdot h}\right)^{\frac{3}{2}}$$

Mit $h = 0,55\,m$ und $\mu_{dB} = 0,62$ sowie

$$v_0 = \frac{Q}{A} = \frac{Q}{b \cdot (h + w_0)} = 0,4986\frac{m}{s}$$

folgt

$$\mu_P = 0,6415 > \mu_{dB}$$

Beispiel 4.1.1-4:   Vollkommener Überfall: Fixpunktiteration zur Berechnung der Überfall-
                    höhe
                    Formeln: 5.1-1, Seite 244
                    Diagramme: 5.3-1, Seite 277

In einem Rechteckgerinne wurde ein scharfkantiges Wehr eingebaut. Zu berechnen ist bei vor-gegebener Überfallwassermenge Q die Überfallhöhe h. Die μ-Werte werden nach der exakten Rehbock-Gleichung berechnet. Weiterhin sind die Parameter $b = 1,00\,m$ und $w_0 = 0,50\,m$ sowie $Q = 0,7175\,m^3/s$ gegeben.

Lösung:

Die exakte Überfallgleichung lautet:

$$\mu = 0,6035 + 0,0813 \cdot \frac{h + 0,0011}{w_0}$$

$$Q = \frac{2}{3}\mu \cdot b \cdot \sqrt{2g} \cdot (h + 0,0011)^{\frac{3}{2}}$$

$$(h + 0,0011)^{\frac{3}{2}} = \frac{3Q}{2b \cdot \sqrt{2g}} \cdot \frac{1}{\left(0,6035 + 0,0813\frac{h + 0,0011}{w_0}\right)}$$

$$h = \left(\frac{1,5Q}{b\sqrt{2g}} \cdot \frac{1}{\left(0,6035 + 0,0813\frac{h + 0,0011}{w_0}\right)}\right)^{\frac{2}{3}} - 0,0011$$

Hieraus folgt die Fixpunktiterationsvorschrift:

$$h_{i+1} = \left(\frac{0,242976}{\left(0,6035 + 0,0813\frac{(h_i + 0,0011)}{0,50}\right)}\right)^{\frac{2}{3}} - 0,0011$$

Mit dem Startwert $h = 1,00\,m$ folgt $h_1 = 0,4639\,m$, $h_2 = 0,52088\,m$ und so weiter bis zur Lösung von $h = 0,50\,m$.

Beispiel 4.1.1-5:   Unvollkommener beziehungsweise unbelüfteter Überfall an scharfkantigen Wehren: Tauchstrahl mit freiem Fuß beziehungsweise abgedrängtem Wechselsprung

Formeln: 5.2-1, Seite 264

Diagramme: 5.4-1, Seite 289

Gegeben ist ein scharfkantiges Wehr mit einer Wehrhöhe im Oberwasser von $w_0 = 1\,m$, einer Wehrhöhe im Unterwasser von $w_u = 1,25\,m$, einem $h = 0,51\,m$ und $h_u = -0,50\,m$ sowie einer Wehrbreite von $b = 2,50\,m$.

a) Gesucht ist der Nachweis, dass der Zustand eines Tauchstrahls mit abgedrängtem Wechselsprung auftritt. Weiterhin ist die Überfallwassermenge Q zu berechnen.

b) Für unterschiedliche Wehrhöhen im Unterwasser ($w_u = 1,20m$ und $1,15m$ sowie $0,85m$) ist eine Variantenrechnung für die Grenzwerte und die Überfallbeiwerte durchzuführen. Die Ergebnisse sind in einer Tabelle darzustellen, wobei h_u konstant bleiben soll.

Lösung zu a:

z entspricht der tatsächlichen Differenz der Wasserspiegel im Ober- und im Unterwasser. Wasserstände unterhalb der Wehrkrone werden negativ. Bei der Berechnung in den entsprechenden Beziehungen von Bazin sind stets positive Werte zu verwenden.

$$z = h - h_u = 0,51m + 0,50m = 1,01m$$

$$\frac{w_u}{h} = 2,45 < 2,50$$

$$z_{gr} = 0,75 \cdot w_u = 0,9375m$$

$$h_{gr} = z_{gr} + h_u = 0,4375m$$

Da $z > z_{gr}$ und $h > h_{gr}$ gelten die Beziehungen mit der Rehbock-Gleichung sowie die erste Gleichung für den unbelüfteten Fall.

$$Q_1 = 2,953 \cdot \mu \cdot \varphi \cdot b \cdot h^{\frac{3}{2}}$$

$$\mu = 0,6035 + 0,0813 \frac{0,51}{1,00} = 0,6450$$

Die nachfolgende Gleichung wird nur vom Verhältnis der Wehrhöhe im Unterwasser zur Überfallhöhe bestimmt.

$$\varphi = 0,845 + 0,176 \frac{w_u}{h} - 0,016 \left(\frac{w_u}{h}\right)^2 = 1,1803$$

$$Q_1 = 2,047 \frac{m^3}{s}$$

Für den Fall mit $\varphi = 1$ folgt:

$$Q = 1,734 \frac{m^3}{s}$$

Vergleicht man beide Überfallwassermengen, so ist bei dieser Wasserspiegelform eine durch φ bedingte 18,5 % größere Abflussleistung möglich. Bei $w_u = 1,25m$ dürfte die Überfallhöhe nicht kleiner als $h_{gr} = 0,4375m$ sein. Die vorhandene Wasserspiegeldifferenz liegt bei $z = 1,01\,m$. Der Grenzwert bei $z_{gr} = 0,9375m$. Mit der Überfallhöhe $h = 0,51m$ ergibt sich für den Grenzwert von h_u

$$h_{ugr} = 0,51m - 0,9375m = -0,4275m$$

Dieser Wert von h_u darf nicht überschritten werden, der Wasserspiegel im Unterwasser muss also unterhalb liegen. Betrachtet wird der absolute Abstand von der Wehrkrone.

Lösung zu b:

Hier werden die Ergebnisse nur einander gegenübergestellt. Es ist festzustellen, dass bei sinkender Wehrhöhe im Unterwasser der Überfallbeiwert nach Rehbock [39] konstant bleibt. Das tatsächliche Leistungsvermögen ändert sich bei Konstanz der anderen Parameter durch die Gleichung nach Bazin [5]. Diese Differenz beträgt maximal 18 % wenn die anderen Parameter konstant gehaltenen werden.

Tabelle 4-3:   Variantenrechnung

$w_u[m]$	$z[m]$	$z_{gr}[m]$	$h_{gr}[m]$	$\mu[/]$	$\varphi[/]$
1,25	1,01	0,9375	0,4375	0,6450	1,1803
1,20	1,01	0,9000	0,4000	0,6450	1,1705
1,15	1,01	0,8625	0,3625	0,6450	1,1605
1,10	1,01	0,8250	0,3250	0,6450	1,1502
1,05	1,01	0,7875	0,2875	0,6450	1,1395
1,00	1,01	0,7500	0,2500	0,6450	1,1286
0,95	1,01	0,7125	0,2125	0,6450	1,1173
0,90	1,01	0,6750	0,1750	0,6450	1,1058
0,85	1,01	0,6375	0,1370	0,6450	1,0940

Beispiel 4.1.1-6:   Unvollkommener beziehungsweise unbelüfteter Überfall an scharfkanti-gen Wehren: Tauchstrahl mit anliegendem Wechselsprung
Formeln: 5.2-2, Seite 264
Diagramme: 5.4-2 , Seite 289

Es ist für ein scharfkantiges Wehr mit $w_0 = 1m$; $w_u = 1,25m$; $h = 0,50m$; und $b = 2,30m$; die Bandbreite des Tauchstrahles mit anliegendem Wechselsprung zu untersuchen. Für einen Unterwasserstand von $h_u = -0,25m$ ist die Überfallwassermenge zu berechnen.

Lösung:

$$z = h - h_u = 0,50m + 0,25m = 0,75m$$

$$z_{gr} = 0,75 \cdot w_u = 0,9375m$$

$$h_{gr} = z_{gr} + h_u = 0,6875m$$

Mit $h = 0,50m \rightarrow h_{u,gr} = 0,50m - 0,9375m$

$$h_{u,gr} = -0,4375m$$

Im Intervall $0,00 < h_u < -0,4375m$ gilt die Beziehung für φ. Für die konkrete Unterwassertiefe $h_u = -0,25m$ soll die Berechnung durchgeführt werden.

$$h_u = -0,25m$$

$$Q = 2,953 \cdot \mu \cdot \varphi \cdot b \cdot h^{\frac{3}{2}}$$

$$\mu = 0,6035 + 0,0813 \cdot \frac{h}{w_0} = 0,6441$$

In diesem Bereich gelten die Gleichungen für den Tauchstrahl mit anliegendem Wechselsprung.

$$y = \left(\frac{h_u}{w_u} - 0,05 \right) \cdot \frac{w_u}{h} = 0,3750$$

$$\varphi = 1,06 + 0,16y - 0,02y^2 = 1,117$$

$$Q = 2,953 \cdot 0,6441 \cdot 1,117 \cdot 2,30 \cdot 0,50^{\frac{3}{2}} = 1,7280 \frac{m^3}{s}$$

Verwendet man nur die Beziehung von Rehbock [39], so ist das Ergebnis um 11 % geringer als der errechnete Wert.

Beispiel 4.1.1-7:   Unvollkommener beziehungsweise unbelüfteter Überfall an scharfkantigen Wehren: Steigende Unterwasserstände ab Wehrkrone, Tauchstrahl mit anliegendem Wechselsprung sowie Wellstrahl
Formeln: 5.2-3, Seite 265 und 5.2-4, Seite 266
Diagramme: 5.4-3, Seite 290 und 5.4-4, Seite 290

Für ein scharfkantiges Wehr mit $b = 1m$, $w_0 = 1m$ und $w_u = 1m$ ist für eine Überfallhöhe von $h = 0,75m$ der unvollkommene Überfall, beginnend bei $h_u = 0m$, zu untersuchen. Es soll bei konstant gehaltenem h der Einfluss des steigenden Unterwassers erkundet werden. Die Ergebnisse sind übersichtlich in einer Tabelle mit den wesentlichen Verhältnissen darzustellen. Die realen Abminderungsfaktoren und Überfallwassermengen sind denen aus der Literatur gegenüberzustellen und zu diskutieren.

Lösung:

Grundlage ist die Poleni-Gleichung. Die Beiwerte werden mit den entsprechenden Gleichungen berechnet.

$$Q = \frac{2}{3} \mu \cdot \varphi \cdot \sqrt{2g} \cdot b \cdot h^{\frac{3}{2}}$$

$$\mu = 0,6035 + 0,0813 \frac{h}{w_0} = 0,6035 + 0,0813 \frac{0,75}{1} = 0,664$$

Die Literaturwerte sollen nach der Kurve von Schmidt angegeben werden. Sie lautet als Gleichung:

$$\varphi = \sqrt[3]{1 - \frac{h_u}{h}}$$

Tabelle 4-4:   Einfluss des steigenden Unterwassers

$h[m]$	$h_u[m]$	$\frac{h_u}{h}[/]$	$\frac{h_u}{w_u}[/]$	$\frac{h-h_u}{w_u}[/]$	$\varphi_{real}[/]$	$\varphi_{Lit}[/]$	$Q_{real}\left[\frac{m^3}{s}\right]$	$Q_{Lit}\left[\frac{m^3}{s}\right]$
0,75	0,00	0,0000	0,0000	0,6818	1,0483	1,0000	1,3360	1,2745
0,75	0,05	0,0667	0,0455	0,6364	1,0364	0,9773	1,3209	1,2455
0,75	0,10	0,1333	0,0909	0,5909	1,0225	0,9534	1,3032	1,2151
0,75	0,15	0,2000	0,1364	0,5455	1,0066	0,9283	1,2829	1,1831
0,75	0,20	0,2667	0,1818	0,5000	0,9887	0,9018	1,2600	1,1493
0,75	0,25	0,3333	0,2273	0,4545	0,9687	0,8736	1,2346	1,1134
0,75	0,30	0,4000	0,2727	0,4091	0,9468	0,8434	1,2066	1,0749
0,75	0,35	0,4667	0,3182	0,3636	0,9228	0,8110	1,1760	1,0336
0,75	0,40	0,5333	0,3636	0,3182	0,8880	0,7757	1,1309	0,9886
0,75	0,45	0,6000	0,4091	0,2727	0,8499	0,7368	1,0824	0,9390
0,75	0,50	0,6667	0,4545	0,2273	0,8055	0,6934	1,0259	0,8837
0,75	0,55	0,7333	0,5000	0,1818	0,7530	0,6437	0,9589	0,8203
0,75	0,60	0,8000	0,5455	0,1364	0,6890	0,5848	0,8775	0,7453
0,75	0,65	0,8667	0,5909	0,0909	0,6061	0,5109	0,7719	0,6511
0,75	0,70	0,9333	0,6364	0,0455	0,4844	0,4055	0,6169	0,5168
0,75	0,71	0,9467	0,6455	0,0364	0,4503	0,3764	0,5735	0,4797
0,75	0,72	0,9600	0,6545	0,0273	0,4096	0,3420	0,5216	0,4359
0,75	0,73	0,9733	0,6636	0,0182	0,3583	0,2988	0,4576	0,3808

Alle in den wesentlichen Gleichungen angegebenen Verhältnisse sind aus dimensionsanalytischer Sicht übertragbare Größen beziehungsweise Verhältnisse. Diese sind mit steigendem Unterwasser h_u aufgelistet. Die notwendigen Grenzen sind eingehalten. Der Fehler zwischen den realen Überfallbeiwerten (beziehungsweise den Überfallwassermengen Q) und den in der Praxis verwendeten Bemessungsformeln steigt bei dieser Aufgabe von anfänglichen 5% auf 19,1% mit den konkreten Wehrparametern. Eine Verkleinerung der Unterwasserhöhe w_u wird den Fehler nachvollziehbar vergrößern, zum Beispiel auf über 25%.

Beispiel 4.1.1-8:   Unvollkommener beziehungsweise unbelüfteter Überfall an scharf-
                       kantigen Wehren: Steigende Unterwasserstände, Durchlaufen aller mög-
                       lichen Wasserspiegelformen
                       Formeln: 5.2-1- 5.2-4, Seite 264 ff
                       Diagramme: 5.4-1- 5.4-4, Seite 289 ff

Ein scharfkantig unbelüftetes Wehr ist mit den Parametern $w_0 = 1,50$ m, $w_u = 1,75$ m und $h = 0,70$ m sowie $b = 1,60$ m gegeben. Bestimmen werden soll für unterschiedliche Unterwas-serstände die sich einstellenden Abflussformen sowie die zugehörigen Überfallwassermengen. Der Überfallbeiwert nach Rehbock ist für alle sechs Fälle gleich.

a) $h_u = -1,00$ m

b) $h_u = -0,50$ m

c) $h_u = 0,00$ m

d) $h_u = +0,10$ m

e) $h_u = +0,30$ m

f) $h_u = +0,50$ m

Lösung zu a:

$$z = h - h_u = 0,70 \text{m} + 1,00 \text{m} = 1,70 \text{m}$$

$$z_{gr} = 0,75 \cdot w_u = 0,75 \cdot 1,75 \text{m} = 1,3125 \text{m}$$

$$h_{gr} = z_{gr} + h_u = 0,3125 \text{m}$$

$$\frac{z}{w_u} = \frac{1,70}{1,75} = 0,91714 > 0,75$$

$$\frac{w_u}{h} = \frac{1,75}{0,70} = 2,50$$

Da $z > z_{gr}$ und $h > h_{gr}$ liegt ein Tauchstrahl mit abgedrängtem Wechselsprung vor. Für den Grenzfall $w_u/h = 2,50$ gilt noch die entsprechende Gleichung.

$$\mu = 0,6414$$

$$\varphi = 0,845 + 0,176 \frac{1,75}{0,70} - 0,016 \left(\frac{1,75}{0,70}\right)^2 = 1,185$$

Der φ-Wert hängt nur von der Überfallhöhe h im Oberwasser und von der Wehrhöhe im Unterwasser ab, ist somit konstant. Bei h = 0,70m ist dieses bis $h_u = -0,6125m$ der Fall.

$$Q = \frac{2}{3}\sqrt{2g} \cdot 0,6414 \cdot 1,185 \cdot 1,60 \cdot (0,70)^{\frac{3}{2}} = 2,1032 \frac{m^3}{s}$$

Lösung zu b:

$$z = h - h_u = 0,70m + 0,50m = 1,20m$$

$$z_{gr} = 0,75 \cdot w_u = 1,3125m$$

$$\frac{z}{w_u} = \frac{1,20}{1,75} = 0,6857 < 0,75$$

$$h_{gr} = z_{gr} - h_u = 0,8125\,m$$

Da $z < z_{gr}$ und $h < h_{gr}$ liegt ein Tauchstrahl mit anliegendem Wechselsprung vor. Es gelten die angegebenen Beziehungen, wobei der vollkommene Überfallbeiwert wieder konstant geblieben ist.

$$Q = \frac{2}{3}\sqrt{2g} \cdot \mu \cdot \varphi \cdot b \cdot h^{\frac{3}{2}}$$

$$\varphi = 1,06 + 0,16 \cdot y - 0,02 \cdot y^2 = 1,1473$$

$$y = \left(\frac{h_u}{w_u} - 0,05\right) \cdot \frac{w_u}{h} = 0,5893$$

$$Q = \frac{2}{3}\sqrt{2g} \cdot 0,6414 \cdot 1,147 \cdot 1,60 \cdot 0,7^{\frac{3}{2}} = 2,0364 \frac{m^3}{s}$$

Lösung zu c:

Dieser Fall entspricht dem klassischen Grenzfall zwischen dem vollkommenen und dem unvollkommenem Überfall.

$$Q = \frac{2}{3}\mu \cdot \varphi \cdot \sqrt{2g} \cdot b \cdot h^{\frac{3}{2}}$$

$$\varphi = 1,06 + 0,16y - 0,02y^2 = 1,0397$$

$$y = \left(\frac{0}{1,75} - 0,05\right) \cdot \frac{1,75}{0,70} = -0,1250$$

$$Q = \frac{2}{3}\sqrt{2g} \cdot 0,6414 \cdot 1,0397 \cdot 1,60 \cdot 0,70^{\frac{3}{2}} = 1,845 \frac{m^3}{s}$$

Lösung zu d:

Bei der Erhöhung des Unterwasserstandes über die Wehrkrone sollte der Überfall, sofern er nach den Berechnungsvorschriften von Schmidt erfolgt, unvollkommen werden. Hierbei sind die Gleichungen für den dritten und den vierten Fall mit in die hydraulischen Überlegungen einzubeziehen.

$$Q = \frac{2}{3} \mu \cdot \varphi \cdot \sqrt{2g} \cdot b \cdot h^{\frac{3}{2}}$$

$$f_1 = \frac{1}{0,40\left(1+0,30\cdot\dfrac{w_u}{h_u}\right)^2} - \frac{h_u}{w_u} = \frac{1}{0,40\left(1+0,30\cdot\dfrac{1,75}{0,10}\right)^2} - \frac{0,10}{1,75} = 0,007$$

$$f_2 = \frac{z}{w_u} = \frac{h-h_u}{w_u} = \frac{0,70-0,10}{1,75} = 0,343$$

Da $f_2 > f_1 \rightarrow 0,343 > 0,007$ ist der Korrekturfaktor φ nach der folgenden Gleichung zu berechnen:

$$\varphi = 1,06 + \frac{h_u}{4\cdot w_u} - \left[0,008 + \frac{h_u}{3\cdot w_u} + \frac{1}{3}\left(\frac{h_u}{w_u}\right)^2\right] \cdot \frac{w_u}{h}$$

$$\varphi = 1,06 + \frac{0,10}{4\cdot 1,75} - \left[0,008 + \frac{0,10}{3\cdot 1,75} + \frac{1}{3}\left(\frac{0,10}{1,75}\right)^2\right] \cdot \frac{1,75}{0,70} = 1,0038$$

$$Q = \frac{2}{3}\cdot 0,6414\cdot 1,0039\cdot \sqrt{2\cdot 9,81}\cdot 1,60\cdot 0,70^{\frac{3}{2}} = 1,782\,\frac{m^3}{s}$$

Bei der Bestimmung der Überfallform ist die nachfolgende Beziehung zu prüfen.

$$0,75 > \frac{h-h_u}{w_u} > 0,30$$

$$\frac{h-h_u}{w_u} = \frac{0,70-0,10}{1,75} = 0,343$$

Die oben genannte Ungleichung ist erfüllt. Es tritt ein Tauchstrahl mit anliegendem Wechselsprung auf. Diese Überfallform trat bereits auch im zweiten Fall auf. Dieser Bereich ist relativ groß, die zur Verfügung stehenden Gleichungen sind aber unterschiedlich. Sie unterscheiden sich durch die Lage der Überfallhöhe h_u im Unterwasser.

Lösung zu e:

Es sind wieder f_1 und f_2 zu bestimmen und zu vergleichen.

$$f_1 = \cfrac{1}{0,40\left(1+0,30\cdot\cfrac{w_u}{h_u}\right)^2} - \frac{h_u}{w_u} = \cfrac{1}{0,40\left(1+0,30\cdot\cfrac{1,75}{0,30}\right)^2} - \frac{0,30}{1,75} = 0,159$$

$$f_2 = \frac{h-h_u}{w_u} = \frac{0,70-0,30}{1,75} = 0,229$$

Es ist $f_2 > f_1$ der Korrekturfaktor φ wird wie in dem vorher gehenden Fall berechnet.

$$\varphi = 1,06 + \frac{h_u}{4\cdot w_u} - \left[0,008 + \frac{h_u}{3\cdot w_u} + \frac{1}{3}\left(\frac{h_u}{w_u}\right)^2\right]\cdot\frac{w_u}{h} = 0,9155$$

Hier wirkt der eigentliche unvollkommene Überfall. Der Übergang liegt offensichtlich zwischen $h_u = 0,10\text{m}$ und $h_u = 0,30\text{m}$.

$$Q = \frac{2}{3}\cdot 0,641\cdot 0,9155\cdot\sqrt{2\cdot 9,81}\cdot 1,60\cdot 0,70^{\frac{3}{2}} = 1,624\frac{\text{m}^3}{\text{s}}$$

Lösung zu f:

$$f_1 = \cfrac{1}{0,40\left(1+0,30\cdot\cfrac{w_u}{h_u}\right)^2} - \frac{h_u}{w_u} = \cfrac{1}{0,40\left(1+0,30\cdot\cfrac{1,75}{0,50}\right)^2} - \frac{0,50}{1,75} = 0,309$$

$$f_2 = \frac{h-h_u}{w_u} = \frac{0,70-0,50}{1,75} = 0,114$$

$$\frac{w_u}{h} = \frac{1,75}{0,70} = 2,5$$

$$\frac{h_u}{h} = \frac{0,50}{1,70} = 0,7143$$

$$\frac{h_u}{w_u} = \frac{0,50}{1,75} = 0,285$$

$f_2 < f_1$ da $0,114 < 0,309$, der Korrekturfaktor φ bestimmt sich jetzt nach untenstehender Gleichung.

$$\varphi = \left(1,08+0,18\cdot\frac{h_u}{w_u}\right)\cdot\sqrt[3]{1-\frac{h_u}{h}} = \left(1,08+0,18\cdot\frac{0,50}{1,75}\right)\cdot\sqrt[3]{1-\frac{0,50}{0,70}} = 0,7452$$

$$Q = \frac{2}{3} \cdot 0,641 \cdot 0,7452 \cdot \sqrt{2 \cdot 9,81} \cdot 1,60 \cdot 0,70^{\frac{3}{2}} = 1,322 \frac{m^3}{s}$$

Die Überfallform ist mit den nachfolgenden Beziehungen zu überprüfen.

$$\frac{h - h_u}{w_u} = \frac{0,70 - 0,50}{1,75} = 0,114$$

$$0,30 > \frac{h - h_u}{w_u} = \frac{1}{5} - \frac{1}{6}$$

Der ermittelte Wert ist kleiner als das vorgegebene Intervall. Somit wird das Wehr mit kleineren Wellen überströmt.

Beispiel 4.1.1-9:   Unvollkommener Überfall an scharfkantigen Wehren: Unterdruck bei Tauchstrahl mit Luftpolster und abgedrängtem Wechselsprung (Unterdruckbelüftung). Vergleich unterschiedlicher Unterdrücke auf das Leistungsvermögen
Formeln: 5.2-5, Seite 267

Zur Berechnung von Abflüssen wurde ein scharfkantiges Wehr mit den Parametern $w_0 = 1,10 m$; $h = 0,25\,m$ und $b = 2,99 m$ untersucht. Das Unterwasser war so angehoben, dass sich ein überstauter Fuß einstellte. Unter dem Überfallstrahl wurde eine Unterdruckhöhe von $-0,03 m$ gegenüber dem Atmosphärendruck gemessen.

a) Gesucht ist die Überfallwassermenge Q.
b) Die Überfallwassermengen Q sind im Intervall $0,10 m \le h \le 0,50 m$ zu berechnen.
c) Die Überfallwassermenge Q bei einem Unterdruck von 2/100 Atmosphäre und einer Überfallhöhe $h = 0,25\,m$ soll mit den Ergebnissen der Aufgabenstellung a verglichen werden.
d) Für den Grenzwert $q/h = -1$ ist die Überfallwassermenge Q bei gleicher Überfallhöhe $h = 0,25 m$ zu berechnen.

Lösung zu a:

Bei einem Unterdruck von zum Beispiel 1/100 Atmosphäre gilt:

$$q = \frac{-10,33}{100} = -0,1033 m$$

Die gemessene Unterdruckhöhe beträgt $q = -0,03 m$. Nach Bazin treten in der Überfallformel die zwei Beiwerte μ und φ auf.

$$Q = 2,953 \cdot \mu \cdot \varphi \cdot b \cdot h^{\frac{3}{2}}$$

$$\mu = 0{,}6035 + 0{,}0813 \cdot \frac{h}{w_0} = 0{,}622$$

Nach Bazin gilt für $q/h < 0$ und überstauten Fuß.

$$\varphi = \left[1 - 0{,}235 \cdot \frac{q}{h} \cdot \left(1 + \frac{q}{7 \cdot h}\right)\right] = \left[1 + 0{,}235 \cdot \frac{0{,}03}{0{,}25} \cdot \left(1 - \frac{0{,}03}{7 \cdot 0{,}25}\right)\right] = 1{,}028$$

Mit diesen Werten kann Q berechnet werden.

$$Q = 0{,}7057 \frac{m^3}{s}$$

Lösung zu b:

Ähnlich wie in der vorhergehenden Aufgabe werden in den obigen Gleichungen die veränderten Parameter eingesetzt. Beide Überfallbeiwerte ändern sich mit der Überfallhöhe h. In der Tabelle sind die Ergebnisse mit steigender Überfallhöhe aufgelistet.

Tabelle 4-5:   Berechnete Überfallwassermengen

$h[m]$	$\mu[/]$	$\varphi[/]$	$Q\left[\dfrac{m^3}{s}\right]$
0,10	0,6110	1,0675	0,1821
0,15	0,6147	1,0455	0,3296
0,20	0,6184	1,0345	0,5051
0,25	0,6221	1,0280	0,7057
0,30	0,6258	1,0232	0,9289
0,35	0,6294	1,0199	1,1734
0,40	0,6331	1,0175	1,4389
0,45	0,6368	1,0156	1,7238
0,50	0,6405	1,0140	2,0276

Lösung zu c:

$$Q = 2{,}953 \cdot \mu \cdot \varphi \cdot b \cdot h^{\frac{3}{2}}$$

μ ist konstant.

$$q = \frac{-10{,}33 \cdot 2{,}00}{100{,}00} = -0{,}2066 m$$

$$\varphi = \left[1 - 0{,}235 \cdot \frac{q}{h} \cdot \left(1 + \frac{q}{7 \cdot h}\right)\right] = \left[1 + 0{,}235 \cdot \frac{0{,}2066}{0{,}25} \cdot \left(1 - \frac{0{,}2066}{7 \cdot 0{,}25}\right)\right] = 1{,}171$$

$$Q = 2{,}953 \cdot \mu \cdot \varphi \cdot b \cdot h^{\frac{3}{2}} = 2{,}953 \cdot 0{,}6221 \cdot 1{,}1713 \cdot 2{,}99 \cdot 0{,}25^{\frac{3}{2}} = 0{,}8042 \frac{m^3}{s}$$

Bei dem größeren Unterdruck ist die Abflussleistung, wie erwartet, größer.

Lösung zu d:

Betrachtet man die unterschiedlichen Unterdrücke beziehungsweise Überfallwassermengen, so sind diesem Phänomen natürliche Grenzen gesetzt. Nach Bazin liegt der Gültigkeitsbereich für die Unterdrücke am belüfteten scharfkantigen Wehr im Intervall:

$$0 > \frac{q}{h} > -1$$

Betrachtet wird der Grenzfall:

$$\frac{q}{h} = -1$$

Bei einer Überfallhöhe von h = 0,25m folgt für q :

$$q = -1 \cdot 0{,}25m = -0{,}25m$$

$$\varphi = \left[1 - 0{,}235 \cdot \frac{q}{h} \cdot \left(1 + \frac{q}{7 \cdot h}\right)\right] = \left[1 + 0{,}235 \cdot 1 \cdot \left(1 - \frac{1}{7}\right)\right] = 1{,}2014$$

$$Q = 2{,}953 \cdot \mu \cdot \varphi \cdot b \cdot h^{\frac{3}{2}} = 2{,}953 \cdot 0{,}6221 \cdot 1{,}2014 \cdot 2{,}99 \cdot 0{,}25^{\frac{3}{2}} = 0{,}8245 \frac{m^3}{s}$$

4.1.2   Beispiele zu scharfkantigen Wehren mit rechteckiger Seiteneinengung

Beispiel 4.1.2-1:   Vollkommener Überfall an scharfkantig rechteckig eingeengten Wehren. Einhaltung der Grenzen sowie Bestimmung von maximalen und minimalen Überfallwassermengen.

Formeln: 5.1-2, Seite 245

Diagramme: 5.3-2, Seite 277

In einem Kanal mit einer Breite von B = 1,50m wird eine Wehr eingebaut. Das Wehr hat eine Öffnungsbreite von b = 1m. Die Wehrhöhe ist $w_0 = 0{,}80m$. Die maximale Überfallhöhe wurde mit h = 0,50m und die minimale Überfallhöhe mit h = 0,25m gemessen.

a) Sind die Grenzen für ein scharfkantig, rechteckig eingeengtes Wehr eingehalten?

b) Es sind für die maximalen und minimalen Überfallhöhen die Überfallwassermengen zu berechnen.

Lösung zu a:

1. Grenze: $w_0 > 0,30m$

$w_0 = 0,80m \rightarrow$ ist erfüllt.

2. Grenze: $\dfrac{b}{w_0} > 1$

$\dfrac{1}{0,80} = 1,250 \rightarrow$ ist erfüllt.

3. Grenze: $0,025 \cdot \dfrac{B}{b} \leq h \leq 0,80m$

$0,025 \cdot \dfrac{1,50}{1} \leq h_{min} < h_{max} \leq 0,80m$

$0,0375m < h_{min} = 0,25m < h_{max} = 0,50m < 0,80m \rightarrow$ ist erfüllt.

Lösung b:

$$Q = \frac{2}{3}\mu \cdot b \cdot \sqrt{2g} \cdot h^{\frac{3}{2}}$$

$$\mu = \left[0,578 + 0,037 \cdot \left(\frac{b}{B}\right)^2 + \frac{3,615 - 3,00 \cdot \left(\frac{b}{B}\right)^2}{1000 \cdot h + 1,60}\right] \cdot \left[1 + \frac{1}{2} \cdot \left(\frac{b}{B}\right)^4 \cdot \left(\frac{h}{h+w_0}\right)^2\right]$$

$$\mu_{min} = \left[0,578 + 0,037 \cdot \left(\frac{1}{1,50}\right)^2 + \frac{3,615 - 3 \cdot \left(\frac{1}{1,50}\right)^2}{1000 \cdot 0,25 + 1,60}\right] \cdot \left[1 + \frac{1}{2} \cdot \left(\frac{1}{1,50}\right)^4 \cdot \left(\frac{0,25}{0,25+1}\right)^2\right]$$

$\mu_{min} = 0,6070$

$$Q_{min} = \frac{2}{3} 0,6059 \cdot 1 \cdot \sqrt{2g} \cdot 0,25^{\frac{3}{2}} = 0,224 \frac{m^3}{s}$$

Für die maximale Überfallhöhe ergibt sich nach den vorangegangenen Formeln

$\mu_{max} = 0,6080$

$$Q_{max} = 0,6350 \frac{m^3}{s}$$

Beispiel 4.1.2-2:   Vollkommener Überfall an scharfkantig rechteckig eingeengten Wehren: Berechnung von Überfallwassermengen und minimalem Überfallbeiwert.

Formeln: 5.1-2, Seite 245

Diagramme: 5.3-2, Seite 277

In einem rechteckigen Gerinne mit $B = 1m$ sowie $w_0 = 1m$ soll ein scharfkantig rechteckig eingeengtes Wehr eingesetzt werden. Das Wehr hat eine Breite von $b = 0,80m$.

a) Wie groß ist das Verhältnis $h/(h + w_0)$, wenn der Überfallbeiwert μ für diese vorliegende Situation einen minimalen Wert annimmt?

b) Wie groß ist die Überfallwassermenge Q, wenn das aus der Aufgabenstellung a ermittelte Verhältnis $h/(h + w_0)$ vorliegt und die Überfallhöhe $h = 0,25m$ beträgt?

Lösung zu a:

Das Verhältnis $b/B = 0,80/1 = 0,80$. Aus dem Diagramm für das scharfkantig rechteckig einge- engte Wehr sind folgende Werte für das Minimum ablesbar:

$$\frac{h}{(h + w_0)} = 0,19 \text{ sowie } \mu = 0,614.$$

Lösung zu b:

$$Q = \frac{2}{3}\mu \cdot b \cdot \sqrt{2g} \cdot h^{\frac{3}{2}}$$

$\mu = 0,614$ wird aus Aufgabe a entnommen. Die noch fehlende Überfallhöhe h wird über die Ergebnisse der Aufgabenstellung a berechnet. Aus $h/(h + w_0) = 0,19$ folgt:

$$h = 0,19 \cdot h + 0,19 \cdot w_0$$

$$0,81 \cdot h = 0,19 \cdot w_0$$

$$h = 0,255m$$

$$Q = \frac{2}{3} 0,614 \cdot 0,80 \cdot \sqrt{2g} \cdot 0,255^{\frac{3}{2}} = 0,1870 \frac{m^3}{s}$$

4.1.3 Beispiele zu scharfkantig dreieckförmig eingeengten Wehren

Beispiel 4.1.3-1:   Vollkommener und unvollkommener Überfall an scharfkantig dreieckförmig eingeengten Wehren: Berechnung von Grenzwerten und Überfallwassermengen.

Formeln: 5.1-3, Seite 246 und 5.2-6,Seite 268

Diagramme: 5.3-3, Seite 278 und 5.4-5, Seite 291

Mittels eines scharfkantig dreieckförmig eingeengten Wehres sollen Abflussmessungen durchgeführt werden. Das Messwehr soll in einem zwei Meter breiten rechteckigen Kanal eingebaut
werden. Die Wehrhöhe beträgt $w_0 = 1,50m$.

a) Für unterschiedliche Öffnungswinkel α (45°, 60°, 90°, 110°) sind die maximalen Überfallhöhen zu berechnen.

b) Für $\alpha = 90^0$ ist im definierten Überfallhöhenbereich die Überfallwassermenge Q in 0,05
Meter Schritten zu berechen.

c) Mit $h = 0,60m$ und $h_u = 0,25m$ sowie $\alpha = 90^0$ ist die Überfallwassermenge Q zu berechen.

Lösung zu a:

Für den vollkommenen Überfall an scharfkantig senkrechten dreieckförmig eingeengten
Wehren gilt für den Zusammenhang zwischen der Kanalbreite, dem Öffnungswinkel sowie der
maximalen Überfallhöhe nachfolgende Beziehung:

$$h_{max} \leq \frac{B}{2 \cdot \tan\left(\dfrac{\alpha}{2}\right)} = \frac{2}{2 \cdot \tan\left(\dfrac{\alpha}{2}\right)} = \frac{1}{\tan\left(\dfrac{\alpha}{2}\right)}$$

Mit der oben aufgeführten Beziehung können die in der Tabelle 4-6 dargestellten maximalen
Überfallhöhen berechnet werden.

Tabelle 4-6:   Berechnete maximalen Überfallhöhen

$\alpha \left[^0\right]$	$h_{max} \left[m\right]$
45	2,414
60	1,732
90	1,000
110	0,700

Lösung zu b:

Es gelten die Beziehungen:

$$Q = \frac{8}{15}\mu \cdot \tan\left(\frac{\alpha}{2}\right) \cdot \sqrt{2g} \cdot h^{\frac{5}{2}}$$

$$\mu = \frac{1}{\sqrt{3}} \cdot \left(1 + \left[\frac{h^2 \cdot \tan\left(\frac{\alpha}{2}\right)}{3B \cdot (h + w_0)}\right]^2\right) \cdot \left(1 + \frac{0,66}{1000h^{\frac{3}{2}} \cdot \tan\left(\frac{\alpha}{2}\right)}\right)$$

Tabelle 4-7:   Berechnete Überfallwassermengen

$h[m]$	$\mu[/]$	$Q\left[\frac{m^3}{s}\right]$
0,05	0,6114	0,0008
0,10	0,5894	0,0044
0,15	0,5839	0,0120
0,20	0,5816	0,0246
0,25	0,5804	0,0428
0,30	0,5797	0,0675
0,35	0,5792	0,0992
0,40	0,5789	0,1384
0,45	0,5786	0,1857
0,50	0,5790	0,2417
0,55	0,5790	0,3067
0,60	0,5790	0,3812
0,65	0,5790	0,4657
0,70	0,5790	0,5606
0,75	0,5790	0,6662
0,80	0,5790	0,7832
0,85	0,5790	0,9117
0,90	0,5800	1,0522
0,95	0,5800	1,2051

Lösung zu c:

Es liegt ein unvollkommener Überfall vor. Zusätzlich muss daher der Abminderungsfaktor φ aus dem Diagramm für den unvollkommenen Überfall entnommen werden.

$$Q = \frac{8}{15} \mu \cdot \varphi \cdot \tan\left(\frac{\alpha}{2}\right) \cdot \sqrt{2g} \cdot h^{\frac{5}{2}}$$

$$\mu = \frac{1}{\sqrt{3}} \cdot \left(1 + \left[\frac{h^2 \cdot \tan\left(\frac{\alpha}{2}\right)}{3B \cdot (h + w_0)}\right]^2\right) \cdot \left(1 + \frac{0,66}{1000h^{\frac{3}{2}} \cdot \tan\left(\frac{\alpha}{2}\right)}\right)$$

$$\mu = \frac{1}{\sqrt{3}} \cdot \left(1 + \left[\frac{0,60^2 \cdot \tan\left(\frac{90}{2}\right)}{3 \cdot 2 \cdot (0,60 + 1,50)}\right]^2\right) \cdot \left(1 + \frac{0,66}{1000 \cdot 0,60^{\frac{3}{2}} \cdot \tan\left(\frac{90}{2}\right)}\right) = 0,5786$$

Der Abminderungsfaktor wird nachfolgend ermittelt:

$$\varphi = \left[1 - \left(\frac{h_u}{h}\right)^{2,5}\right]^{0,385} = \left[1 - \left(\frac{0,25}{0,60}\right)^{2,5}\right]^{0,385} = 0,9552$$

$$Q = \frac{8}{15} \cdot 0,57816 \cdot 0,9552 \cdot \tan\left(\frac{90}{2}\right) \cdot \sqrt{2g} \cdot 0,60^{\frac{5}{2}} = 0,3641 \frac{m^3}{s}$$

Beispiel 4.1.3-2: Vollkommener Überfall an scharfkantig dreieckförmig eingeengten Wehren: Berechnung der Überstausicherheit.

Formeln: 5.1-3, Seite 246

Diagramme: 5.3-3, Seite 278

In einem rechteckigen Kanal soll zur Abflussmessung ein scharfkantig dreieckförmig eingeengtes Wehr eingesetzt werden. Der Kanal hat eine Breite von $B = 1,50m$ und eine Tiefe von $h_{Kanal} = 1,55m$. Das Wehr hat einen Öffnungswinkel von $\alpha = 90^0$ und eine Wehrhöhe von $w_0 = 0,75m$. Der maximale Abfluss im Kanal wird mit $Q = 0,70m^3/s$ abgeschätzt. Ist an dieser Messstelleneinrichtung mit einem Überlaufen des Kanals zu rechnen?

Lösung:

Die maximale Überfallhöhe h ist durch die Konstruktion sowie durch die Kanaldimensionierung bestimmt:

$$h_{max} = h_{Kanal} - w_0 = 1,55m - 0,75m = 0,80m$$

Nun ist zu prüfen, welcher Abfluss mit dieser Überfallhöhe zu realisieren ist.

$$Q = \frac{8}{15}\mu \cdot \tan\left(\frac{\alpha}{2}\right) \cdot \sqrt{2g} \cdot h^{\frac{5}{2}}$$

$$\mu = \frac{1}{\sqrt{3}} \cdot \left(1 + \left[\frac{h^2 \cdot \tan\left(\frac{\alpha}{2}\right)}{3B \cdot (h + w_0)}\right]^2\right) \cdot \left(1 + \frac{0,66}{1000h^{\frac{3}{2}} \cdot \tan\left(\frac{\alpha}{2}\right)}\right)$$

$$\mu = \frac{1}{\sqrt{3}} \cdot \left(1 + \left[\frac{0,80^2 \cdot \tan\left(\frac{90}{2}\right)}{3 \cdot 1,50 \cdot (0,80 + 0,75)}\right]^2\right) \cdot \left(1 + \frac{0,66}{1000 \cdot 0,80^{\frac{3}{2}} \cdot \tan\left(\frac{90}{2}\right)}\right) = 0,5830$$

$$Q = \frac{8}{15} \cdot 0,57789 \cdot \tan\left(\frac{90}{2}\right) \cdot \sqrt{2g} \cdot 0,80^{\frac{5}{2}} = 0,788\ \frac{m^3}{s}$$

Ein Überlaufen ist nicht zu erwarten, da die Entlastungsmenge $Q = 0,788\,m^3/s$ größer ist als der erwartete Durchfluss von $Q = 0,70\,m^3/s$.

4.1.4   Beispiele zu scharfkantig parabelförmig eingeengten Wehren

Beispiel 4.1.4-1:   Vollkommener Überfall an scharfkantig parabelförmig eingeengten Wehren: Berechnung der Abflussleistung und der Wasserspiegelbreite
Formeln: 5.1-4, Seite 247
Diagramme: 5.3-4, Seite 278

Über ein scharfkantig parabelförmig eingeengtes Wehr soll der Abfluss eines Kanals bestimmt werden. Die Breite des Wasserspiegels in der Parabelöffnung ist mit $b_0 = 1\,m$ gemessen worden. Die Wehrhöhe im Oberwasser beträgt $w_0 = 0,80\,m$. Der Wasserstand im Kanal beträgt 1,34 m.

a) Berechnet werden soll die Überfallwassermenge über das scharfkantig parabelförmig eingeengte Wehr!

b) Der Wasserstand im Kanal darf 1,60 m nicht überschreiten, die zugehörige maximale Überfallwassermenge wurde mit $0,15\,m^3/s$ ermittelt. Welche Wasserspiegelbreite stellt sich ein?

Lösung a:

Für die Berechnung der Überfallwassermenge sind die entsprechenden Beziehungen für ein scharfkantig, senkrechtes, parabelförmig eingeengtes Wehr anzuwenden. Für die Überfallwassermenge gilt:

$$Q = C \cdot h^2$$

Die Überfallhöhe h ist durch die Wehrhöhe und den gesamten Wasserstand im Kanal festgelegt.

$$h = h_{Kan} - w_0 = 1,34m - 0,80m = 0,54m$$

Die Überfallwassermenge Q wird im starken Maße durch den Parameter p der Parabel bestimmt. Die Überfallhöhe sowie der Wasserspiegel im abgesenkten Zustand bestimmen diesen Zahlenwert.

$$p = \frac{b_0^2}{8h} = \frac{1^2}{8 \cdot 0,54} = 0,2315$$

$$C = 0,293 \cdot \left(\frac{b_0^2}{8 \cdot h}\right)^{0,488} = 0,293 \cdot \left(\frac{1^2}{8 \cdot 0,54}\right)^{0,488} = 0,293 \cdot 0,2315^{0,488} = 0,1435 \frac{m}{s}$$

$$Q = 0,1435 \cdot 0,54^2 = 0,0418 \frac{m^3}{s}$$

Lösung b:

Mit $Q = C \cdot h^2$ sowie

$$C = 0,293 \left(\frac{b_0^2}{8h}\right)^{0,488} \quad \text{folgt}$$

$$Q = 0,293 \left(\frac{b_0^2}{8h}\right)^{0,488} \cdot h^2$$

Die Überfallhöhe beträgt nunmehr:

$$h = h_{Kan} - w_0 = 1,60m - 0,80m = 0,80m$$

Diese Gleichung muss nach b_0 umgestellt werden, um die Spiegelbreite der Parabel zu ermitteln.

$$b_0 = \sqrt{\left(\frac{Q}{0,293 \cdot h}\right)^{\frac{1}{0,488}} \cdot 8h} = \sqrt{\left(\frac{0,15}{0,293 \cdot 0,80}\right)^{\frac{1}{0,488}} \cdot 8 \cdot 0,80} = 2,0126m$$

Die berechnete Wasserspiegelbreite ist Ausgangspunkt für die Berechnung der Überfallwassermenge Q. Es soll eine Kontrolle durchgeführt werden. Aus

$$p = \frac{b_0^2}{8h} = \frac{2,0126^2}{8 \cdot 0,80} = 0,6327 \, m$$

folgt

$$Q = 0,293 \cdot (0,6327)^{0,488} \cdot 0,80^2 = 0,150 \frac{m^3}{s}.$$

Das Ergebnis ist korrekt.

Beispiel 4.1.4-2:   Vollkommener Überfall an scharfkantig parabelförmig eingeengten
                       Wehren: Berechnung von Überfallhöhen und Überfallwassermengen.
                       Formeln: 5.1-4, Seite 247
                       Diagramme: 5.3-4, Seite 278

Im Zulauf einer Betriebswasseraufbereitungsanlage wird in einem rechteckigen Gerinne ein
scharfkantig parabelförmig eingeengtes Wehr eingebaut. Es dient der Zulaufmengenermittlung.
Die Geometrie der Parabel ist durch den Parameter $p = 2m$ vorgegeben. Die Wehrhöhe
entspricht dabei $w_0 = 0,85 m$. Die Anlage ist für einen maximalen Zufluss von $237,60 m^3/h$
dimensioniert.

a) Welche Überfallhöhe beziehungsweise welcher Wasserstand stellt sich im Entlastungskanal
    ein? Wie groß ist die zugehörige Wasserspiegelbreite in der Parabelöffnung?
b) Gesucht ist die Überfallwassermenge Q für diesen vorgegebenen Parabelüberfall, wenn die
    Wasserspiegelbreite genau die Hälfte von Fall a beträgt.

Lösung a:
Die Gleichungen werden in geeigneter Reihenfolge dargestellt.

$$Q = C \cdot h^2 = 0,293 \left(\frac{b_0^2}{8h} \right)^{0,488} \cdot h^2 = 0,293 \cdot (p)^{0,488} \cdot h^2$$

Um die Überfallhöhe h zu ermitteln, kann diese Gleichung direkt umgestellt werden. Die
gegebene Überfallwassermenge $Q = 237,60 m^3/h$ entspricht dann in der geforderten Einheit
$Q = 0,066 m^3/s$. Man erhält:

$$h = \sqrt{\frac{Q}{0,293 \cdot (p)^{0,488}}} = \sqrt{\frac{0,066}{0,293 \cdot 2^{0,488}}} = 0,40 \, m$$

Die Überfallhöhe beträgt h = 0,40m. Der Wasserstand im Kanal wird dann:

$$h_{Kan} = h + w_0 = 0,40m + 0,80m = 1,20m$$

Über den Parameter p lässt sich direkt die Wasserspiegelbreite im Absenkungsbereich des Überfalles berechnen. Aus

$$p = \frac{b_0^2}{8h} \text{ folgt } b_0 = \sqrt{8p \cdot h} = 2,5298m$$

Lösung b:

Die Wasserspiegelbreite im Wehrprofil beträgt nunmehr $b_0 = 1,2649m$.

$$p = \frac{b_0^2}{8h} = 2,00m.$$

Mit dieser Beziehung kann die Überfallhöhe h berechnet werden.

$$h = \frac{b_0^2}{8p} = \frac{1,2649^2}{8 \cdot 2} = 0,10m$$

$$Q = 0,293 \cdot \left(p\right)^{0,488} \cdot h^2 = 0,293 \cdot \left(2\right)^{0,488} \cdot 0,10^2 = 0,00411 \frac{m^3}{s}$$

Die Wasserspiegelbreite hat sich halbiert. Daraus abgeleitet, viertelt sich die Überfallhöhe. Die Überfallwassermenge ist 16 mal kleiner als der Ausgangswert.

4.1.5 Beispiele zu scharfkantig kreisförmig eingeengten Wehren

Beispiel 4.1.5-1: Vollkommener Überfall an scharfkantig kreisförmig eingeengten Wehren: Berechnung der Überfallwassermenge.
Formeln: 5.1-5, Seite 247
Diagramme: 5.3-5, Seite 279

In einem Kanal ist ein scharfkantig senkrechtes kreisförmig eingeengtes Wehr mit einem Durchmesser von $d = 0,50m$ eingebaut. Die Wehrhöhe beträgt $w_0 = 0,50m$. Der Abfluss Q ist für den maximalen Wasserstand $h_{stau} = 0,85m$ zu ermitteln.

Lösung:

Bei scharfkantig, kreisförmig eingeengten Wehren erscheint die entscheidende Bezugsgröße, der Durchmesser d, in dem Ausdruck $d^{5/2}$. Der Einfluss ist dominanter als bei normalen Überfällen, wo die Überfallhöhe in der Form $h^{3/2}$ auftritt. Bei scharfkantig dreieckförmig eingeengten Wehren gilt, bedingt durch die Zunahme der Wasserspiegelbreite im Überlaufquerschnitt, der Ausdruck $h^{5/2}$. Die Überfallformel für das scharfkantig kreisförmig eingeengte Wehre lautet:

$$Q = 0,31623 \cdot \mu \cdot Q_i \cdot d^{\frac{5}{2}}$$

$$\mu = 0,555 + 0,041 \cdot \frac{h}{d} + \frac{0,0090909}{\dfrac{h}{d}}$$

$$Q = 0,31623 \cdot \left(0,555 + 0,041 \cdot \frac{h}{d} + \frac{0,0090909}{\dfrac{h}{d}} \right) \cdot Q_i \left(f\left(\frac{h}{d}\right)\right) \cdot d^{\frac{5}{2}}$$

$$h = h_{stau} - w_0 = 0,85m - 0,50m = 0,35m$$

Der Wert für Q_i kann der Tabelle 2-2 entnommen werden.

$$Q = 0,31623 \cdot \left(0,555 + 0,041 \cdot \frac{0,35}{0,50} + \frac{0,0090909}{\dfrac{0,35}{0,50}} \right) \cdot 4,3047 \cdot 0,50^{\frac{5}{2}}$$

$$\frac{h}{d} = \frac{0,35}{0,50} = 0,70 \;\rightarrow\; \mu = 0,597$$

$$Q = 0,14366 \frac{m^3}{s}$$

Beispiel 4.1.5-2:   Vollkommener Überfall an scharfkantig kreisförmig eingeengten Wehren. Berechnung der Überfallwassermenge.

   Formeln: 5.1-5, Seite 247

   Diagramme: 5.3-5, Seite 279

Zur Abflussmessung in einem rechteckigen Kanal wird ein scharfkantig senkrechtes kreisförmig eingeengtes Wehr eingesetzt. Der Durchmesser beträgt $d = 1m$. Die Wehrhöhe ist $w_0 = 0,60m$.

a) Die Überfallhöhe soll zwischen $h = 0,10m$ und $h = 0,60m$ liegen. Gesucht sind für diesen Kanal die Überfallwassermenge für die entsprechenden Überfallhöhen in 0,10m Schritten.

b) Wie groß ist die Überfallwassermenge für den Wasserstand von $h_{Kanal} = 0,90m$, wenn sich der Durchmesser von $d = 0,30m$ auf $d = 0,90m$ ändert (in 0,30m-Schritten).

Lösung zu a:

Nach den Berechnungsvorschriften für scharfkantig senkrechte kreisförmig eingeengte Wehre berechnet sich der Abfluss Q wie folgt:

$$Q = 0,31623 \cdot \mu \cdot Q_i \cdot d^{\frac{5}{2}}$$

$$\mu = 0,555 + 0,041 \frac{h}{d} + \frac{0,0090909}{\frac{h}{d}}$$

Der Überfallbeiwert dieses kreisförmigen Überfalles besitzt ein Minimum. Betrachtet man die entsprechenden Ergebnisse in der zugehörigen Tabelle, so ist eine relativ schnelle Abnahme dieses Beiwertes festzustellen. Gleichzeitig ist ein breites Minimum erkennbar. Bei größer werdenden Verhältnissen von h/d steigt μ wieder an. Aus der Tabelle für scharfkantig kreisförmig eingeengte Wehre können die Überfallbeiwerte sowie die spezifischen Abflüsse entnommen werden.

Tabelle 4-8:   Berechnete Abflüsse im vorgegebenen Intervall

$h\,[m]$	$\frac{h}{d}[/]$	$Q_i\left[\frac{l}{s}\right]$	$\mu\,[/]$	$Q\left[\frac{m^3}{s}\right]$
0,10	0,10	0,1072	0,6500	0,02204
0,20	0,20	0,4173	0,6087	0,08032
0,30	0,30	0,9119	0,5976	0,17233
0,40	0,40	1,5713	0,5941	0,29525
0,50	0,50	2,3734	0,5937	0,44558
0,60	0,60	3,2929	0,5948	0,61932

Lösung b:

Der Abfluss errechnet sich aus der Beziehung:

$$Q = 0,31623 \cdot \mu \cdot Q_i \cdot d^{\frac{5}{2}}$$

Bei dieser Aufgabenstellung sollen bei einem konstantem Wasserstand von $h_{Kanal} = 0,90m$ drei verschiedene scharfkantig kreisförmig eingeengte Wehre beurteilt werden. Beginnt man bei $d = 0,30m$, beträgt für $w_0 = 0,60m$ die Überfallhöhe:

$$h = h_{Kanal} - w_0 = 0,90m - 0,60m = 0,30m.$$

$$\frac{h}{d} = \frac{0,30m}{0,30m} = 1$$

Bei $d = 0,60m$, ist für $w_0 = 0,60m$ die Überfallhöhe ebenfalls:

$$h = h_{Kanal} - w_0 = 0,90m - 0,60m = 0,30m$$

Infolgedessen ist die Überfallhöhe in allen drei Fällen gleich.

$$\frac{h}{d} = \frac{0,30m}{0,60m} = 0,50$$

Aus der Tabelle für das scharfkantig kreisförmig eingeengte Wehr können die Überfallbeiwerte und die spezifischen Abflüsse Q_i abgelesen werden. Für das Verhältnis $h/d = 0,3333$ müssen die Tabellenwerte extrapoliert werden. Die Berechnung soll für den dritten Fall durchgeführt werden.

$$Q = 0,31623 \cdot \mu \cdot Q_i \cdot d^{\frac{5}{2}} = 0,31623 \cdot 0,5960 \cdot 1,187 \cdot 0,90^{\frac{5}{2}} = 0,16202 \frac{m^3}{s}$$

Tabelle 4-9:   Berechnete Überfallwassermengen

$h[m]$	$d[m]$	$\frac{h}{d}[/]$	$Q_i\left[\frac{1}{s}\right]$	$\mu[/]$	$Q\left[\frac{m^3}{s}\right]$
0,30	0,30	1,0000	7,4705	0,6051	0,07046
0,30	0,60	0,5000	2,3734	0,5937	0,12425
0,30	0,90	0,3333	1,1187	0,5960	0,16202

4.1.6   Beispiele zu scharfkantigen Wehren in Verbindung zu anderen hydraulischen Problemen

Beispiel 4.1.6-1:   Scharfkantig belüfteter Überfall in Verbindung mit einer Verteilerrinne im Unterwasser: Berechnung von Überfallwassermengen an Wehren sowie der Ausflussmengen aus Öffnungen. Berechnung von Wasserständen und Überfallhöhen durch Fixpunktiterationen.

Formeln: 5.1-1, Seite 244

Diagramme: 5.3-1, Seite 277

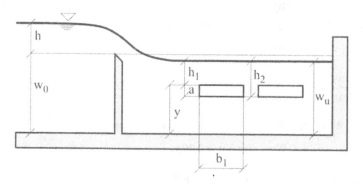

Abbildung 4-1:   Verteilerrinne

Eine Verteilerrinne mit $b = 1m$ Breite wird durch einen scharfkantigen Überfall gespeist. Auf der Entlastungsseite des Überfalles sollen rechteckige Öffnungen den Wasserspiegel konstant halten. Für den Überfall sind die Wehrhöhe im Ober- und Unterwasser $w_0 = w_u = 1m$, die Wehrbreite $b = 1m$ und die Überfallhöhe $h = 0,10m$ vorgegeben. Der Ausfluss ist durch die Parameter Breite der Ausflussöffnung $b_1 = 0,10m$, Höhe der Ausflussöffnung $a = 0,05m$, oberer Abstand der Ausflussöffnung zur Sohle $y = 0,60m$, den Höhen $h_1 = 0,30m$ und $h_2 = 0,35m$ sowie einer Ausflusszahl $\mu_A = 0,64$ gekennzeichnet.

a) Gesucht ist die Anzahl der Öffnungen, die notwendig sind, um den Wasserspiegel im Unterwasser konstant auf $0,90m$ zu halten.
b) Um welchen Wert ändert sich der Wasserspiegel im Unterwasser, wenn $n_{\ddot{O}} = 8$ ist?
c) Durch diese acht Öffnungen sollen $0,08 m^3/s$ fließen. In welcher Tiefe müssen diese angebracht sein?
d) Welche Überfallhöhe stellt sich bei Aufgabenstellung c ein?

Lösung zu a:

Zulauf: Die Berechnung der zulaufenden Wassermenge erfolgt mit der Formel für den scharfkantigen Überfall.

$$Q_{zul.} = \frac{2}{3}\mu \cdot \sqrt{2g} \cdot b \cdot h^{\frac{3}{2}} = 2,953\left(0,6035 + 0,0813\frac{h}{w_0}\right) \cdot h^{\frac{3}{2}} = 0,05712\frac{m^3}{s}$$

$$Q_{ab} = Q_{zu}$$

Ausfluss: Die Berechung der ablaufenden Wassermenge entspricht der von Ausflüssen aus Behältern durch überstaute Öffnungen. Die Grundlagen und Berechnungsformeln wurden der Fachliteratur [7] entnommen. Für eine rechteckige Öffnung mit der Breite b gilt für den Fall kleiner Anströmgeschwindigkeiten mit $v_0^2/2,00 \cdot g \approx 0$ die Gleichung

$$Q_{ab} = \frac{2}{3}\mu_A \cdot b \cdot \sqrt{2g} \cdot \left(h_2^{\frac{3}{2}} - h_1^{\frac{3}{2}}\right)$$

Der gesamte Ausfluss durch $n_{\ddot{O}}$ Öffnungen berechnet sich dann wie folgt:

$$Q_{ab} = n_{\ddot{O}}\frac{2}{3}\mu_A \cdot \sqrt{2g} \cdot b_1 \cdot \left(h_2^{\frac{3}{2}} - h_1^{\frac{3}{2}}\right)$$

mit $h_1 = 0,30m$ und $h_2 = 0,35m$ ergibt sich

$$Q_{ab} = n_{\ddot{O}}\frac{2}{3}0,64 \cdot \sqrt{2g} \cdot 0,10 \cdot \left(0,35^{\frac{3}{2}} - 0,30^{\frac{3}{2}}\right) = n_{\ddot{O}} \cdot 0,00808\frac{m^3}{s}$$

$$n_{\ddot{O}} = \frac{Q_{zu}}{Q_{ab}} = \frac{0,05712}{0,00808} = 7,069 \approx 7$$

Lösung zu b:

Bei acht Öffnungen gilt: $8 \cdot 0,0808 = 0,0646 > Q_{zu}$ und somit ein sinkender Wasserspiegel. Bei gleichmäßiger Verteilung gilt:

$$\frac{1}{8} Q_{zu} = \frac{2}{3} \mu \cdot b_1 \cdot \sqrt{2g} \cdot \left[(h_1 + a)^{\frac{3}{2}} - h_1^{\frac{3}{2}} \right]$$

$$\frac{0,05712}{8} = 2,953 \cdot 0,64 \cdot 0,10 \cdot \left[(h_1 + 0,05_1)^{\frac{3}{2}} - h_1^{\frac{3}{2}} \right]$$

$$0,03778 = (h_1 + 0,05)^{\frac{3}{2}} - h_1^{\frac{3}{2}}$$

Es gibt viele Möglichkeiten, um den gesuchten Wasserstand über die Fixpunktiteration zu berechnen, je nachdem, nach welchem h_1 umgestellt wird. Variante eins liefert folgenden Ansatz:

$$h_{i+1} = \left((h_i + 0,05)^{\frac{3}{2}} - 0,03778 \right)^{\frac{2}{3}}$$

Diese Gleichung zeigt keinerlei Konvergenz, unabhängig vom gewählten Startwert. Variante zwei liefert einen ähnlichen Ansatz:

$$h_{i+1} = \left(0,03778 + h_i^{\frac{3}{2}} \right)^{\frac{2}{3}} - 0,05$$

Diese Beziehung konvergiert sehr langsam. Die Lösung lautet $h_1 = 0,22895\,m$. Damit sinkt der Wasserspiegel um etwas mehr als 7 cm. Eine weitere Variante der Fixpunktiteration lautet:

$$0,03778 = (h_1 + 0,05)^{\frac{3}{2}} - h_1^{\frac{3}{2}}$$

Quadriert folgt:

$$0,03778^2 = (h_1 + 0,05)^3 - 2(h_1 + 0,05)^{\frac{3}{2}} \cdot h_1^{\frac{3}{2}} + h_1^3$$

$$0,03778^2 = \left(1 + \frac{0,05}{h}\right)^3 \cdot h^3 - 2\left(1 + \frac{0,05}{h_1}\right)^{\frac{3}{2}} \cdot h_1{}^3 + h_1{}^3$$

$$0,03778^2 = \left[\left(1 + \frac{0,05}{h_1}\right)^3 - 2\left(1 + \frac{0,05}{h_1}\right)^{\frac{3}{2}} + 1\right] \cdot h_1{}^3$$

$$h_1{}^3 = \left(\frac{0,03778^2}{\left(1 + \frac{0,05}{h_1}\right)^3 - 2 \cdot \left(1 + \frac{0,05}{h_1}\right)^{\frac{3}{2}} + 1}\right)$$

$$h_{1i+1} = \sqrt[3]{\frac{0,03778^2}{\left(1 + \frac{0,05}{h_{1i}}\right)^3 - 2 \cdot \left(1 + \frac{0,05}{h_{1i}}\right)^{\frac{3}{2}} + 1}}$$

Mit dem Startwert $h_0 = 1$ folgt:

$h_1 = 0,22895 m$

Lösung zu c:

Sollen bei $Q_{zu} = Q_{ab}$ durch 8 Öffnungen $0,08 m^3/s$ fließen, erhält man

$$0,05291 = \left(h_1 + 0,05\right)^{\frac{3}{2}} - h_1^{\frac{3}{2}}$$

Als Lösung ergibt sich dann

$h_1 = 0,472 m$

$h_2 = 0,522 m$

Lösung zu d:

Gesucht ist die Überfallhöhe h

$$Q_{zul.} = \frac{2}{3}\mu \cdot \sqrt{2g} \cdot b \cdot h^{\frac{3}{2}} = 2,953 \cdot b \cdot \left(0,6035 + 0,0813 \cdot \frac{h}{w_0}\right) \cdot h^{\frac{3}{2}} = 0,08 \frac{m^3}{s}$$

Umgestellt wird nach dem h mit der höchsten Potenz.

$$h = \left(\frac{Q}{2,953 \cdot b \cdot \left(0,6035 + 0,0813 \dfrac{h}{w_0} \right)} \right)^{\frac{2}{3}}$$

$$h = \left(\frac{0,08}{2,953 \cdot 1 \cdot \left(0,6035 + 0,0813 \cdot \dfrac{h}{1} \right)} \right)^{\frac{2}{3}} \rightarrow h_{i+1} = \left(\frac{0,02709}{0,6035 + 0,0813 \cdot \dfrac{h_i}{1}} \right)^{\frac{2}{3}}$$

Die Überfallhöhe h, die sich im Zulauf einstellt, beträgt:

$$h = 0,1249 m$$

Beispiel 4.1.6-2:   Kombination zwischen einem scharfkantig belüftetem Überfall und einem
                      kreisförmigem Auslass.
                      Formeln: 5.1-1, Seite 244
                      Diagramme: 5.3-1, Seite 277

Aus dem dargestellten Behälter soll die zufließende Wassermenge zum einen durch eine kreisförmige Öffnung mit $d = 0,30 m$ ausfließen, zum anderen soll durch einen Wehrüberlauf der
Ausfluss aufgeteilt werden.

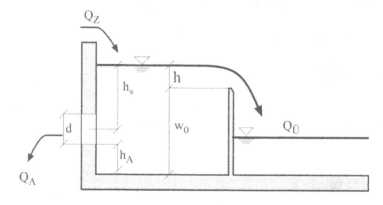

Abbildung 4-2:   Behälter

a) Auf welcher Höhe w_0 muss das scharfkantige Wehr liegen, wenn für $b = 2m$ die Zulauf-
    menge Q_z nur durch den kreisförmigen Auslauf austritt. Es sollen die nachfolgenden Be-
    ziehungen gelten:

$$Q_Z = Q_A = 0,20 \text{m}^3/\text{s} \text{ und } \mu_A = 0,594 \text{ sowie } h_A = 1,00 \text{m}.$$

b) Bei fest eingebauter Schwellenkante nach Aufgabe a fließen $Q_z = 0,30 \text{m}^3/\text{s}$. Zu berechnen ist die Überfallhöhe h über das scharfkantige Wehr sowie die Aufteilung von Q_z. Es gilt:

$$Q_z = Q_A + Q_{ü}.$$

Lösung zu a:

Die zufließende Wassermenge von 200l/s muss durch die kreisförmige Öffnung mit einem Durchmesser von $d = 0,30 \text{m}$ austreten. Aus der Fachliteratur (zum Beispiel [7]) kann die nachfolgende Gleichung entnommen werden. Das hier verwendete h_S entspricht dem Abstand vom Wasserspiegel bis zum Schwerpunkt der Kreisfläche.

$$A = \frac{\pi}{4} d^2.$$

Die Ausflusszahl μ_A ist abhängig von d und h_s. Für $d = 0,30 \text{m}$ gilt $\mu \approx 0,594$.

$$Q_A = \mu_A \cdot \left(1 - \frac{r^2}{32 \cdot h_S^2}\right) \cdot A \cdot \sqrt{2g \cdot h_S} = 0,185981 \cdot \left(1 - 0,0007031 \cdot \frac{1}{h_S^2}\right) \cdot \sqrt{h_S}$$

Die gesuchte Größe h_S tritt zweimal in obiger Gleichung auf. Umgestellt nach h_S unter der Wurzel ergibt sich die folgende Fixpunktvorschrift.

$$h_{Si+1} = \left(\frac{Q_A}{\mu_A \cdot A \cdot \sqrt{2g}} \cdot \frac{1}{1 - \frac{r^2}{32 \cdot h_{Si}^2}}\right)^2$$

Mit dieser Gleichung kann, bei Vorgabe der Geometrie der Ausflussöffnung und der Ausflussmenge, die gesuchte Druckhöhe oder der resultierende Wasserstand berechnet werden. Mit den vorgegebenen Werten erhält man:

$$h_{Si+1} = \left(1,075379 \cdot \frac{1}{1 - \frac{0,0007031}{h_{Si}^2}}\right)^2$$

Mit dem Startwert $h_{S0} = 2,50 \text{m}$ folgt:

$$h_{S1} = 1,156700 \text{m}$$

$$h_{S2} = 1,1576563 \text{m}$$

$h_{S3} = 1,1576543m$

$h_{S4} = 1,15776543m$.

Mit dem Schwerpunktabstand $h_s = 1,15778m$ ergibt sich $Q_A = 0,2000095m^3/s$. Die obige Iterationsvorschrift konvergiert sehr schnell. Nimmt man zum Beispiel den Startwert h_{S0} mit 0,30m an, so liefert die erste Näherung $h_{S1} = 1,1566207m$. Die gesuchte Wehrhöhe liegt folglich bei:

$$w_0 = 1,1578m + 0,15m + 1,00m = 2,3078m \approx 2,31m$$

Lösung zu b:

Die zufließende Wassermenge $Q_{zu} = 0,30m^3/s$ teilt sich auf in den Ausfluss aus der kreisförmigen Öffnung und die über das scharfkantige Wehr abfließende Überfallwassermenge. Die Poleni-Gleichung für Überfälle lautet:

$$Q_{\ddot{U}} = \frac{2}{3}\mu \cdot b \cdot \sqrt{2g} \cdot h^{\frac{3}{2}}$$

Unter Verwendung von

$$\mu = 0,6035 + 0,0813\frac{h}{w_0}$$

ergibt sich:

$$Q_{\ddot{U}} = \frac{2}{3}\left(0,6035 + 0,0813\frac{h}{w_0}\right) \cdot b \cdot \sqrt{2g} \cdot h^{\frac{3}{2}}$$

$$Q_{\ddot{U}} = \frac{2}{3}\left(0,6035 + 0,0813\frac{h}{2,31}\right) \cdot 2 \cdot \sqrt{29,81} \cdot h^{\frac{3}{2}}$$

$$Q_{\ddot{U}} = 5,9059 \cdot \left(0,6035 + 0,0813 \cdot \frac{h}{2,31}\right) \cdot h^{\frac{3}{2}}$$

$Q_{\ddot{U}}$ ist die zu h gehörige Überfallwassermenge. Die $0,30m^3/s$ werden nachfolgend aufgeteilt:

$$Q_z = 5,9059 \cdot \left(0,6035 + 0,0813 \cdot \frac{h}{2,31}\right) \cdot h^{\frac{3}{2}} + 0,185981 \cdot \left(1,00 - 0,0007031 \cdot \frac{1}{h_S^2}\right) \cdot \sqrt{h_S}$$

Wenn $h = 0,15m$, so ist $h_S = 1,158m + 0,15m = 1,308m$ (Schwerpunktabstand). Die Lösung ist aus der Tabelle ersichtlich. Zwischen 0,08m und 0,09m Überfallhöhe fließen $0,30m^3/s$. Die genaue Lösung ist $h = 0,087m$. Es fließen dann über das Wehr $Q_{\ddot{u}} = 0,09252m^3/s$ und durch den Kreis $Q_A = 0,20742m^3/s$.

Tabelle 4-10:   Berechnete Überfallwassermengen und Ausflusswassermengen

$h\,[m]$	$Q_{\ddot{u}}\left[\dfrac{m^3}{s}\right]$	$Q_A\left[\dfrac{m^3}{s}\right]$	$Q_Z\left[\dfrac{m^3}{s}\right]$	$h_S\,[m]$
0,00	0,0000	0,2000	0,2000	1,1580
0,01	0,0036	0,2009	0,2045	1,1680
0,02	0,0101	0,2018	0,2119	1,1780
0,03	0,0186	0,2026	0,2212	1,1880
0,04	0,0287	0,2035	0,2321	1,1980
0,05	0,0401	0,2043	0,2444	1,2080
0,06	0,0528	0,2052	0,2580	1,2180
0,07	0,0666	0,2060	0,2726	1,2280
0,08	0,0815	0,2068	0,2883	1,2380
0,09	0,0974	0,2077	0,3051	1,2480
0,10	0,1133	0,2085	0,3227	1,2580
0,11	0,1319	0,2093	0,3413	1,2680
0,12	0,1505	0,2102	0,3607	1,2780
0,13	0,1700	0,2110	0,3809	1,2880
0,14	0,1902	0,2118	0,4020	1,2980
0,15	0,2088	0,2126	0,4238	1,3080

Beispiel 4.1.6-3:   Vollkommener Überfall: Änderung des Wasserspiegels in einem Spei-
cherbecken durch scharfkantige Wehrentlastung. Untersucht wird einmal
ein konstanter Überfallbeiwert, zum anderen ein variabler Beiwert.

Formeln: 5.1-1, Seite 244

Diagramme: 5.3-1, Seite 277

Ein Becken hat eine rechteckige Grundfläche mit $A = L \cdot B = 25m \cdot 20m = 500m^2$.

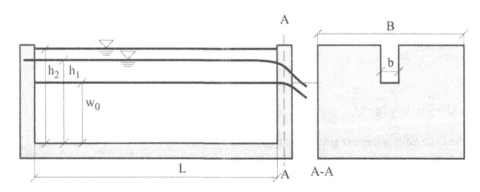

Abbildung 4-3:   Becken mit scharfkantigem Wehr

Die Entlastung erfolgt über ein scharfkantiges Wehr mit einer Wehrbreite $b = 0,50m$ und einer Wehrhöhe von $w_0 = 2,50m$.

a) In welcher Zeit senkt sich der Wasserspiegel von $h_2 = 1,75m$ auf $h_1 = 1,50m$, wenn mit konstantem $\mu = 0,62$ gerechnet wird?

b) In welcher Zeit senkt sich der Wasserspiegel für den gleichen Fall, wenn mit den realen Verhältnissen für μ gerechnet wird?

Lösung zu a:

Grundsätzlich gilt, dass das Volumen, bedingt durch die Wasserspiegelabsenkung im Becken und die über das scharfkantige Wehr entlastete Wassermenge übereinstimmen. Betrachtet man das Volumen bedingt durch die Wasserspiegelabsenkung, so ist dieses bei einer rechteckigen Grundfläche einfach zu ermitteln. Bei Vorgabe anderer Geometrien wird der mathematische Aufwand größer. In einem System mit zulaufenden und ablaufenden Wassermengen gilt:

$$dV = A(h) \cdot dh = (Q_z - Q_A)dt$$

Mit

$$A = L \cdot B = \text{konst.}$$
$$Q_z = 0$$

folgt dann

$$-Q_A \cdot dt = A \cdot dh = L \cdot B \cdot dh$$

Q_A entspricht der Überfallwassermenge Q. Es gilt:

$$\int_0^t Q \cdot dt = -A \cdot \int_{h_1}^{h_2} dh$$

Die Absenkungsgeschwindigkeit v des Wasserspiegels beträgt danach:

$$v = \frac{dh}{dt} = \frac{-Q}{A} \cdot dh$$

$$dt = \frac{-A}{Q} dh$$

$$Q = \frac{2}{3} \mu \cdot b \cdot \sqrt{2g} \cdot h^{\frac{2}{3}}$$

Wird die linke Seite integriert gilt:

$$t = -\frac{A}{\frac{2}{3} \mu \cdot b \cdot \sqrt{2g}} \int_{h_1}^{h_2} \frac{dh}{h^{1,5}} = -C \cdot \int_{h_1}^{h_2} \frac{dh}{h^{1,5}}$$

Die Integration der rechten Seite liefert dann:

$$t = \left[-2C \cdot \left(-\frac{2}{\sqrt{h}} \right) \right]_{h_1}^{h_2}$$

Nach Umformungen wird die Auslaufzeit zwischen den beiden Wasserständen durch den allgemeinen Ausdruck angegeben.

$$t = 2C \cdot \left(\frac{1}{\sqrt{h_2}} - \frac{1}{\sqrt{h_1}} \right) = 2 \cdot 546,19 \cdot \left(\frac{1}{\sqrt{1,50}} - \frac{1}{\sqrt{1,75}} \right) = 66,16s$$

Die zu jedem Zeitpunkt abfließende Überfallwassermenge Q wird im Wesentlichen von der Überfallhöhe und dem Überfallbeiwert (hier konstant) beeinflusst. Anfangswert und Endwert des betrachteten Intervalls können angegeben werden.

$$Q_1 = \frac{2}{3} \mu \cdot b \cdot \sqrt{2g} \cdot h_1^{\frac{3}{2}} = 2,119 \frac{m^3}{s}$$

$$Q_2 = \frac{2}{3} \mu \cdot b \cdot \sqrt{2g} \cdot h_2^{\frac{3}{2}} = 1,6817 \frac{m^3}{s}$$

Die Volumengleichheit in der Ausgangsgleichung soll näherungsweise aufgezeigt werden. Der Wasserspiegel senkt sich um 0,25m. Dies ergibt das abgeflossene Volumen:

$$\Delta h \cdot A = 0,25 \cdot A = 125,0 m^3$$

Vergleicht man dies mit dem mittleren Überfallvolumen, errechnet über die Trapezapproximation:

$$\frac{Q_1 + Q_2}{2} \cdot \Delta t = 125,72 m^3$$

so ergibt sich eine relativ geringe Abweichung, welche Folge des Ersatztrapezes anstelle von dem stetigen Integral,

$$V = \int_0^t Q(t, \mu) dt \,,$$

ist.

Lösung zu b:

Der Überfallbeiwert ist nun nicht mehr konstant, sondern mit h/w_0 veränderlich. Deshalb steht die Gleichung für diesen Beiwert mit unter dem Integral.

$$t = -\frac{A}{\frac{2}{3} b \cdot \sqrt{2g}} \int_{h_1}^{h_2} \frac{dh}{\mu \cdot h^{\frac{3}{2}}} = -C_1 \int_{h_1}^{h_2} \frac{dh}{\mu \cdot h^{\frac{3}{2}}}$$

C_1 unterscheidet sich von C, denn in C_1 fehlt der Überfallbeiwert.

Mit

$$\mu = 0,6035 + 0,0813 \cdot \frac{h}{w_0}$$

folgt die konkrete Integrationsvorschrift

$$t = -C_1 \int_{h_1}^{h_2} \frac{dh}{\left(0,6035 + 0,0813 \cdot \frac{h}{w_0}\right) \cdot h^{\frac{3}{2}}}$$

Das Integral wird in allgemeiner Form angeschrieben.

$$t = -C_1 \int_{h_1}^{h_2} \frac{dh}{(a + b \cdot h) \cdot h^{\frac{3}{2}}}$$

wobei $b = 0,0813/w_0$ und $a = 0,6035$ ist. Gesucht ist mithin die Lösung des unbestimmten Integrals.

$$\int \frac{dh}{(a + b \cdot h) \cdot h^{\frac{3}{2}}}$$

Mit $x = \sqrt{h} = h^{1/2}$ folgt $dx = 1/2 \cdot h^{-1/2} \cdot dh$ und $h = x^2$

$$\int \frac{dh}{(a + b \cdot h) \cdot h^{\frac{3}{2}}} = 2 \cdot \int \frac{\frac{1}{2} \cdot h^{-\frac{1}{2}} dh}{(a + b \cdot h) \cdot h} = 2 \cdot \int \frac{dx}{(a + b \cdot x^2) \cdot x^2}$$

Der Intergrand ist ein gebrochen rationaler Ausdruck. Partialbruchzerlegung führt mit $a, b > 0,00$ zum Ziel. Es muss gelten:

$$\frac{1}{(a + b \cdot x^2) \cdot x^2} = \frac{A \cdot x + B}{a + b \cdot x^2} + \frac{C}{x} + \frac{D}{x^2} \text{ beziehungsweise}$$

$$1 = (A \cdot x + B) \cdot x^2 + C \cdot x(a + b \cdot x^2) + D \cdot (a + b \cdot x^2) \tag{1}$$

Aus $x = 0$ folgt $D = 1/a$. D in (a) eingesetzt liefert:

$$0 = (A \cdot x + B) \cdot x + C \cdot (a + b \cdot x^2) + \frac{b}{a} \cdot x^2 \qquad (2)$$

Aus $x = 0$ folgt $C = 0$. Eingesetzt in (2) ergibt mit Koeffizientenvergleich $A = 0$ und $B = -b/a$. Die Partialbruchzerlegung ist somit beendet.

$$\frac{1}{(a + b \cdot x^2) \cdot x^2} = \frac{-\frac{b}{a}}{a + b \cdot x^2} + \frac{\frac{1}{a}}{x^2}$$

Das zweite Integral liefert:

$$\int \frac{dx}{x^2} = -\frac{1}{x}$$

Das erste Integral liefert:

$$\int \frac{dx}{a + b \cdot x^2} = \int \frac{dx}{a \cdot \left(1 + \frac{b}{a} x^2\right)} = \frac{1}{a} \int \frac{dx}{1 + \left(\sqrt{\frac{b}{a}} x\right)^2} = \frac{1}{a} \cdot \sqrt{\frac{a}{b}} \cdot \int \frac{\sqrt{\frac{b}{a}} \cdot dx}{1 + \left(\sqrt{\frac{b}{a}} x\right)^2}$$

mit

$$z = \sqrt{\frac{b}{a}} \cdot x \rightarrow dz = \sqrt{\frac{b}{a}} \, dx$$

$$= \frac{1}{\sqrt{a \cdot b}} \cdot \int \frac{dz}{1 + z^2} = \frac{1}{\sqrt{a \cdot b}} \cdot \arctan z$$

$$= \frac{1}{\sqrt{a \cdot b}} \cdot \arctan\left(\sqrt{\frac{b}{a}} \cdot x\right)$$

Zusammengefasst ergibt sich für x:

$$\int \frac{dx}{(a + b \cdot x^2) \cdot x^2} = -\frac{b}{a} \int \frac{dx}{(a + b \cdot x^2)} + \frac{1}{a} \int \frac{dx}{x^2}$$

$$= -\frac{1}{a} \left[\sqrt{\frac{b}{a}} \cdot \arctan\left(\sqrt{\frac{b}{a}} \cdot x\right) + \frac{1}{x}\right] + C$$

und für h

$$\int \frac{dh}{(a+b\cdot h)\cdot h^{\frac{3}{2}}} = -\frac{2}{a}\cdot\left[\sqrt{\frac{b}{a}}\cdot\arctan\left(\sqrt{\frac{b}{a}}\cdot h\right)+\frac{1}{\sqrt{h}}\right]+c$$

$$a = 0,6035\cdot b = \frac{0,0813}{w_0} = \frac{0,0813}{2,50} = 0,03252$$

$$\frac{2}{a} = \frac{2}{0,6035} = 3,314\cdot\sqrt{\frac{b}{a}} = 0,2321$$

$$\int_{1,5}^{1,75} \frac{dh}{\left(0,6035+0,03252\cdot h\right)\cdot h^{\frac{3}{2}}} = -3,314\cdot\left[0,2321\cdot\arctan\left(0,2321\cdot\sqrt{1,75}\right)+\frac{1}{\sqrt{1,75}}\right]+$$

$$3,314\cdot\left[0,2321\cdot\arctan\left(0,2321\cdot\sqrt{1,50}\right)+\frac{1}{\sqrt{1,50}}\right]-2,734+2,919 = 0,1849$$

Die Auslaufzeit t ergibt sich durch Multiplikation mit $C_1 = 338,638$

$$t = 338,638\cdot 0,1849 = 62,61s$$

Vergleicht man beide Auslaufzeiten, so kann festgestellt werden, dass unter Berücksichtigung der realen Verhältnisse diese geringer ist. Die Abweichung beträgt hier etwas mehr als 4s . Aus hydraulischer Sicht ist dieser große mathematische Aufwand nicht zu vertreten. Wird aber ein rundkroniges Wehr mit senkrechten Wänden oder ein rundkroniges Wehr mit Ausrundungsradius und Schussrücken verwendet, so ist die berechnete Abweichung doch erheblich größer. Dieses Integral könnte auch mit Hilfe von geeigneter Formelsammlungen, wie zum Beispiel von Bronstein gelöst werden.

Beispiel 4.1.6-4:   Vollkommener Überfall: Berechnung von Wehrhöhen durch den Einbau eines scharfkantigen und eines halbkreisförmigen Wehres. Der Einfluss der Staulänge in einem Gerinne wird untersucht. Verwendet wird die Manning-Strickler Gleichung

Formeln: 5.1-1, Seite 244 und 5.1-17, Seite 257

Diagramme: 5.3-1, Seite 277 und 5.3-18, Seite 285

Die Normalwassertiefe ist in einem Rechteckprofil mit $h_0 = 1,20m$ vorgegeben. Weiterhin sind $k_{str} = 35m^{1/3}/s$; $I_s = 0,0001$ und $b = 12,00m$ bekannt.

a) Mit einem scharfkantigen Wehr soll der Aufstau auf 1,90m erfolgen. Gesucht ist die erforderliche Wehrhöhe w_0.

b) Berechnet werden soll die Staulänge.

c) Der Aufstau erfolgt nunmehr durch ein halbkreisförmiges Wehr. Welche Wehrhöhe w_0 ist bei den geforderten Aufstaubedingungen notwendig?

d) Mit welcher Wehrhöhe kann bei einem halbkreisförmigen Wehr die geringste Stauhöhe erzielt werden, wenn Q = konstant gelten soll?

Lösung zu a:

Um die gestellten Fragen nach Wehrhöhe und Staulänge zu beantworten, ist die über das Wehr zu entlastende Überfallwassermenge Q zu berechnen. Mit Hilfe der in der Aufgabenstellung vorgegebenen Parameter ist dies möglich unter Berücksichtigung von zusätzlichen Überlegungen. Aus der Gerinnehydraulik ist bekannt, dass bei Vorgabe des Sohlgefälles, der Rauheit der Wandung, dem benetzten Umfang sowie dem Querschnitt des Gerinnes eindeutig der Abfluss festliegt. Diese Bedingung gilt nur für den stationär gleichförmigen Abfluss, also wenn das Sohlgefälle dem Wasserspiegelgefälle entspricht. Die Normalwassertiefe sei h_0. Da die Wassertiefe bezogen auf die Gewässersohle von diesem Wasserstand ausgehend ansteigt, würde sich bei einer anderen Anfangswassertiefe folglich auch eine andere Abflussmenge ergeben.

$$Q = k_{str} \cdot A \cdot \left(\frac{A}{U}\right)^{\frac{2}{3}} \cdot I^{\frac{1}{2}}$$

$$A = b \cdot h_0 = 12 \cdot 1,20 = 14,40 m^2$$

$$U = b + 2 \cdot h_0 = 12 + 2 \cdot 1,20 = 14,40 m$$

$$R = \frac{A}{U} = \frac{14,40}{14,40} = 1$$

$$Q = 35,00 \cdot 14,40 \cdot (1)^{\frac{2}{3}} \cdot 0,0001^{\frac{1}{2}} = 5,040 \frac{m^3}{s}$$

Dieser Abfluss muss sich ebenfalls über das Wehr ergießen. Grundlage für die Berechnung der Überfallwassermenge ist die Poleni-Gleichung.

$$Q = \frac{2}{3}\mu \cdot b \cdot \sqrt{2g} \cdot h^{\frac{3}{2}}$$

$$\mu = 0,6035 + 0,0813 \cdot \frac{h}{w_0}$$

gewählt wird $w_0 = 1,50 m$. Die Überfallhöhe ist dann:

$$h = 1,90 m - 1,50 m = 0,40 m$$

$$\mu = 0,6250$$

$$Q = 2,953 \cdot 12 \cdot 0,625 \cdot 0,40^{\frac{3}{2}} = 5,604 \frac{m^3}{s}$$

Die Überfallwassermenge Q ist zu groß.

$$w_0 = 1,52m \rightarrow h = 0,38m \rightarrow \mu = 0,6238$$

Mit diesen Werten wird $Q = 5,178 m^3/s$

$$w_0 = 1,53m \rightarrow h = 0,37m \rightarrow \mu = 0,6232$$

$$Q = 4,970 \frac{m^3}{s}$$

Aus $h = 0,3735m$ folgt:

$$Q = 5,04 \frac{m^3}{s}$$

Gewählt wird folglich die Wehrhöhe $w_0 = 1,53m$.

Mit Hilfe der Fixpunktiteration folgt:

$$\frac{1,5 \cdot Q}{b \cdot \sqrt{2g}} = \left(\frac{0,6035}{h} + \frac{0,0813}{w_0} \right) \cdot h^{2,5}$$

Es ergibt sich $h = 0,372m$

$$h_{i+1}(w_0) = \left[\frac{1,5 \cdot Q}{b \cdot \sqrt{2g}} \left(\frac{0,6035}{h_i} + \frac{0,0813}{w_0} \right)^{-1} \right]^{\frac{2}{5}} = \left[0,1422 \cdot \left(\frac{0,6035}{h_i} + \frac{0,0813}{w_0} \right)^{-1} \right]^{\frac{2}{5}}$$

Lösung zu b:

Berechnung von Stau- und Senkungslängen sind für wasserwirtschaftliche Problemstellungen oft durchzuführen. Hier soll auf das von Bollrich [5] und von anderen Autoren beschriebene Δx-Verfahren eingegangen werden. Grundlage ist die Differenzengleichung als Näherungslösung der Differentialgleichung des Wasserspiegelverlaufes in der Form:

$$\Delta x = \frac{\Delta h + \frac{v_m}{g} \cdot \Delta v}{I_S - I_E}.$$

Ausgangspunkt dieses Verfahrens sind die bekannten Daten an einer Stelle, nämlich Q, A_1, U_1, h_1, R_1, und v_1. Bei der Annahme einer Wassertiefe h_2 können sofort bei konstantem sohlbezogenen Q die Größen A_2, U_2, R_2 sowie v_2 berechnet werden. Damit kann unmittelbar die zu der vorgegebenen Wassertiefendifferenz $\Delta h = h_2 - h_1$ gehörende Längendifferenz

Δx explizit berechnet werden. Diese Strecke ist dann Teil einer Staukurve, wie in diesem Fall, oder Teil einer Senkungskurve. Im Nenner dieser Gleichung steht die Differenz zwischen dem Sohlgefälle I_S und dem Energieliniengefälle I_E. Für das Energieliniengefälle wird der mittlere Wert zwischen den Stellen 1 und 2 errechnet. Grundlage hierfür sei die einfach zu handhabende Manning-Strickler Gleichung.

$$\Delta x = \frac{\Delta h + \dfrac{v_m}{g} \cdot \Delta v}{I_S - \dfrac{v_m^2}{k_{str}^2 \cdot R_m^{\frac{4}{3}}}}$$

In der nachfolgenden Tabelle sind alle maßgebenden geometrischen und hydraulischen Größen angegeben:

Tabelle 4-11:   Berechnete Staulänge

$h_2[m]$	$h_1[m]$	$\Delta v\left[\dfrac{m}{s}\right]$	$v_m\left[\dfrac{m}{s}\right]$	$A_m[m^2]$	$U_m[m]$	$R_m[m]$	$\Delta x[m]$	kumulierte $\Delta x[m]$
1,90	1,85	-0,00597	0,22404	22,50	15,75	1,429	669,014	669,014
1,85	1,80	-0,00631	0,23018	21,90	15,65	1,399	688,877	1357,891
1,80	1,75	-0,00667	0,23667	21,30	15,55	1,370	712,564	2070,455
1,75	1,70	-0,00706	0,24353	20,70	15,45	1,340	741,194	2811,649
1,70	1,65	-0,00749	0,25080	20,10	15,35	1,309	776,360	3588,009
1,65	1,60	-0,00795	0,25852	19,50	15,25	1,279	820,412	4408,421
1,60	1,55	-0,00847	0,26673	18,90	15,15	1,248	876,952	5285,373
1,55	1,50	-0,00903	0,27548	18,30	15,05	1,216	951,810	6237,184
1,50	1,45	-0,00966	0,28483	17,70	14,95	1,184	1055,064	7292,248
1,45	1,40	-0,01034	0,29483	17,10	14,85	1,152	1205,769	8498,017
1,40	1,35	-0,01111	0,30556	16,50	14,75	1,119	1444,811	9942,829
1,35	1,30	-0,01197	0,31709	15,90	14,65	1,085	1878,681	11821,510
1,30	1,25	-0,01292	0,32954	15,30	14,55	1,052	2899,143	14720,653
1,25	1,20	-0,01400	0,34300	14,70	14,45	1,017	8074,678	**22795,331**

Für einen konkreten Fall soll die Staulänge Δx berechnet werden. Genau zwischen den Wasserständen von $h_2 = 1,60m$ und $h_1 = 1,55m$.

$$v_1 = \frac{Q}{A_1} = \frac{5,04}{12,00 \cdot 1,55} = 0,27096 \frac{m}{s}$$

$$v_2 = \frac{Q}{A_2} = \frac{5,04}{12,00 \cdot 1,60} = 0,2625 \frac{m}{s}$$

$$v_m = \frac{v_1 + v_2}{2,00} = 0,26673 \frac{m}{s}$$

$$\Delta v = v_1 - v_2 = -0,0847 \frac{m}{s}$$

$$R_m = \frac{R_1 + R_2}{2} = \frac{\dfrac{A_1}{U_1} + \dfrac{A_2}{U_2}}{2} = \frac{\dfrac{12 \cdot 1,55}{12 + 2 \cdot 0,59} + \dfrac{12 \cdot 1,60}{12 + 2 \cdot 0,61}}{2} = 1,248m$$

$$\Delta x = \frac{0,05 - \dfrac{0,26673}{9,81} \cdot 0,00847}{0,0001 - \dfrac{0,26673^2}{35^2 \cdot 1,248^{\frac{4}{3}}}} = 876,952m$$

Auf einer Strecke von annähernd 880m ändert sich die Wasserspiegellage sohlbezogen um 0,05m. Betrachtet man die in der Tabelle ausgewiesenen gleichen Wasserspiegeländerungen stromauf von 0,05m, so wird die jeweils zugehörige Staulänge erheblich größer. Die gesamte Staulänge beträgt annähernd 23000m.

Lösung zu c:

Gleiche Stauhöhe bedeutet:

$$h + w_0 = 1,90m$$

Die µ- Beziehung für das vorgegebene Wehr lautet:

$$\mu = 0,55 + 0,22 \cdot \frac{h}{w_0}$$

Annahme: $w_0 = 1,52m \rightarrow h = 0,38m$ und $\mu = 0,605$

$$Q = 2,953 \cdot 0,605 \cdot 12,00 \cdot 0,38^{\frac{3}{2}} = 5,022 \frac{m^3}{s}$$

Damit ist die Aufgabe gelöst. Ein Vergleich mit der Aufgabenstellung a zeigt keinen deutlichen Unterschied. Dies liegt an den annähernden gleichen Überfallbeiwerten.

Lösung zu d:

Der Gültigkeitsbereich für die µ- Werte ist mit dem Intervall $0,10 < (h/w_0) < 0,80$ festgelegt. Die minimalen und maximalen Überfallhöhen sind dadurch festgelegt.

Annahme:

$$w_0 = 0,50m \rightarrow h_{max} = 0,40m \rightarrow Q = 6,51 \frac{m^3}{s}$$

$$w_0 = 0,40m \rightarrow h_{max} = 0,32m \rightarrow Q = 4,66 \frac{m^3}{s}$$

$$w_0 = 0,42m \rightarrow h_{max} = 0,34m \rightarrow Q = 5,11\frac{m^3}{s}$$

Mit der Wehrhöhe $w_0 = 0,42m$ und der Überfallhöhe $h = 0,34m$ ergibt sich der geforderte Abfluss. Die Stauhöhe liegt dann nur noch bei $0,76m$. Im Gegensatz zu dem scharfkantigen Wehr ist dies ein erheblicher Gewinn. Für dieses Wehr ist der Überfallbeiwert für die geforderte Überfallwassermenge gegeben durch:

$$\mu = 0,55 + 0,22 \cdot \frac{h}{w_0} = 0,55 + 0,22 \cdot \frac{0,34}{0,42} = 0,7281$$

Dieser Überfallbeiwert ist um annähernd 20% größer als bei der Aufgabenstellung c.

4.2 Berechnungsbeispiele zu schmalkronigen Wehren

4.2.1 Beispiele zu schmalkronig scharfkantigen Wehren

Beispiel 4.2.1-1: Vollkommener Überfall: Bestimmung der Überfallwassermengen für unterschiedliche Überfallhöhen. Vergleich mit einem scharfkantigen Wehr.
Formeln: 5.1-1, Seite 244 und 5.1-6, Seite 248
Diagramme: 5.3-1, Seite 277 und 5.3-7, Seite 280

Gegeben ist ein schmalkronig scharfkantiges Wehr mit einer Wehrhöhe im Oberwasser von $w_0 = 1,50m$ und einer Breite von $b = 2,50m$ sowie einer Wehrlänge von $L = 0,30m$.

a) Berechnet werden sollen für $h = 0,10m$, $h = 0,30m$, $h = 0,80m$ die Überfallwassermengen Q.

b) Die Überfallwassermengen sind mit einem scharfkantigen Wehr zu vergleichen.

Lösung zu a:
Die Lösung erfolgt mit der Poleni-Gleichung.

$$Q = \frac{2}{3}\mu \cdot b \cdot \sqrt{2g} \cdot h^{\frac{3}{2}} = 7,3824 \cdot \mu \cdot h^{\frac{3}{2}}$$

Der gesamte μ-Wert setzt sich aus dem scharfkantigen Anteil und dem Anteil, der durch die Wehrlänge L hervorgerufen wird, zusammen.

$$\mu = \mu_1 \cdot \mu_2 = \left(0,6035 + 0,0813 \cdot \frac{h}{w_0}\right) \cdot \left(1 - 0,20 \cdot e^{-0,60\left(\frac{h}{L}\right)^{3,06}}\right)$$

Tabelle 4-12:   Berechnete Überfallwassermengen

$h[m]$	$\mu_1[/]$	$\mu_2[/]$	$\mu[/]$	$Q\left[\dfrac{m^3}{s}\right]$
0,10	0,6089	0,8041	0,4896	0,1143
0,30	0,6198	0,8902	0,5517	0,6693
0,80	0,6469	1,000	0,6469	3,4170

Lösung zu b:

Beim scharfkantigen Wehr gelten nur die μ_1-Werte.

Tabelle 4-13:   Berechnete Überfallwassermengen

$h[m]$	$\mu_1[/]$	$Q\left[\dfrac{m^3}{s}\right]$
0,10	0,6089	0,1422
0,30	0,6198	0,7518
0,80	0,6469	3,4170

Wie ersichtlich, ist der Abfluss bei den kleineren Überfallhöhen geringer. Dies ist bedingt durch den Einfluss der Wehrlänge. Bei $h = 0,80m$ sind beide Ergebnisse gleich groß. Das schmalkronige Wehr wirkt nun wie ein scharfkantiges Wehr.

Beispiel 4.2.1-2:   Vollkommener Überfall: Einfluss der Schwellenlängen auf das Abfluss-geschehen. Vergleich der Ergebnisse mit der ATV A111.
                     Formeln: 5.1-6, Seite 248
                     Diagramme: 5.3-7, Seite 280

Für ein Wehr ist für zwei unterschiedliche Schwellenstärken von $L = 0,20m$ beziehungsweise $L = 0,40m$ bei konstanter Wehrhöhe $w_0 = 1,50m$ der Überfallbeiwert μ als Funktion der Überfallhöhe h darzustellen. Gleichzeitig ist der in der ATV empfohlene konstante μ-Wert ($\mu = 0,50$) anzugeben und mit dem Ergebnis von $\mu(H)$ zu vergleichen. Die von Rehbock stammende lineare Funktion ist ebenfalls darzustellen.

Lösung:

In der Abbildung 4-4 lässt die Kurve für $L = 0,20m$ erkennen, dass ein progressiver Anstieg in einen degressiven übergeht. Ab $L/h \approx 1,80$ mithin ab $h \approx 1,80 \cdot 0,20m = 0,36m$ wirkt dieses schmalkronige Wehr nur noch als scharfkantiges Wehr. Bei der größeren Wehrlänge $L = 0,40m$ verschiebt sich dieser Übergang mit zunehmender Überfallhöhe. Der Einfluss der Wehrlänge ist erst bei annähernd $h \approx 0,72m$ nicht mehr wirksam.

Die Leistungsfähigkeit ist, wie die Kurven zeigen, bei gleichen Überfallhöhen h zum Teil erheblich größer (oder kleiner). Bei $h = 0,30m$ entspricht dieses ungefähr 16 %. Ein zusätzlicher Vergleich mit dem konstant empfohlenen µ-Wert zeigt, dass fast im gesamten Intervall der tatsächliche Wert erheblich größer ist. Der Überfall entlastet also wesentlich mehr. Die hieraus abgeleitete Konsequenz wären kürzere Wehrlängen und erhebliche Kostenreduzierungen.

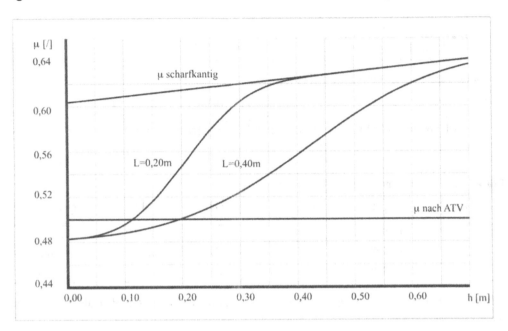

Abbildung 4-4:   Überfallbeiwerte

4.2.2   Beispiele zu schmalkronig angerundeten Wehren

Beispiel4.2.2-1:   Vollkommener Überfall: Bestimmung der Überfallwassermengen für unterschiedliche Überfallhöhen.
Formeln: 5.1-8, Seite 249
Diagramme: 5.3-9, Seite 281

Gegeben ist ein schmalkronig angerundetes Wehr mit $w_0 = 1{,}50m$ und einer Wehrbreite von $b = 2{,}50m$ sowie einer Wehrlänge von $L = 0{,}30m$.

a) Für $h = 0{,}10m$, $h = 0{,}30m$ und $h = 0{,}80m$ sind die Überfallwassermengen Q zu berechnen. Die Ergebnisse sind mit den Werten des ersten Beispiels im Abschnitt 4.2.1 zu vergleichen.

b) Für $Q = 1{,}50m^3/s$ ist die Überfallhöhe h zu berechen.

Lösung zu a:

$$Q = \frac{2}{3}\mu \cdot b \cdot \sqrt{2g} \cdot h^{\frac{3}{2}}$$

$$\mu = f\left(\frac{h}{w_0}; \frac{h}{L}; \frac{r}{L}\right) = \mu_1 \cdot \mu_2 \cdot \mu_3$$

Bei den Untersuchungen war $r = 1/3 \cdot L$

$$\mu = \left(0,6034 + 0,0813 \cdot \frac{h}{w_0}\right) \cdot \left(1 - 0,2 \cdot e^{-0,6 \cdot \left(\frac{h}{L}\right)^{3,06}}\right) \cdot 1,14 \cdot e^{-0,06 \cdot \left(\frac{h}{L}\right)^{0,50}}$$

Tabelle 4-14:   Berechnete Überfallwassermengen

$h[m]$	$\mu_1[/]$	$\mu_2[/]$	$\mu_3[/]$	$\mu[/]$	$Q\left[m^3/s\right]$
0,10	0,6089	0,8041	1,101	0,5392	0,1258
0,30	0,6198	0,8900	1,074	0,5923	0,7185
0,80	0,6469	1,0000	1,033	0,6686	3,5318

Wie ersichtlich, ist die Leistungsfähigkeit des angerundeten Wehres größer als das mit dem scharfkantigen Einlauf.

Lösung zu b:

Zur Abschätzung der Größe von μ kann die Tabelle aus Aufgabenstellung a herangezogen werden. Danach müsste sich für $Q = 1,50 m^3/s$ ein Überfallbeiwert von annähernd $\mu = 0,63$ ergeben. Eine lineare Interpolation ist in diesem Fall nicht zulässig, da die Funktion für μ auch exponentielle Anteile besitzt. Die zugeordnete Überfallhöhe ergibt sich dann wie folgt:

$$h = \left(\frac{Q}{2,953 \cdot b \cdot \mu}\right)^{\frac{2}{3}} = 0,47m$$

$$Q = 1,5526 \frac{m^3}{s}$$

Diese Überfallwassermenge ist zu groß. Folglich muss ein kleinerer Wert für h gewählt werden. Aus $h = 0,46m$ folgt $\mu = 0,6507$ und somit

$$Q = \frac{2}{3}\mu \cdot b \cdot \sqrt{2g} \cdot h^{\frac{3}{2}} = 2,953 \cdot 0,6507 \cdot 2,50 \cdot 0,46^{\frac{3}{2}} = 1,4990 \frac{m^3}{s}.$$

Damit ist die vorgegebene Entlastungsmenge realisiert. Die Lösung dieser Aufgabe könnte auch durch Fixpunktiteration erfolgen.

4.3 Berechnungsbeispiele zu breitkronigen Wehren

4.3.1 Beispiele zu breitkronig angerundeten Wehren

Beispiel 4.3.1-1: Vollkommener und unvollkommener Überfall bei Parallelabfluss: Berechnung von Überfallhöhen und Überfallbeiwerten. Vergleich mit Literaturangaben.
Formeln: 5.1-9, Seite 250 und 5.2-7, Seite 269
Diagramme: 5.3-10, Seite 281 und 5.4-7, Seite 292

Über ein angerundetes Wehr mit breiter Krone ist ein Wasserspiegelverlauf mit Parallelabfluss festgestellt worden. Gegeben sind $L = 4m$, $r = 0,50m$, $w_0 = w_u = 1m$ und $b = 1m$.

a) In welchem Intervall für die Überfallhöhe h ist dieser Verlauf garantiert?
b) In welchem Überfallbeiwertbereich liegen diese Intervallgrenzen?
c) Welcher Abfluss je Meter stellt sich zwischen den Intervallgrenzen ein?
d) Vergleich der Ergebnisse mit Literaturwerten.
e) Wann beginnt der unvollkommene Überfall für die größte Überfallhöhe aus Aufgabenstellung a)?
f) Am Wehr stellt sich im Oberwasser $h_0 = 1,50m$ sowie $h_u = 1,40m$ im Unterwasser ein. Gesucht ist die zugeordnete Überfallwassermenge.

Lösungen zu a:

Der Wasserspiegelverlauf wird beeinflusst vom Verhältnis L/h. Der Parallelabfluss findet nicht, wie häufig in der Literatur angegeben, nur bei einem konkreten Wert, nämlich der Grenztiefe, statt. Bei einer bestimmten vorliegenden Wehrlänge L gibt es sehr viele verschiedene Überfallhöhen h, die dieser Forderung genügen, nämlich alle, die im Intervall $4,50 < (L/h) < 6,50$ liegen. Die einer bestimmten parallel abfließenden Wassertiefe h_p zugeordnete Grenztiefe liegt im Absenkungsbereich des Wasserspiegels, ist folglich größer als h_p. Mit $L = 4,00m$ folgt:

$$\frac{L}{h_1} = \frac{4}{h_1} = 4,50 \rightarrow h_1 = 0,889m$$

$$\frac{L}{h_2} = \frac{4}{h_2} = 6,50 \rightarrow h_2 = 0,615m$$

Der parallele Abfluss erfolgt bei diesem 4,00m langen breitkronigen Wehr im Intervall $0,615m < h < 0,889m$. Dies entspricht einer Wasserspiegeldifferenz von fast 0,30m im Überfallhöhenbereich.

Lösung zu b:

Mit $r = 0,50m$ und $w_0 = 1,00m$ ist $r/w_0 = 0,50$. Des weiteren sind die Verhältnisse w_0/h auf der Abszisse festzulegen.

$$h_1 = 0,889m \rightarrow \frac{w_0}{h_1} = \frac{1}{0,889} = 1,125 \rightarrow C_h = 1,746 \frac{m^{\frac{1}{2}}}{s}$$

$$h_2 = 0,615m \rightarrow \frac{w_0}{h_2} = \frac{1}{0,615} = 1,626 \rightarrow C_h = 1,719 \frac{m^{\frac{1}{2}}}{s}$$

Damit sind die Intervallgrenzen für den Überfallbeiwert gegeben.

$$1,719m^{1/2}/s < C_h < 1,746m^{1/2}/s$$

Lösung zu c:

$$Q = C_h \cdot b \cdot h^{\frac{3}{2}}$$

$$Q_1 = 1,746 \cdot 1 \cdot 0,889^{\frac{3}{2}} = 1,4630 \frac{m^3}{s}$$

$$Q_2 = 1,719 \cdot 1 \cdot 0,615^{\frac{3}{2}} = 0,8290 \frac{m^3}{s}$$

Das dargestellte breitkronige Wehr führt im Bereich des Parallelabflusses je Meter Wehrbreite zwischen $0,8290m^3/s \leq Q \leq 1,4630m^3/s$ ab.

Lösung zu d:

Geht man von der allgemeinen, aber nicht nachvollziehbaren Verfahrensweise bei der Berechnung breitkroniger Wehre aus, so wird bei Vorgabe einer bestimmten Überfallwassermenge Q dieser sofort der Grenzzustand zugeordnet. Der Parallelabfluss findet aber nur in dem oben aufgeführten Teilbereich statt. Ein Beispiel soll dies erläutern. Gemessen wurde eine Überfallhöhe von $h = 0,778m$, ein Wert aus dem genannten Überfallhöhenbereich. Bei Labormessungen wurden für diesen Wehrtyp folgende Absenkungsverhältnisse des Wasserspiegels ermittelt, wobei h_p die Parallelwassertiefe darstellt.

$$\frac{h_p}{h} = 0,619 \text{ und somit } h_p = 0,482m$$

$$\frac{h_p}{h_{gr}} = 0,913 \text{ und somit } h_{gr} = 0,5275m$$

Wird die Parallelwassertiefe als Grenztiefe eingesetzt, so ergibt sich der Abfluss aus der Gleichung der Grenztiefe für das Rechteck.

$$Q = \sqrt{h_{gr}^3 \cdot g \cdot b^2}$$

Mit $b = 1m$ erhält man:

$$Q = 1,0481 \frac{m^3}{s}.$$

Setzt man den tatsächlichen Wert für die Grenztiefe $h_{gr} = 0,5275m$ ein, so folgt:

$$Q = 1,1999 \frac{m^3}{s}.$$

Die Abweichung beträgt 14,45%. Handelt es sich um ein breitkroniges Wehr mit scharfkantigem Einlauf, so ist die Abweichung noch größer.

Lösung zu e:

Der unvollkommene Überfall beginnt bei dem Verhältnis $h_u/h > 0,80$. Die Überfallhöhe ist mit $h = 0,889m$ vorgegeben.

$$h_u > 0,80 \cdot h = 0,80 \cdot 0,889 = 0,711m$$

Annahme: $h_u = 0,75m$

$$\left.\begin{array}{l} \dfrac{h_u}{h_u + w_u} = \dfrac{0,75}{0,75 + 1} = 0,428 \\[3mm] \dfrac{h_u}{h} = \dfrac{0,75}{0,889} = 0,844 \end{array}\right\} \varphi < 1 \text{; unvollkommener Überfall}$$

Annahme: $h_u = 0,73m$

$$\left.\begin{array}{l} \dfrac{h_u}{h_u + w_u} = \dfrac{0,73}{0,73 + 1} = 0,422 \\[3mm] \dfrac{h_u}{h} = \dfrac{0,73}{0,889} = 0,821 \end{array}\right\} \varphi = 1 \text{; Grenzwert}$$

Bei $h_u = 0,73m$ beginnt der unvollkommene Überfall.

Lösung zu f:

$$Q = C_h \cdot \varphi \cdot b \cdot h^{\frac{3}{2}}$$

$$C_h = f\left(\frac{w_0}{h}; \frac{r}{w_0}\right) = f\left(\frac{1}{1,50}; \frac{0,50}{1}\right) = f(0,667; 0,50) = 1,801 \, m^{1/2}/s$$

$$\varphi = f\left(\frac{h_u}{h}; \frac{h_u}{h_u + w_u}\right) \left.\begin{array}{l} \dfrac{h_u}{h_u + w_u} = \dfrac{1,40}{1,40 + 1,00} = 0,583 \\[3mm] \dfrac{h_u}{h} = \dfrac{1,40}{1,50} = 0,933 \end{array}\right\} \varphi = 0,840$$

$$Q = 1,801 \cdot 0,84 \cdot 1 \cdot 1,50^{\frac{3}{2}} = 2,778 \, \frac{m^3}{s}$$

Beispiel 4.3.1-2:   Vollkommener Überfall: Der Einfluss der Wehrlänge auf das Abflussge-
                    schehen im Vergleich zum Beispiel 4.3.1-1
                    Formeln: 5.1-9, Seite 250 und 5.1-12, Seite 253
                    Diagramme: 5.3-10, Seite 281 und 5.3-13, Seite 283

Gegeben ist ein abgerundetes Wehr mit breiter Krone. Die Wehrhöhe beträgt $w_0 = 1m$ und der Radius $r = 0,50m$. Welche Abflüsse stellen sich ein, wenn die Überfallhöhen aus Beispiel 4.3.1-1 verwendet werden und die Wehrlängen sich ändern?

a) Die Wehrlänge beträgt 5,00m.
b) Die Wehrlänge beträgt 3,00m.
c) Vergleich der Ergebnisse mit Beispiel 4.3.1.-1

Lösung zu a:

Die Überfallhöhen aus dem Beispiel 4.3.1-1 liegen zwischen $0,615m < h < 0,889m$. Für diesen Fall ist $L/w = 4$. Nunmehr gilt $L/w = 5$. L/h bestimmt die Wasserspiegellage am breitkronigen Wehr. Dazu müssen Korrekturen durchgeführt werden.

$$z = \frac{w_0}{h} + \Delta\frac{w_0}{h} \text{ mit } \Delta\frac{w_0}{h} = \frac{L}{h}\left(\frac{1}{4} - \frac{1}{\frac{L}{w_0}}\right)$$

Die Korrektur wird für beide Überfallhöhen durchgeführt.

$$\text{für } h = 0,615m \rightarrow \Delta\frac{w_0}{h} = \frac{5,00}{0,615}\left(\frac{1}{4} - \frac{1}{\frac{5}{1}}\right) = 0,407$$

$$z = \frac{1}{0,615} + 0,407 = 1,626 + 0,407 = 2,033$$

$$\text{für } h = 0,889m \rightarrow \Delta\frac{w_0}{h} = \frac{5,0}{0,889} \cdot \left(\frac{1}{4} - \frac{1}{\frac{5}{1}}\right) = 0,281$$

$$z = \frac{1}{0,889} + 0,281 = 1,125 + 0,281 = 1,406$$

Aus dem Diagramm lassen sich mit den neuen Verhältnissen $z = (w_0 / h)_{korr}$ und $r/w_0 = 0,50$ die zugehörigen C_h- Werte ablesen.

$$C_{h1} = 1,708m^{1/2}/s \text{ beziehungsweise } C_{h2} = 1,730m^{1/2}/s$$

$$Q = C_h \cdot b \cdot h^{\frac{3}{2}}$$

$$Q_1 = 1,705 \cdot 1 \cdot 0,615^{\frac{3}{2}} = 0,824\frac{m^3}{s}$$

$$Q_2 = 1,730 \cdot 1 \cdot 0,889^{\frac{3}{2}} = 1,450\frac{m^3}{s}$$

Das breitkronig angerundete Wehr führt im gegebenen Überfallhöhenbereich bei L gleich fünf Meter Überfallwassermengen im Intervall $0,824m^3/s \le Q \le 1,450m^3/s$ ab.

Lösung zu b:

Mit der gegebenen Wehrlänge kann ähnlich wie bei der Lösung a der Korrekturwert bestimmt werden.

$$\Delta\frac{w_0}{h} = \frac{3}{0,615} \cdot \left(\frac{1}{4} - \frac{1}{\frac{3}{1}}\right) = -0,407 \qquad \Delta\frac{w_0}{h} = \frac{3}{0,889} \cdot \left(\frac{1}{4} - \frac{1}{\frac{3}{1}}\right) = -0,281$$

$$z = \frac{1}{0,615} - 0,407 = 1,219 \qquad\qquad z = \frac{1}{0,889} - 0,281 = 0,844$$

$$C_{h1} = 1,745\frac{m^{\frac{1}{2}}}{s} \qquad\qquad C_{h2} = 1,770\frac{m^{\frac{1}{2}}}{s}$$

$$Q_1 = 1,745 \cdot 1,00 \cdot 0,615^{\frac{3}{2}} = 0,842\frac{m^3}{s} \qquad Q_2 = 1,770 \cdot 1,00 \cdot 0,889^{\frac{3}{2}} = 1,484\frac{m^3}{s}$$

Bei $L = 3m$ führt dieses Wehr, die im Intervall $0,842m^3/s \le Q \le 1,484m^3/s$ liegenden Überfallwassermengen ab.

Lösung zu c:

Beim Vergleich der Ergebnisse stellt man fest, dass bei gleicher Überfallhöhe eine Verlängerung des Wehres eine Reduzierung des Überfallbeiwertes C_h zur Folge hat. Die Umkehrung gilt natürlich bei Verkürzung der Wehrlänge bei gleicher Überfallhöhe. Ursache ist die Veränderung der Verhältnisse L/h und der damit korrespondierenden Wasserspiegelverläufe.

4.3.2   Beispiele zu breitkronig angeschrägten Wehren

Beispiel 4.3.2-1:   Vollkommener Überfall: Ermittlung von Überfallhöhen und Überfallbeiwerten an breitkronig angeschrägten Wehren

Formeln: 5.1-11 Seite 252

Diagramme: 5.3-12, Seite 282

Über ein breitkroniges Wehr mit angeschrägtem Einlauf stellt sich paralleler Abfluss ein. Gegeben sind die Parameter $L = 4,00m$ und $1 : n_{br} = 1 : 2$ sowie $w_0 = 1,00m$.

a) In welchem Intervall für die Überfallhöhe h ist dieser Verlauf garantiert?
b) In welchem Überfallbeiwertbereich liegen diese Intervallgrenzen?
c) Welcher Abfluss stellt sich je Meter Wehrlänge zwischen den Intervallgrenzen ein?

Lösung zu a:

Aus $4,50 < L/h < 6,50$ folgt wieder:

$$\frac{L}{h} = \frac{4}{h} = 4,50 \rightarrow h_1 = 0,889m$$

$$\frac{L}{h} = \frac{4}{h} = 6,50 \rightarrow h_2 = 0,615m$$

$$0,615m < h < 0,889m$$

Lösung zu b:

Zur Ermittlung der Überfallbeiwerte wird das entsprechende Diagramm herangezogen. Aus dem Diagramm läst sich der Überfallbeiwert für das Verhältnis w_0/h ablesen.

$$h_1 = 0,889m \rightarrow \frac{w_0}{h_1} = \frac{1}{0,889} = 1,1245 \rightarrow C_{h1} = 1,746 \frac{m^{\frac{1}{2}}}{s}$$

$$h_2 = 0,615m \rightarrow \frac{w_0}{h_2} = \frac{1}{0,615} = 1,626 \rightarrow C_{h2} = 1,704 \frac{m^{\frac{1}{2}}}{s}$$

Lösung zu c:

$$Q_1 = 1,704 \cdot 1 \cdot 0,615^{\frac{3}{2}} = 0,822 \frac{m^3}{s} \qquad\qquad Q_2 = 1,746 \cdot 1 \cdot 0,889^{\frac{3}{2}} = 1,463 \frac{m^3}{s}$$

Über das gegebene Wehr fließen je Meter Wehrlänge eine Überfallwassermenge zwischen $0,822 m^3/s \le Q \le 1,463 m^3/s$ ab.

Beispiel 4.3.2-2:   Vollkommener Überfall: Berechnung von Überfallwassermengen unter Berücksichtigung unterschiedlicher Wehrlängen.

  Formeln: 5.1-11 Seite 252 und 5.1-12 , Seite 253

  Diagramme: 5.3-12, Seite 282und 5.3-13, Seite 283

Ein breitkronig angeschrägtes Wehr ist mit den Parametern $b = 2,50 m$, $n_{br} = 1$ und $L = 3 m$ sowie $w_0 = 0,75 m$ gegeben.

a) Gesucht ist unter der Voraussetzung des vollkommenen Überfalles für eine Überfallhöhe von $h = 0,75 m$ die Überfallwassermenge Q. Vergleiche dieses Ergebnis mit der Überfallwassermenge Q_{ATV}, also bei Verwendung des empfohlenen konstanten Überfallbeiwertes.

b) Wie ändert sich die Abflussleistung, wenn die Wehrlänge auf $L_1 = 3,75 m$ beziehungsweise $L_2 = 2,25 m$ geändert wird? In beiden Fällen bleiben die anderen Parameter die gleichen.

Lösung zu a:

Das Verhältnis $L/w_0 = 3m/0,75m = 4$ hat zur Folge, dass keine Korrektur durchgeführt zu werden braucht. Es folgt für $w_0/h = 0,75/0,75 = 1$ und $n_{br} = 1$ der Überfallbeiwert:

$$C_h = 1,715 m^{1/2}/s.$$

$$Q = C_h \cdot b \cdot h^{\frac{3}{2}} = 1,715 \cdot 2,50 \cdot 0,75^{\frac{3}{2}} = 2,784 \frac{m^3}{s}$$

$$Q_{ATV} = \frac{2}{3} \sqrt{2g} \cdot \mu_{ATV} \cdot b \cdot h^{\frac{3}{2}} = 2,953 \cdot 0,50 \cdot 2,50 \cdot 0,075^{\frac{3}{2}} = 2,397 \frac{m^3}{s}$$

Das Verhältnis Q/Q_{ATV} zeigt, dass bei Berücksichtigung der genauen Beiwerte 16,12% mehr abgeführt werden können. Dies ist eine Abweichung, welche zum Beispiel beim Nachweis von Schmutzfrachten für Kanalnetze nicht tolerierbar wäre.

Lösung zu b:

Durch die Änderung der Wehrlänge wird das Verhältnis L/h beeinflusst. Dieses bestimmt aber in entscheidendem Maße den Wasserspiegelverlauf.

Aus $L_2 = 2,25 m$ folgt:

$$\frac{L}{h}=\frac{L_2}{h}=\frac{2,25\,m}{0,75\,m}=3,00 \text{ sowie } \frac{L}{w_0}=\frac{L_2}{w_0}=\frac{2,25}{0,75}=3,00$$

Beide Verhältnisse sind gleich. Die Korrektur wird über die Beziehung

$$\Delta\frac{w_0}{h}=\frac{L}{h}\cdot\left(\frac{1}{4}-\frac{1}{\frac{L}{w_0}}\right)=-0,25$$

durchgeführt. Dieses Ergebnis muss von der Beziehung $w_0/h = 0,75/0,75=1,00$ subtrahiert werden. Man erhält $1,00-0,25=0,75$. Aus dem gleichen Diagramm wird bei $w_0/h = 0,75$ ein etwas größerer C_h – Wert abgelesen.

$$C_{h2}=1,757\frac{m^{\frac{1}{2}}}{s} \text{ und somit } Q_2=2,853\,m^3$$

Bei der Vergrößerung der Wehrlänge auf $L = 3,75\,m$ ergeben sich die folgenden Änderungen:

$$\Delta\frac{w_0}{h}=0,25 \rightarrow C_{h1}=1,684\frac{m^{\frac{1}{3}}}{s} \rightarrow Q_1=2,734\frac{m^3}{s}$$

Beispiel 4.3.2-3:   Vollkommener Überfall: Berechnung von Geschwindigkeits- und Druckverteilung sowie der Energiehöhe am Beginn des Rückens unter Vorraussetzung linearer Geschwindigkeitsverteilung. Berechnung der Überfallwassermenge.

Formeln: 5.1-11 Seite 252 und 2.3.7.3, Seite 41

Diagramme: 5.3-12, Seite 282

Für breitkronige Wehre mit der Neigung $1:n_{br}$ ist nach Bretschneider und nach Ergebnissen eigener Messungen am Beginn des horizontalen Rückens die Geschwindigkeitsverteilung linear. Die Berechnungen sind für den Fall $L = 3,00\,m$; $b = 5,00\,m$; $h = 0,60\,m$; $w_0 = 0,75\,m$ und $1:n_{br} = 1:2$ durchzuführen.

a) Gesucht ist unter dieser Vorraussetzung die Geschwindigkeits- und Druckverteilung am Beginn des Rückens.

b) Berechnet werden soll unter dieser Voraussetzung α_A, β_A und die Energiehöhe H'!

c) Wie groß ist die Überfallwassermenge Q über die im theoretischen Teil vorgestellten verschiedenen Gleichungen?

Lösung zu a:

Bei Potentialströmungen ist die Gesamtenergie für jede Stromlinie des betrachteten Querschnittes konstant. Für drei gesonderte Stromlinien sollen die konstanten Energiehöhen angegeben werden. Die Abbildung 2-29 zeigt den Zusammenhang.

Oberfläche: $H = h' + \dfrac{v_0^2}{2g}$

Stelle z_i: $H = z_i + \dfrac{p_i}{\rho \cdot g} + \dfrac{v_i^2}{2g}$

Sohle: $H = \dfrac{p_s}{\rho \cdot g} + \dfrac{v_s^2}{2g}$

Die lineare Geschwindigkeitsverteilung wird beschrieben durch:

$$v_i = v_0 + c - \frac{c}{h'} z_i = v_s - \frac{c}{h'} z_i$$

Die Druckverteilung genügt folgender Beziehung:

$$\frac{p_i}{\rho \cdot g} = h' - z_i + \frac{v_0^2}{2g} - \frac{v_i^2}{2g}$$

Für die Druckverteilung am Beginn des Rückens gilt:

$$\frac{p_i}{\rho \cdot g} = h' - z_i \left[1 - \frac{c \cdot v_0 + c^2}{h' \cdot g} + \frac{c^2}{2g \cdot h'^2} z_i \right] - \frac{c}{g} \left[v_0 + \frac{c}{2} \right]$$

Lösung zu b:

Für die Energiehöhe gilt:

$$H = \beta_A \cdot h + \alpha \cdot \frac{v_m^2}{2g}$$

Für α_A und β_A gelten die nachfolgenden Gleichungen.

$$\alpha_A = \frac{1}{v_m^3 \cdot h} \int_{z=0}^{z=h} v_i^3 \, dz \quad \text{und} \quad \beta_A = \frac{1}{v_m \cdot h^2} \int_{z=0}^{z=h} \left(z_i + \frac{p_i}{\rho \cdot g} \right) \cdot v_i \, dz$$

Betrachtet wird die Stelle h' am Beginn des Rückens. Für die Geschwindigkeitsverteilung und die Druckverteilung werden die oben abgeleiteten Beziehungen eingesetzt. Nach Integration und algebraischer Umformung ergibt sich für

$$\alpha_A = 1 + \left(\frac{c}{2v_m}\right)^2 \quad \text{und}$$

$$\beta_A = 1 - \frac{v_m \cdot c}{2g \cdot h'}$$

Für die Energiehöhe am Beginn des breitkronigen Wehrrückens kann dann geschrieben werden:

$$H' = \left(1 - \frac{v_m \cdot c}{2g \cdot h'}\right) \cdot h' + \left(1 + \left(\frac{c}{2v_m}\right)^2\right) \cdot \frac{v_m^2}{2g}$$

Lösung zu c:

Durch die Vorgabe der Parameter liegen folgende Verhältnisse fest:

$$\frac{L}{w_0} = \frac{3}{0,75} = 4 \rightarrow \text{keine Korrektur notwendig}$$

$$\frac{w_0}{h} = \frac{0,75m}{0,60m} = 1,25$$

Aus dem Diagramm ist abzulesen:

$$C_h = 1,732 \frac{m^{\frac{1}{2}}}{s}$$

$$Q = C_h \cdot b \cdot h^{\frac{3}{2}} = 4,034 \frac{m^3}{s}$$

Bei $n_{br} = 2$ gilt auch:

$$C_h = 2,15 \cdot \left(\frac{1 + 1,5494 \cdot \frac{w_0}{h}}{1 + 1,961 \cdot \frac{w_0}{h}}\right)^{\frac{3}{2}} = 1,736 \frac{m^{\frac{1}{2}}}{s}$$

Die hier vorgestellten Berechnungen zeigen, dass die Ermittlung des Überfallbeiwertes über verschiedene Lösungswege möglich ist. Die Übereinstimmung ist dabei sehr gut. Mit dem errechneten Q kann die Überfallenergiehöhe H bestimmt werden.

$$H = h + \frac{Q^2}{2g \cdot b^2 \cdot \left(h + w_0\right)^2} = 0,6182m$$

In guter Näherung kann bei beschleunigenden Strömungen $H = H'$ gesetzt werden. In H' wirkt die mittlere Geschwindigkeit. Diese ist berechenbar, wenn die Wassertiefe h' am Beginn des breitkronigen Wehrrückens bekannt ist. Für $1 : n_{br} = 1 : 2$ gilt folgende Abhängigkeit:

$$\frac{h'}{h} = 1 - \frac{\dfrac{w_0}{h}}{2{,}403 + 4{,}90 \cdot \dfrac{w_0}{h}} = 0{,}853$$

Mit $h = 0{,}60m$ folgt $h' = 0{,}512m$ und somit $v_m = \dfrac{Q}{b \cdot h'} = 1{,}576 m/s$.

$$H' = (1 - 0{,}1569 \cdot c) \cdot 0{,}512 + \left(1 + \left(\frac{c}{3{,}152}\right)^2\right) \cdot 0{,}1266 = 0{,}6182m$$

In dieser Beziehung ist nur c unbekannt. Umgestellt erhält man eine quadratische Gleichung. Die Lösung ist $c = 0{,}27 m/s$. Damit ist v_0 berechenbar.

$$H' = h' + \frac{v_0^2}{2g} \rightarrow v_0 = \sqrt{2g \cdot (H' - h')} = 1{,}4435 \frac{m}{s}$$

$$v_s = v_0 + c = 1{,}7135 \frac{m}{s}$$

Nun sind die Beziehungen für die Geschwindigkeits- und Druckverteilung zu formulieren.

$$v_i = 1{,}4435 + 0{,}27 \cdot \left(1 - \frac{z_i}{0{,}512}\right)$$

Bei $z_i = 0$ ist $v = v_s$ und bei $z_i = h'$ ist $v = v_0$

$$\frac{p_i}{\rho \cdot g} = h' - z_i + \frac{v_0^2}{2g} - \frac{\left(v_0 + c \cdot \left(1 - \frac{z_i}{h'}\right)\right)^2}{2g}$$

Wenn $z_i = h'$, ist die Druckhöhe 0, wie zu erwarten. Wenn $z_i = 0$ folgt:

$$\frac{p_i}{\rho \cdot g} = h' - \frac{v_0 \cdot c}{g} - \frac{c^2}{2g} = 0{,}4696m$$

Mit ε ist die Ausgangsgröße zur Berechnung aller anderen dimensionslosen Größen festgelegt.

$$\varepsilon = \frac{w_0}{h} = \frac{0{,}75m}{0{,}60m} = 1{,}25$$

Hieraus folgen die zugeordneten Gleichungen,

$$\frac{v'^2}{g \cdot h} = \frac{2(\gamma - \eta) \cdot (1+\varepsilon)^2}{\eta \cdot \gamma^2 - (1+\varepsilon)^2 \left\{1 + \omega(2+\omega)\right\}} = \varphi$$

$$\gamma = 1 - \frac{\varepsilon}{1,8072 + 6,8085 \cdot \varepsilon}$$

$$\eta = 0,9987 - 0,00463 \cdot \varepsilon$$

$$\omega = -0,1439 - 0,0477 \ \ln \ \varepsilon$$

beziehungsweise deren Ergebnisse.

$$\gamma = 0,879$$

$$\eta = 0,993$$

$$\omega = -0,155$$

$$\varphi = 0,4054$$

Für Q ergibt sich

$$Q = \sqrt{\varphi \, g} \cdot \gamma \cdot b \cdot h^{\frac{3}{2}} = 4,079 \frac{m^3}{s}.$$

Die Übereinstimmung mit dem über den C_h-Wert errechneten Ergebnis ($Q = 4,034 m^3/s$) aus der Aufgabenstellung c ist ausgezeichnet.

4.3.3   Beispiele zu breitkronig angephasten Wehren

Beispiel 4.3.3-1:   Vollkommener und unvollkommener Überfall an breitkronig angephasten und breitkronig scharfkantigen Wehren: Berechnung von Stauhöhen bei gegebener Überfallwassermenge.
Formeln: 5.1-10, Seite 251; 5.1-12, Seite 253 und 5.2-7, Seite 269
Diagramme: 5.3-11, Seite 282; 5.3-13, Seite 283 und 5.4-7, Seite 292

Ein breitkronig scharfkantiges Wehr mit den Parametern $b = 20m$ und $L = 12m$ sowie $w_0 = w_u = 2,50m$ führt eine Wassermenge von $Q = 150 m^3/s$ ab. Durch das Sohlgefälle und die Rauheit im Gerinne ist die Normalwassertiefe, die im Unterwasser vorliegt, mit einer Höhe von $h_0 = 2,94m$ bekannt. Für die Abflussmenge von $Q = 175 m^3/s$ ist eine maximale Stauhöhe von $5,50m$ zulässig. Aufgrund der höheren Leistungsfähigkeit breitkronig angephaster Wehre soll die vorhandene Konstruktion modifiziert werden. Der Parameter a der Phase betrage 1,25m.

a) Gesucht ist für den vorgegebenen Abfluss von $Q = 150,00 m^3/s$ die Stauhöhe im Oberwasser unter der Voraussetzung des vollkommenen Überfalles.

b) Das Unterwasser ist durch Rückstau bei konstanter Überfallwassermenge angestiegen. Auf welchen Wert darf es ansteigen, ohne dass das Oberwasser beeinflusst wird?

c) Reicht die Stauhöhe beziehungsweise die Überfallhöhe für einen Abfluss von $Q = 175,00 m^3/s$ aus, wenn der scharfkantige Einlauf durch einen angephasten ersetzt wird? Dieses Ergebnis ist mit der Überfallwassermenge Q_{ATV}, bei Verwendung des empfohlenen konstanten Überfallbeiwertes zu vergleichen.

Lösung zu a:

Um einen Näherungswert beziehungsweise einen Startwert für die Berechnung der Stauhöhe zu erhalten, wird $\mu = 0,5$ gesetzt. Der dimensionsbehaftete Überfallbeiwert ist dann

$$C_h \approx 1,48 m^{1/2}/s.$$

Die Poleni-Gleichung wird nach der Überfallhöhe umgestellt.

$$h = \left(\frac{Q}{C_h \cdot b}\right)^{\frac{2}{3}} = \left(\frac{150}{1,48 \cdot 20}\right)^{\frac{2}{3}} = 2,95 m$$

Die Stauhöhe ist dann

$$h_{STAU} = w_0 + h = 2,50 m + 2,95 m = 5,45 m$$

Das Verhältnis $L/w_0 = 12/2,50 = 4,80$ weicht von $4,00$ ab. Es muss umgerechnet werden.

$$\Delta\frac{w_0}{h} = \frac{L}{h} \cdot \left(\frac{1}{4} - \frac{1}{\frac{L}{w_0}}\right) = \frac{12}{2,95} \cdot \left(\frac{1}{4} - \frac{1}{\frac{12}{2,50}}\right) = 0,169$$

Das Ausgangsverhältnis ist $w_0/h = 2,50/2,95 = 0,847$. Abgelesen wird C_h für den korrigierten Wert $w_0/h = 0,847 + 0,169 = 1,016$.

$$\frac{w_0}{h} = 1,016 \rightarrow C_h = 1,579 \frac{m^{\frac{1}{2}}}{s} \rightarrow Q = 160,0 \frac{m^3}{s}$$

Die Lösung erhält man für $h = 2,82 m$, mit einer Überfallwassermenge von $Q = 149,834 m^3/s$.

$$h_{STAU} = w_0 + h = 2,50 m + 2,82 m = 5,32 m$$

Für das Verhältnis $L/h = 12,00/2,82 = 4,26$ stellt sich auf dem Wehrrücken annähernd Parallelabfluss mit $h_p \approx 1,46 m$ ein. Der Wasserspiegel senkt sich von $h = 2,82 m$ über $h_{gr} = 1,79 m$ auf $h_p = 1,46 m$, um sich dann im Unterwasser auf $h_0 = 2,94 m$ zu nähern.

Lösung zu b:

Der unvollkommene Überfall beginnt bei dem Verhältnis $h_u / h > 0,80$.

$$h_u > 0,80 \cdot 2,82 = 2,256 m$$

Annahme: $h_u = 2,30 m$

$$\left.\begin{array}{l} \dfrac{h_u}{h_u + w_u} = \dfrac{2,30}{2,30 + 2,50} = 0,479 \\[3mm] \dfrac{h_u}{h} = \dfrac{2,30}{2,81} = 0,819 \end{array}\right\} \varphi = 1\,;\ \text{vollkommener Überfall}$$

Annahme: $h_u = 2,42 m$

$$\left.\begin{array}{l} \dfrac{h_u}{h_u + w_u} = \dfrac{2,42}{2,42 + 2,50} = 0,492 \\[3mm] \dfrac{h_u}{h} = \dfrac{2,42}{2,50} = 0,861 \end{array}\right\} \varphi = 1\,;\ \text{Grenzkurve}$$

Ab $h_u = 2,42 m$ liegt unvollkommener Überfall vor.

Lösung zu c:

Bei $h_{Stau} = 5,50 m$ beträgt $h = 3,00 m$. Gewählt wird eine Phase von $a = 1,25 m$. Daraus ergeben sich folgende Verhältnisse:

$$\frac{a}{w_0} = \frac{1,25}{2,50} = 0,50 \quad \text{und} \quad \frac{w_0}{h} = \frac{2,50}{3} = 0,833$$

$$\Delta \frac{w_0}{h} = \frac{12}{3} \cdot \left(\frac{1}{4} - \frac{1}{\dfrac{12}{2,50}} \right) = 0,167$$

Abzulesen ist folglich bei $\dfrac{w_0}{h} = 0,833 + 0,167 = 1$

$$\frac{w_0}{h} = 1 \rightarrow C_h = 1,703 \ \frac{m^{\frac{1}{2}}}{s} \ \rightarrow \ Q = 176,98 \frac{m^3}{s}$$

Die geforderten Bedingungen sind somit erfüllt.

$$Q_{ATV} = 2,953 \cdot 0,50 \cdot 20 \cdot 3,00^{\frac{3}{2}} = 153,44 \frac{m^3}{s}$$

Das Verhältnis Q/Q_{ATV} zeigt, das bei Berücksichtigung der genauen Beiwerte 15,34% mehr abgeführt werden können.

4.3.4   Beispiele zu breitkronig scharfkantigen Wehren

Beispiel 4.3.4-1:   Vollkommener Überfall bei Parallelabfluss: Vergleich mit vorhergehenden Beispielen, sowie mit Literaturwerten.
Formeln: 5.1-11, Seite 252 und 2.3.1, Seite 32
Diagramme: 5.3-11, Seite 282

An einem breitkronigen Wehr mit scharfer Kante liegt paralleler Abfluss vor. Das Wehr ist über die Parameter $L = 4m$ und $w_0 = 1m$ beschrieben.

a) In welchem Intervall für die Überfallhöhe h ist dieser Zustand gesichert?
b) In welchem Überfallbeiwertebereich liegen diese Intervallgrenzen?
c) Welcher Abfluss stellt sich je Meter Breite zwischen den Intervallgrenzen ein?
d) Die Ergebnisse sind mit Literaturwerten zu vergleichen.

Lösung zu a:

Für den Bereich $4,50 < L/h < 6,50$ liegt die Überfallhöhe zwischen den Werten $0,615m < h < 0,889m$.

Lösung zu b:

Für das breitkronige Wehr mit $n_{br} = a = r = 0$ gilt die Gleichung 2.25. Dieser Fall entspricht dem eines breitkronig, scharfkantigen Wehres.

$$C_h = 2,15 \cdot \left(\frac{1 + 2,082 \cdot \dfrac{w_0}{h}}{1 + 2,782 \cdot \dfrac{w_0}{h}} \right)^{\frac{3}{2}}$$

$$h_1 = 0,889m \rightarrow \frac{w_0}{h_1} = \frac{1}{0,889} = 1,1245 \rightarrow C_h = 1,565 \, \frac{m^{\frac{1}{2}}}{s}$$

$$h_2 = 0,615m \rightarrow \frac{w_0}{h_2} = \frac{1}{0,615} = 1,626 \rightarrow C_h = 1,521 \, \frac{m^{\frac{1}{2}}}{s}$$

$$1,521 \, \frac{m^{\frac{1}{2}}}{s} < C_h < 1,565 \, \frac{m^{\frac{1}{2}}}{s}$$

Lösung zu c:

Die Abflüsse können berechnet werden.

$$Q_1 = 1,565 \cdot 0,889^{3/2} = 1,3117 \frac{m^3}{s}$$

je laufenden Meter beziehungsweise

$$Q_2 = 1,521 \cdot 0,615^{3/2} = 0,7336 \frac{m^3}{s}$$

je laufenden Meter. Innerhalb des Parallelabflusses fließen somit:

$$0,7336 \frac{m^3}{s} \leq Q \leq 1,3117 \frac{m^3}{s}.$$

Für diesen Bereich wurden umfangreiche Untersuchungen durchgeführt und ausgewertet. Es gilt die in Abschnitt 2.3.1 vorgestellte Gleichung 2.20. Im Ergebnis ist das relativ auf die Überfallhöhe bezogene Verhältnis der Parallelwassertiefe ausgewertet.

$$\frac{h_p}{h} = \left(2,6445 - 3,4175 \cdot C_h + 1,323 \cdot C_h^2\right) \cdot \left(1 + \frac{v_0^2}{2g \cdot h}\right)$$

Für die oben ermittelten Grenzfälle des Parallelabflusses sollen die Verhältnisse analysiert werden.

$$h_1 = 0,889m \rightarrow C_{h1} = 1,565 \frac{m^{\frac{1}{2}}}{s} \rightarrow Q_1 = 1,3117 \frac{m^3}{s} \rightarrow v_{01} = 0,6887 \frac{m}{s}$$

$$h_2 = 0,615m \rightarrow C_{h2} = 1,521 \frac{m^{\frac{1}{2}}}{s} \rightarrow Q_2 = 0,7336 \frac{m^3}{s} \rightarrow v_{02} = 0,4554 \frac{m}{s}$$

$$\frac{h_{p1}}{h_1} = 0,5416 \rightarrow h_{p1} = 0,4815m$$

Bei der Überfallhöhe von $h = 0,889m$ stellt sich die Parallelwassertiefe $h_{p1} = 0,4815m$ ein. Wird diese als Grenztiefe eingesetzt, so folgt $Q_1 = 1,0465 m^3/s$. Die Abweichung beträgt 25,3%.

$$\frac{h_{p2}}{h_2} = 0,5093 \rightarrow h_{p2} = 0,3132m.$$

Bei der Überfallhöhe von $h = 0,615m$ stellt sich die Parallelwassertiefe $h_{p2} = 0,3132m$ ein. Wird diese als Grenztiefe eingesetzt, so folgt $Q_2 = 0,5490 m^3/s$. Die Abweichung beträgt nunmehr sogar 32,60 %.

Beispiel 4.3.4-2: Vollkommener und unvollkommener Überfall: Bestimmung von Überfallwassermengen. Einfluss unterschiedlicher unterwasserseitiger Wehrhöhen auf die Überfallwassermengen

Formeln: 5.1-11, Seite 252 und 5.2-7, Seite 269

Diagramme: 5.3-11, Seite 282 und 5.4-7, Seite 292

Gegeben ist ein breitkroniges Wehr mit scharfkantigem Einlauf der Breite von $b = 2,50m$, einer Länge von $L = 2m$ und einer Wehrhöhe von $w_0 = 0,50m$.

a) Gesucht ist der Unterwasserstand h_u, bei dem der Zustand des unvollkommenen Überfalles beginnt, wenn die Überfallhöhe $h = 0,75m$ und die Wehrhöhe im Unterwasser $w_u = 0,75m$ betragen.

b) Berechne das Abflussvermögen bei $h_u = 0,70m$, $w_u = 0,75m$ und den vorstehenden Parametern.

c) Wie verändert sich der Beginn des unvollkommenen Überfalles und das Abflussvermögen dieses scharfkantig breitkronigen Wehres, wenn $w_u = 0,50m$ gesetzt wird und $h = 0,75m$ beträgt?

d) Wie groß ist der Abfluss über das Wehr bei einer Unterwasserwehrhöhe von $w_u = 1,50m$ und $h = 0,75m$?

Lösung zu a:

Der unvollkommene Überfall beginnt erst bei einem Verhältnis $h_u/h > 0,80$.

$$h_u > 0,80 \cdot h = 0,60m$$

Annahme: $h_u = 0,62m$

$$\left. \begin{aligned} \frac{h_u}{h_u + w_u} &= \frac{0,62}{0,62 + 0,75} = 0,453 \\ \frac{h_u}{h} &= \frac{0,62}{0,75} = 0,827 \end{aligned} \right\} \varphi = 1 \,;\ \text{vollkommener Überfall}$$

Annahme: $h_u = 0,64m$

$$\left. \begin{aligned} \frac{h_u}{h_u + w_u} &= \frac{0,64}{0,64 + 0,75} = 0,460 \\ \frac{h_u}{h} &= \frac{0,64}{0,75} = 0,853 \end{aligned} \right\} \varphi = 0,996 \,;\ \text{unvollkommener Überfall}$$

Bei $h_u = 0,63m$ beginnt der unvollkommene Überfall.

Lösung zu b:

Scharfkantig bedeutet $n = 0$.

$$Q = C_h \cdot \varphi \cdot b \cdot h^{\frac{3}{2}}$$

$$C_h = f\left(\frac{w_0}{h}; n = 0\right)$$

$$\frac{w_0}{h} = \frac{0,50}{0,75} = 0,667 \rightarrow C_h = 1,645 \frac{m^{\frac{1}{2}}}{s}$$

$$\varphi = f\left(\frac{h_u}{h}; \frac{h_u}{h_u + w_u}\right)$$

$$\left.\begin{array}{l}\dfrac{h_u}{h_u + w_u} = \dfrac{0,70}{0,70 + 0,75} = 0,483 \\[4mm] \dfrac{h_u}{h} = \dfrac{0,70}{0,75} = 0,933\end{array}\right\} \varphi = 0,78$$

$$Q = 1,645 \cdot 0,78 \cdot 2,50 \cdot 0,75^{\frac{3}{2}} = 2,003 \frac{m^3}{s}$$

Lösung zu c:

Der Beginn des unvollkommenen Überfalles wird wieder über iterative Rechenschritte ermittelt, er beginnt bei $h_u/h > 0,80$.

$$h_u > 0,80 \cdot h = 0,60m$$

Annahme: $h_u = 0,65m$

$$\left.\begin{array}{l}\dfrac{h_u}{h_u + w_u} = \dfrac{0,65}{0,65 + 0,50} = 0,565 \\[4mm] \dfrac{h_u}{h} = \dfrac{0,65}{0,75} = 0,867\end{array}\right\} \varphi = 1; \text{ vollkommener Überfall}$$

Annahme: $h_u = 0,67m$

$$\left.\begin{array}{l}\dfrac{h_u}{h_u + w_u} = \dfrac{0,67}{0,67 + 0,50} = 0,573 \\[4mm] \dfrac{h_u}{h} = \dfrac{0,67}{0,75} = 0,893\end{array}\right\} \varphi = 0,97; \text{ unvollkommener Überfall}$$

Die Lösung liegt bei $h_u = 0,66m$. Mit der Abnahme der Unterwasserwehrhöhe w_u beginnt der unvollkommene Überfall erst bei einem höheren Unterwasserstand.

$$\frac{w_0}{h} = \frac{0,50}{0,75} = 0,667 \Rightarrow C_h = 1,645 \frac{m^{\frac{1}{2}}}{s}$$

$$\varphi = f\left(\frac{h_u}{h}; \frac{h_u}{h_u + w_u}\right)$$

$$\left.\begin{array}{l}\dfrac{h_u}{h_u + w_u} = \dfrac{0,70}{0,70 + 0,50} = 0,583 \\[3mm] \dfrac{h_u}{h} = \dfrac{0,70}{0,75} = 0,933\end{array}\right\} \quad \varphi = 0,84$$

$$Q = 1,645 \cdot 0,84 \cdot 2,50 \cdot 0,75^{\frac{3}{2}} = 2,2437 \frac{m^3}{s}$$

Durch die Verringerung der Wehrhöhe im Unterwasser ergibt sich eine Vergrößerung der Überfallwassermenge. Dies ist nicht auf den vollkommenen Überfall zurückzuführen, sondern auf den später einsetzenden Beginn des unvollkommenen Überfalles. Es zeigt sich wieder der entscheidende Einfluss des Unterwassers auf den Abflussvorgang.

Lösung zu d:

Aus

$$\frac{w_0}{h} = \frac{0,50}{0,75} = 0,667$$

folgt

$$C_h = 1,645 \frac{m^{\frac{1}{2}}}{s} \quad \text{und aus } \varphi = f\left(\frac{h_u}{h}; \frac{h_u}{h_u + w_u}\right) \text{ folgt}$$

$$\left.\begin{array}{l}\dfrac{h_u}{h_u + w_u} = \dfrac{0,70}{0,70 + 1,50} = 0,318 \\[3mm] \dfrac{h_u}{h} = \dfrac{0,70}{0,75} = 0,933\end{array}\right\} \quad \varphi = 0,60$$

$$Q = 1,645 \cdot 0,60 \cdot 2,50 \cdot 0,75^{\frac{3}{2}} = 1,603 \frac{m^3}{s}$$

Eine Erhöhung der Unterwassertiefe w_u hat eine wesentliche Verringerung der Überfallleistung zur Folge.

Beispiel 4.3.4-3:   Vollkommener Überfall: Ermittlung der Leistungsfähigkeit. Durch Brei-
teneinengung soll ein rundkroniges Wehr mit Ausrundungsradius und
Schussrücken an Stelle eines breitkronigen Wehres zum Einsatz kommen.

Formeln: 5.1-11, Seite 252 und 5.1-13, Seite 254

Diagramme: 5.3-11, Seite 282 und 5.3-14, Seite 283

Der Auslauf aus einem Staubecken ist durch ein scharfkantiges breitkroniges Wehr mit einer
Wehrbreite von $b = 5m$ gestaltet. Aufgrund eines Bauvorhabens stehen nur noch $b = 4m$ als
Wehrbreite zur Verfügung. Die Wehrlänge beträgt $L = 5m$. Kann unter der Forderung, dass der
Oberwasserstand von $h = 1,50m$ nicht überschritten werden darf und die Wehrhöhe weiterhin
$w_0 = 2,50m$ betragen soll, ein rundkroniges Wehr mit Ausrundungsradius und Schussrücken
mit $r = 0,50m$ als Ersatz zum Einsatz kommen.

Lösung:

Zuerst muss die Leistungsfähigkeit des vorhandenen Wehres ermittelt werden. Dies erfolgt
über

$$Q = C_h \cdot b \cdot h^{\frac{3}{2}} \text{ und } C_h = f\left(\frac{w_0}{h}; \frac{L}{h}\right)$$

Das Verhältnis zwischen Wehrlänge und Wehrhöhe ist ungleich $L/w_0 = 4$. Aus diesem Grund
muss für w_0/h eine Korrektur erfolgen.

$$z = \frac{w_0}{h} + \Delta\frac{w_0}{h} \text{ somit } \Delta\frac{w_0}{h} = \frac{L}{h} \cdot \left(\frac{1}{4} - \frac{1}{\frac{L}{w_0}}\right)$$

$$\Delta\frac{w_0}{h} = \frac{5,00}{1,50} \cdot \left(\frac{1}{4} - \frac{1}{\frac{5}{2,50}}\right) = -0,833 \text{ liefert}$$

$$z = \frac{2,50}{1,50} - 0,833 = 0,833$$

Aus dem entsprechenden Diagramm lässt sich mit $n_{br} = 0$ der C_h-Wert ablesen. Dieser ist

$$C_h = 1,609 m^{1/2}/s.$$

Somit kann Q berechnet werden.

$$Q = C_h \cdot b \cdot h^{\frac{3}{2}} = 1,609 \cdot 5 \cdot 1,50^{\frac{3}{2}} = 14,778\frac{m^3}{s}$$

Eine Überfallwassermenge von ca. $15\text{m}^3/\text{s}$ muss abgeführt werden. Nun kann das rundkronige Wehr mit Ausrundungsradius und Schussrücken berechnet werden.

$$Q = \frac{2}{3}\mu \cdot b \cdot \sqrt{2g} \cdot h^{\frac{3}{2}}$$

$$\mu = 0,312 + \sqrt{0,30 - 0,01 \cdot \left(5 - \frac{h}{r}\right)^2 + 0,09 \cdot \frac{h}{w_0}}$$

$$\mu = 0,312 + \sqrt{0,30 - 0,01 \cdot \left(5 - \frac{1,5}{0,5}\right)^2 + 0,09 \cdot \frac{1,5}{2,5}} = 0,876$$

$$Q = \frac{2}{3} 0,876 \cdot 4,0 \cdot \sqrt{2g} \cdot 1,5^{\frac{3}{2}} = 19,007 \frac{\text{m}^3}{\text{s}}$$

Das rundkronige Wehr mit Ausrundungsradius und Schussrücken hat eine wesentlich höhere Leistungsfähigkeit als das scharfkantig breitkronige Wehr. Es ist daher ausreichend, ein rundkroniges Wehr mit Ausrundungsradius und Schussrücken mit einer Breite von vier Meter einzusetzen, um den Oberwasserstand nicht höher als 1,50m ansteigen zulassen. Es könnte sogar auf $b = 3,13\text{m}$ eingeengt werden. Dies entspricht einer Ersparnis in Bezug auf die Breite von annähernd 37%.

4.4 Berechnungsbeispiele zu rundkronigen Wehren

4.4.1 Beispiele zu rundkronigen Wehren mit Ausrundungsradius und Schussrücken.

Beispiel 4.4.1-1: Vollkommener und unvollkommener Überfall: Anwendung der Manning-Strickler-Gleichung. Ermittlung der Stauhöhe bei vorgegebener Überfall-wassermenge. Aufstellen einer Q-h-Beziehung.

Formeln: 5.1-13, Seite 254 und 5.2-13, Seite 274

Diagramme: 5.3-14, Seite 283 und 5.4-6, Seite 291

In einem Rechteckgerinne mit $b = 5,00\text{m}$, $I = 0,75^0/_{00}$ und $k_{str} = 65\text{m}^{1/3}/\text{s}$ ist der stationäre Abfluss durch ein rundkroniges Wehr mit Ausrundungsradius und Schussrücken aufzustauen. Die im Unterwasser vorhandene Normalwassertiefe beträgt $h_0 = 1,75\text{m}$.

a) Reicht eine Wehrhöhe von $w_0 = 2,00\text{m}$ und ein Wehrkronenradius von $r = 0,50\text{m}$ aus, wenn der maximale Oberwasserstand $h_{stau} = w_0 + h$ kleiner als 3,20m sein soll? Dieses Ergebnis ist mit der Überfallwassermenge Q_{ATV} bei Verwendung des empfohlenen konstanten Überfallbeiwertes zu vergeleichen.

b) Gesucht sind die Entlastungsmengen in 0,10m- Schritten und die Überfallhöhe die zu dem stationären Abfluss von Aufgabe a) gehört.

c) Bei welchem Unterwasserstand h_u beginnt der unvollkommene Überfall ($w_0 = w_u$ und $Q = 15,880 m^3/s$)?

Lösung zu a:

Der Normalabfluss im Gerinne wird mit der Manning- Strickler- Gleichung bestimmt.

$$Q = A \cdot k_{str} \cdot \left(\frac{A}{U}\right)^{\frac{2}{3}} \cdot I^{\frac{1}{2}}$$

$$A = h_0 \cdot b = 1,75 \cdot 5 = 8,75 m^2$$

$$U = 2h_0 + b = 2 \cdot 1,75 + 5 = 8,50 m$$

$$Q = 8,75 \cdot 65 \cdot \left(\frac{8,75}{8,50}\right)^{\frac{2}{3}} \cdot 0,00075^{\frac{1}{2}} = 15,88 \frac{m^3}{s}$$

Diese Abflussmenge muss ebenfalls über das Wehr fließen.

$$\mu = 0,312 + \sqrt{0,30 - 0,01 \cdot \left(5 - \frac{h}{r}\right)^2 + 0,09 \cdot \frac{h}{w_0}}$$

Für dieses Wehr gelten folgende Grenzbedingungen:

$$h_{max} = r \left(6 - \frac{20 \cdot r}{w_0 + 3 \cdot r}\right) = 1,571 m > 1,20 m$$

$$h = h_{Stau} - w_0 = 3,20 m - 2m = 1,20 m$$

$$\mu = 0,312 + \sqrt{0,30 - 0,01 \cdot \left(5 - \frac{1,20}{0,50}\right)^2 + 0,09 \cdot \frac{1,20}{2}} = 0,848$$

$$Q = \frac{2}{3} \mu \cdot b \cdot \sqrt{2g} \cdot h^{\frac{3}{2}} = \frac{2}{3} \cdot 0,848 \cdot 5 \cdot \sqrt{2g} \cdot 1,20^{\frac{3}{2}} = 16,459 \frac{m^3}{s}$$

Über dieses Wehr würde bei der vorgegebenen maximalen Stauhöhe von 3,20m mehr abfließen, als der Normalabfluss im Rechteckgerinne. Daher wird der maximale Oberwasserstand von 3,20m unterschritten.

$$Q_{ATV} = 2,953 \cdot 0,50 \cdot 5 \cdot 1,20^{\frac{3}{2}} = 9,70 \frac{m^3}{s}$$

Das Verhältnis Q/Q_{ATV} zeigt, dass bei Berücksichtigung der genauen Beiwerte 70% mehr abgeführt werden können.

Lösung zu b:

Tabelle 4-15:   Berechnete Entlastungsmengen

h [m]	$\mu[/]$	$Q\left[m^3/s\right]$	h [m]	$\mu[/]$	$Q\left[m^3/s\right]$
0,100	0,580	0,271	1,000	0,815	12,037
0,200	0,618	0,817	1,100	0,832	14,176
0,300	0,652	1,581	1,200	0,848	16,460
0,400	0,682	2,546	1,100	0,832	14,176
0,500	0,709	3,699	1,150	0,840	15,301
0,600	0,733	5,033	1,160	0,842	15,530
0,700	0,756	6,540	1,170	0,843	15,760
0,800	0,777	8,213	1,175	0,844	15,876
0,900	0,797	10,048	1,200	0,848	16,460

Bei der Überfallhöhe von $h = 1,175m$ ist die geforderte Überfallwassermenge für den vollkommenen Überfall gesichert.

Lösung zu c

Der Beginn des unvollkommenen Überfalles liegt ähnlich wie bei dem Standardprofil im Bereich von $0,20 \leq (h_u/h) \leq 0,48$. Gesteuert wird dieser vom Verhältnis h/w_u, dem Anteil der Überfallhöhe h an der Wehrhöhe im Unterwasser. Fest liegt das Verhältnis $h/w_u = 1,175m/2,00m = 0,588$. Dieser Wert ist die Grenze zum unvollkommenen Überfall bei annähernd $h_u/h = 0,26$.

$$h_u = 0,26 \cdot h = 0,26 \cdot 1,175m = 0,305m$$

Eingesetzt ergibt sich $h_u/h = 0,2596$. Somit herrscht vollkommener Überfall vor. Mit $h_u = 0,32m$ folgt $h_u/h = 0,272$. Es herrscht unvollkommener Überfall. Der unvollkommene Überfall beginnt bei $h_u = 0,31m$. Betrachtet man die Grenzkurve, so wird eine Verringerung der Wehrhöhe im Unterwasser zu einer erheblichen Verschiebung des Beginnes des unvollkommenen Überfalles führen.

Beispiel 4.4.1-2.   Vollkommener und unvollkommener Überfall: Berechnung der Überfallwassermengen und Überfallhöhen. Überfallwassermengen beim unvollkommenen Überfall.

Formeln: 5.1-13, Seite 254 und 5.2-13, Seite 274

Diagramme: 5.3-14, Seite 283 und 5.4-6, Seite 291

Ein rundkroniges Wehr mit $r = 0,30$m und $b = 3,50$m sowie $w_0 = 1,20$m ist gegeben.

a) Berechnet werden soll für $h = 0,45$m die Überfallwassermenge als vollkommener Überfall.
b) Gesucht ist für $Q = 3,35 \text{m}^3/\text{s}$ die Überfallhöhe h für den Fall des vollkommenen Überfalls.
c) Wann beginnt bei $h = 0,75$m der unvollkommene Überfall, wenn $w_u = 0,75$m ist?
d) Wie groß ist die Überfallwassermenge für $h = 0,75$m und $h_u = 0,60$m, wenn die Wehrhöhe im Unterwasser $w_u = 0,75$m ist?

Lösung zu a:

$$Q = 2,953 \cdot \mu \cdot b \cdot h^{\frac{3}{2}}$$

$$\mu = 0,312 + \sqrt{0,30 - 0,01\left(5,00 - \frac{h}{r}\right)^2} + 0,09 \cdot \frac{h}{w_0} = 0,767$$

$$Q = 2,953 \cdot 0,767 \cdot 3,50 \cdot 0,45^{\frac{3}{2}} = 2,393 \frac{\text{m}^3}{\text{s}}$$

Lösung zu b:

$$Q = 2,953 \cdot \mu \cdot b \cdot h^{\frac{3}{2}} \rightarrow h = \left(\frac{3,35}{2,953 \cdot \mu \cdot 3,5}\right)^{\frac{2}{3}} = \left(\frac{0,324}{\mu}\right)^{\frac{2}{3}}$$

Die Lösung erfolgt versuchsweise durch Abschätzung der μ-Werte

$$\mu = 0,75 \rightarrow h = 0,571\text{m}$$

2. Schätzung

$$h = 0,571\text{m} \rightarrow \mu = 0,807$$

$$\rightarrow \mu = 0,807 \rightarrow h = 0,544\text{m}$$

3. Schätzung

$$h = 0,544\text{m} \rightarrow \mu = 0,798$$

$$\rightarrow \mu = 0,798 \rightarrow h = 0,548\text{m}$$

Die Überfallhöhe beträgt $h = 0,548$m .

Die Lösung kann ebenfalls durch Fixpunktiteration erfolgen:

$$h = \left(\frac{3,35}{10,3355 \cdot \mu}\right)^{\frac{2}{3}} = \left(\frac{0,324}{\mu(h)}\right)^{\frac{2}{3}} \text{ beziehungsweise}$$

$$h_{i+1} = \left(\frac{0,324}{0,312 + \sqrt{0,30 - 0,01 \cdot \left(5,00 - \dfrac{h_i}{0,30}\right)^2 + 0,09 \cdot \dfrac{h_i}{1,20}}} \right)^{\frac{2}{3}}$$

Mit $h = 1,00\,m$ als Startwert konvergiert die Gleichung sehr schnell. Die Lösung beträgt:

$$h = 0,5478\,m$$

Lösung zu c:

Der unvollkommene Überfall liegt im Bereich $0,20 < (h_u/h) < 0,48$ und hängt außerdem von den Verhältnissen h/w_u ab.

$$\varphi = f\left(\frac{h_u}{h}; \frac{h}{w_u}\right) = f\left(\frac{h_u}{0,75}; \frac{0,75}{0,75}\right) = \left(\frac{h_u}{0,75}; 1,00\right) = 1,00$$

Aus

$$\frac{h}{w_u} = 1 \rightarrow \frac{h_u}{h} = 0,455$$

folgt

$$h_u = 0,455 \cdot 0,75 = 0,341\,m$$

Liegt der Unterwasserstand $0,34\,m$ oberhalb der Wehrkrone beginnt das Oberwasser anzusteigen.

Lösung zu d:

$$Q = 2,953 \cdot \varphi \cdot \mu \cdot b \cdot h^{\frac{3}{2}}$$

Aus $h = 0,75\,m$

$$\mu = 0,312 + \sqrt{0,30 - 0,01\left(5,00 - \frac{h}{r}\right)^2 + 0,09 \cdot \frac{h}{w}} = 0,856$$

$$\varphi = f\left(\frac{h_u}{h}; \frac{h}{w_u}\right) = f\left(\frac{0,60}{0,75}; \frac{0,75}{0,75}\right) = (0,80; 1) = 0,90$$

$$Q = 2,953 \cdot 0,856 \cdot 0,90 \cdot 3,50 \cdot 0,75^{\frac{3}{2}} = 5,172\,\frac{m^3}{s}$$

4.4.2   Beispiele zu Standardprofilen

Beispiel 4.4.2-1   Vollkommener Überfall: Berechnung der Überfallwassermengen und Überfallbeiwerte sowie der Wehrbreite mit Hilfe der du Buat-Gleichung. Ermittlung der notwendigen Wehrbreite beim Dreifachen des Entwurfs-falles, sowie der zugehörigen minimalen Druckbeziehungen.

Formeln: 5.1-15, Seite 255

Diagramme: 5.3-16, Seite 284

Abbildung: 2-39, Seite 61

Ein Wehr mit Schussrücken soll als Standardprofil zur Hochwasserentlastung eines Stausees ausgebaut werden. Die Wehrhöhe ist $w_0 = 10{,}0\,m$, die Entwurfsüberfallenergiehöhe beträgt $H_E = 1m$. Abgeführt werden soll ein Wassermenge von $Q = 200 m^3/s$.

a) Gesucht sind die Überfallwassermengen für den Dreifachen auf die Energiehöhe H bezogenen Entwurfsfall. Weiterhin sind die Wehrbreite b und der minimale Kronendruck zu berechnen.

b) Welche Überfallhöhe h nach Poleni liegt den in der Aufgabenstellung a) vorgegebenen Parametern zugrunde?

c) Zu erwarten ist eine Überfallwassermenge von $Q = 230 m^3/s$. Die maximal zulässige Über-fallhöhe beträgt $h = 3{,}30\,m$. Die Breite des Wehres ändert sich nicht. Kann diese Wasser-menge abgeführt werden? Zusätzlich sind die Unterdruckbeziehungen auszuweisen.

Lösung zu a:

Die von Schirmer auf die Energiehöhe bezogene Gleichung gilt nur für den Unterdruckbereich, mithin im Intervall

$$1{,}00 \le \frac{H}{H_E} \le 3{,}50$$

Die Parameter sind

$$\frac{H}{H_E} \text{ sowie } \frac{H_E}{w_0}$$

$$C_H = 2{,}953 \cdot 0{,}9877 \cdot \left[1 - 0{,}015 \cdot \left(\frac{H_E}{w_0}\right)^{0{,}9742}\right]^{\frac{3}{2}} \cdot \left[0{,}8003 + 0{,}0814 \cdot \frac{H_E}{w_0} + 0{,}2566 \cdot \frac{H}{H_E}\right.$$

$$\left. -0{,}0822 \cdot \frac{H}{H_E} \cdot \frac{H_E}{w_0} - 0{,}0646 \cdot \left(\frac{H_E}{w_0}\right)^2 - 0{,}0691 \cdot \left(\frac{H_E}{H_E}\right)^2 + 0{,}00598 \cdot \left(\frac{H}{H_E}\right)^3\right.$$

Aus $\dfrac{H}{H_E} = 3,00$ und $\dfrac{H_E}{w_0} = 0,10 \;\rightarrow\; C_H = 2,537\,\dfrac{m^{\frac{1}{2}}}{s}$

$$Q = C_H \cdot b \cdot H^{\frac{3}{2}} = 2,537 \cdot 3,00^{\frac{3}{2}} \cdot b = 13,1826 \cdot b = 200\,\frac{m^3}{s}$$

$$b = \frac{200}{13,1826} = 15,172\,m$$

Die Wehrbreite ergibt sich zu $b = 15,17\,m$. Der minimale dimensionslose Kronendruck wird ebenfalls von den oben stehenden Verhältnissen gesteuert. Der Gültigkeitsbereich dieser Beziehungen ist durch

$$1,00 \le \frac{H}{H_E} \le 3,50 \text{ sowie } 0,00 \le \frac{H_E}{w_0} \le 0,50 \text{ festgelegt.}$$

$$\frac{p_{min}}{\rho \cdot g \cdot H} = 0,9503 + 0,3499 \cdot \frac{H_E}{w_0} - 1,0484 \cdot \frac{H}{H_E} - 1,1749 \cdot \left(\frac{H_E}{w_0}\right)^2 + 0,3198 \cdot \frac{H}{H_E} \cdot \frac{H_E}{w_0} :$$

Die entsprechenden Verhältnisse werden eingesetzt.

$$\frac{p_{min}}{\rho \cdot g \cdot H} = 0,9503 + 0,3499 \cdot 0,10 - 1,0484 \cdot 3,0 - 1,1749 \cdot 0,10^2 + 0,3198 \cdot 3,00 \cdot 0,10$$

$$\frac{p_{min}}{\rho \cdot g \cdot H} = -2,076$$

Die minimale Unterdruckhöhe ist dann:

$$\frac{p_{min}}{\rho \cdot g} = 2,076 \cdot 3,00 = -6,227\,m$$

Der minimale Unterdruck in der Dimension einer Spannung beträgt:

$$p_{min} = -6,227 \cdot 1000 \cdot 9,81 = -61577,4\,\frac{N}{m^2}$$

Der Unterdruck ist selbst bei dem Dreifachen des Entwurfsfalles vertretbar. Bei der Güte des heutzutage verwendeten Betons dürften keine Schäden auftreten.

Lösung zu b:

Aus

$$Q_P = \frac{2}{3}\mu_P \cdot b \cdot \sqrt{2g} \cdot h^{\frac{3}{2}} = \frac{2}{3}\mu_{dB} \cdot b \cdot \sqrt{2g} \cdot H^{\frac{3}{2}} = Q_{dB} \text{ folgt}$$

$$\mu_P \cdot h^{\frac{3}{2}} = \mu_{dB} \cdot H^{\frac{3}{2}} \text{ sowie } \mu_P = \mu_{dB} \cdot \left(1 + \frac{v_0^2}{2g \cdot h}\right)^{\frac{3}{2}}$$

Diese Beziehung in die vorhergehende Gleichung eingesetzt, liefert

$$\mu_{dB} \cdot \left(1 + \frac{v_0^2}{2g \cdot h}\right)^{\frac{3}{2}} \cdot h^{\frac{3}{2}} = \mu_{dB} \cdot H^{\frac{3}{2}} \text{ beziehungsweise}$$

$$\left(1 + \frac{v_0^2}{2g \cdot h}\right)^{\frac{3}{2}} \cdot h^{\frac{3}{2}} = H^{\frac{3}{2}}.$$

Damit ist der Zusammenhang zwischen der Energiehöhe H und der gesuchten Überfallhöhe h eindeutig. Die Anströmgeschwindigkeit kann durch den Ausdruck

$$v_0 = \frac{Q}{b \cdot (h + w_0)}$$

ersetzt werden.

$$\left(1 + \frac{Q^2}{b^2 \cdot (h + w_0)^2 \cdot 19,62 \cdot h}\right)^{\frac{3}{2}} \cdot h^{\frac{3}{2}} = H^{\frac{3}{2}}$$

$$\left(1 + \frac{8,857}{(h + w_0)^2 \cdot h}\right)^{\frac{3}{2}} \cdot h^{\frac{3}{2}} = 3^{\frac{3}{2}} = 5,196$$

Die Gleichung ist für h = 2,947m erfüllt, denn die Berechnung der Überfallwassermengen Q liefert auf beiden Seiten eine ausgezeichnete Übereinstimmung. Obenstehende Beziehung lässt sich ebenfalls als allgemeingültige Fixpunktiterationsvorschrift aufschreiben. Diese Gleichung konvergiert sehr schnell.

$$Q_P = \frac{2}{3}\mu_P \cdot b \cdot \sqrt{2g} \cdot h^{\frac{3}{2}} = C_h \cdot b \cdot h^{\frac{3}{2}} = 2,6058 \cdot 15,171 \cdot 2,947^{\frac{3}{2}} = 200 \frac{m^3}{s}$$

Lösung zu c:

Bedingt dadurch, dass die Überfallhöhe h vorgegeben ist, die entscheidenden Gleichungen sich aber auf die Energiehöhe H beziehen, ist das Problem tiefgründiger. Betrachtet wird die weiter oben stehende Gleichung erneut.

$$\left(1 + \frac{Q^2}{b^2 \cdot (h + w_0)^2 \cdot 19{,}62 \cdot h}\right)^{\frac{3}{2}} \cdot h^{\frac{3}{2}} = H^{\frac{3}{2}}$$

Die zu entlastende Überfallwassermenge Q kann, braucht aber nicht, der Überfallhöhe von $h = 3{,}30\mathrm{m}$ zu entsprechen. Daher soll dieser Wert eingesetzt werden.

$$\left(1 + \frac{230^2}{15{,}17^2 \cdot (3{,}30 + 10)^2 \cdot 19{,}62 \cdot 3{,}30}\right)^{\frac{3}{2}} \cdot 3{,}30^{\frac{3}{2}} = 1{,}03026^{\frac{3}{2}} \cdot 3{,}30^{\frac{3}{3}} = 6{,}1761 = H^{\frac{3}{2}}$$

Hieraus folgt $H = 3{,}362\mathrm{m}$.

$$\text{Aus } \frac{H}{H_E} = \frac{3{,}362}{1} = 3{,}362 \text{ und } \frac{H_E}{w_0} = 0{,}10 \ \to \ C_H = 2{,}566\,\frac{m^{\frac{1}{2}}}{s}$$

$$Q = C_H \cdot b \cdot H^{\frac{3}{2}} = 2{,}566 \cdot 15{,}17 \cdot 3{,}362^{\frac{3}{2}} = 239{,}99\,\frac{m^3}{s}$$

Offensichtlich wird dieses Standardprofil bei der geforderten Überfallwassermenge von $Q = 230\mathrm{m}^3/\mathrm{s}$ mit einer geringeren Überfallhöhe als $h = 3{,}30\mathrm{m}$ überströmt.

Die Lösung lautet $h = 3{,}077\mathrm{m}$.

$$\frac{H}{H_E} = \frac{3{,}275}{1} = 3{,}275 \text{ und } \frac{H_E}{w_0} = 0{,}10 \ \to \ C_H = 2{,}5594\,\frac{m^{\frac{1}{2}}}{s}$$

$$Q = C_H \cdot b \cdot H^{\frac{3}{2}} = 2{,}5599 \cdot 15{,}17 \cdot 3{,}275^{\frac{3}{2}} = 230{,}14\,\frac{m^3}{s}$$

Das Ergebnis soll ebenfalls mit der Poleni-Gleichung ermittelt werden. Die Entwurfsüberfallhöhe auf die Energiehöhe bezogen war durch $H_E = 1\mathrm{m}$ vorgegeben. Dies entspricht einer umgerechneten Entwurfsüberfallhöhe von $h_E = 0{,}9979\mathrm{m}$.

$$\frac{h}{h_E} = \frac{3{,}2077}{0{,}9979} = 3{,}214$$

$$\frac{h_E}{w_0} = 0{,}0998$$

$$C_h = 2{,}6403\,\frac{m^{\frac{1}{2}}}{s}$$

$$Q_{dB} = C_H \cdot b \cdot H^{\frac{3}{2}} = C_h \cdot b \cdot h^{\frac{3}{2}} = 2{,}6403 \cdot 15{,}17 \cdot 3{,}2077^{\frac{3}{2}} = 230{,}107 \frac{m^3}{s}$$

Laut Aufgabenstellung sind die minimalen Druckverhältnisse noch zu untersuchen. Aus

$$\frac{p_{min}}{\rho \cdot g \cdot H} = 0{,}9503 + 0{,}3499 \cdot \frac{H_E}{w_0} - 1{,}0484 \cdot \frac{H}{H_E} - 1{,}1749 \cdot \left(\frac{H_E}{w_0}\right)^2 + 0{,}3198 \cdot \frac{H}{H_E} \cdot \frac{H_E}{w_0}$$

folgt der auf die Energiehöhe bezogene dimensionslose Minimaldruck:

$$\frac{p_{min}}{\rho \cdot g \cdot H} = 0{,}9503 + 0{,}3499 \cdot 0{,}10 - 1{,}0484 \cdot 3{,}275 - 1{,}1749 \cdot 0{,}10^2 + 0{,}3198 \cdot 3{,}275 \cdot 0{,}10$$

$$\frac{p_{min}}{\rho \cdot g \cdot H} = -2{,}3552$$

beziehungsweise die Unterdruckhöhe

$$\frac{p_{min}}{\rho \cdot g} = -2{,}3552 \cdot 3{,}275 = -7{,}7133 m$$

respektive der Unterdruck als Spannung

$$p = -7{,}7133 \cdot 1000 \cdot 9{,}81 = -75667{,}28 \frac{N}{m^2} = -75{,}6673 kP$$

Beispiel 4.4.2-2:   Vollkommener Überfall: Berechnung der Überfallwassermengen und Überfallbeiwerte für den Entwurfsfall sowie für den Über- und Unterdruckbereich.
Formeln: 5.1-16, Seite 256 und 2.4.3, Seite 56
Diagramme: 5.3-17, Seite 285

Ein Wehr soll mit festem Rücken als Standardprofil ausgebaut werden. Es sind pro laufenden Meter $q = 1{,}20 m^3/(s \cdot m)$ abzuführen. Die Wehrhöhe ist $w_0 = 1{,}25 m$ vorgegeben. Der Wehrscheitel liegt bei 123,00mNN. Welche Entwurfsüberfallhöhe ist zu wählen, wenn der maximale Wasserspiegel bei 123,60mNN liegen darf.

Lösung:

Grundlage dieser Aufgabe ist die Gleichung 2.75. Sie gilt für den vollkommenen Überfall am Standardprofil. Hier kann der Überfallbeiwert berechnet werden. Wird als Entwurfsfall $h_E = 0{,}125 m$ gewählt, so folgt:

$$\frac{h_E}{w_0} = \frac{0{,}125}{1{,}25} = 0{,}10$$

$$C_{hE} = 2,198 \cdot \left[1 - 0,00329 \cdot \left(\frac{h_E}{w_0} \right) + 0,1009 \cdot \left(\frac{h_E}{w_0} \right)^2 \right] = 2,199 \frac{m^{\frac{1}{2}}}{s}$$

$$Q_E = C_{hE} \cdot b \cdot h_E^{\frac{3}{2}} = 2,199 \cdot 1 \cdot 0,125^{\frac{3}{2}} = 0,0972 \frac{m^3}{s}$$

Bei $h_E/w_0 = 0,10$ gilt grundsätzlich für die Berechnung der Überfallbeiwerte das Dreifache des Entwurfsfalles. Die Abbildung 2-38 und 5.3-17 zeigen dieses sehr deutlich.

$$h = 3 \cdot h_E = 3 \cdot 0,125 = 0,375 m$$

Der zugehörige Überfallbeiwert beträgt $C_h \approx 2,64 m^{1/2}/s$. Für Q gilt $Q = 0,606 m^3/s$. Die maximal mögliche Wasserspiegellage wird zwar unterschritten, die notwendige Entlastungs-menge aber nicht erreicht. Wird als Entwurfsfall $h_E = 0,375 m$ gewählt, so folgt für diesen:

$$\frac{h_E}{w_0} = \frac{0,375 m}{1,25 m} = 0,30 \text{ und } C_{hE} \approx 2,216 \frac{m^{\frac{1}{2}}}{s}$$

$$Q_E = C_{hE} \cdot 1 \cdot h^{\frac{3}{2}} = 2,216 \cdot 1 \cdot 0,375^{\frac{3}{2}} = 0,5088 \frac{m^3}{s}$$

Bei $h_E/w_0 = 0,30$ ist das 2,6 fache des Entwurfsfalles erlaubt (siehe 5.3-17). Dies entspricht einer Überfallhöhe $h = 0,975 m$. Der zugehörige Überfallbeiwert beträgt $C_h \approx 2,702 m^{1/2}/s$.

Für Q gilt

$$Q = 2,601 m^3/(s \cdot m) > 1,20 m^3/(s \cdot m) \text{ aber } h > 0,60 m.$$

In der nachfolgenden Tabelle sind die Ergebnisse für die zwei Entwurfsfälle exakt berechnet und ausgewiesen. Der Verlauf der C_h – Werte ist ähnlich, der Verlauf der Entlastungsmengen jedoch erheblich unterschiedlich.

Die Zahlen der Tabelle 4-16 zeigen, dass bei einer Überfallhöhe von $h = 0,60 m$ entsprechend 123,60 mNN, nur $q = 1,136 m^3/(s \cdot m)$ fließen. Wird die Entwurfsüberfallhöhe mit $h_E = 0,25 m$ angenommen, so folgt für $h_E/w_0 = 0,20$. Die Auswertung zeigt, dass bei einer Überfallhöhe von $h = 0,60 m$ entsprechend 123,60 mNN $q = 1,205 m^3/(s \cdot m)$ fließen. Damit ist die Aufgabe gelöst.

Tabelle 4-16   Entlastungen für zwei unterschiedliche Entwurfsfälle

Entwurfsfall 1   Entwurfsfall 2

$h\,[m]$	$x_1\,[/]$	$C_h\left[\dfrac{m^{\frac{1}{2}}}{s}\right]$	$Q\left[\dfrac{m^3}{s}\right]$	$h\,[m]$	$x_2\,[/]$	$C_h\left[\dfrac{m^{\frac{1}{2}}}{s}\right]$	$Q\left[\dfrac{m^3}{s}\right]$
0,0000	0,00	1,7065	0,00000	0,0000	0,00	1,7065	0,00000
0,0375	0,10	1,7613	0,01279	0,0125	0,10	1,7658	0,00247
0,0750	0,20	1,8217	0,03742	0,0250	0,20	1,8229	0,00721
0,1125	0,30	1,8799	0,07093	0,0375	0,30	1,8777	0,01364
0,1500	0,40	1,9358	0,11246	0,0500	0,40	1,9302	0,02158
0,1875	0,50	1,9895	0,16153	0,0625	0,50	1,9804	0,03094
0,2250	0,60	2,0411	0,21784	0,0750	0,60	2,0285	0,04166
0,2625	0,70	2,0905	0,28116	0,0875	0,70	2,0743	0,05369
0,3000	0,80	2,1378	0,35128	0,1000	0,80	2,1180	0,06698
0,3375	0,90	2,1830	0,42803	0,1125	0,90	2,1594	0,08148
0,3750	1,00	2,2262	0,51122	0,1250	1,00	2,1987	0,09717
0,4125	1,10	2,2673	0,60068	0,1375	1,10	2,2359	0,11400
0,4500	1,20	2,3064	0,69624	0,1500	1,20	2,2710	0,13194
0,4875	1,30	2,3436	0,79773	0,1625	1,30	2,3041	0,15093
0,5250	1,40	2,3790	0,90496	0,1750	1,40	2,3351	0,17095
0,5625	1,50	2,4125	1,01778	0,1875	1,50	2,3641	0,19194
0,6000	1,60	2,4443	1,13602	0,2000	1,60	2,3913	0,21388
0,6375	1,70	2,4745	1,25953	0,2125	1,70	2,4165	0,23672
0,6750	1,80	2,5032	1,38818	0,2250	1,80	2,4400	0,26041
0,7125	1,90	2,5304	1,52185	0,2375	1,90	2,4617	0,28493
0,7500	2,00	2,5565	1,66047	0,2500	2,00	2,4818	0,31023
0,7875	2,10	2,5814	1,80401	0,2625	2,10	2,5005	0,33629
0,8250	2,20	2,6056	1,95252	0,2750	2,20	2,5178	0,36309
0,8625	2,30	2,6293	2,10613	0,2875	2,30	2,5339	0,39061
0,9000	2,40	2,6529	2,26509	0,3000	2,40	2,5490	0,41884
0,9375	2,50	2,6768	2,42982	0,3125	2,50	2,5634	0,44781
0,9750	2,60	2,7017	2,60102	0,3250	2,60	2,5774	0,47755
				0,3375	2,70	2,5915	0,50812
				0,3500	2,80	2,6061	0,53963
				0,3625	2,90	2,6221	0,57227
				0,3750	3,00	2,6402	0,60630

$$\text{mit } x_1 = \frac{h}{h_E} = \frac{h}{0,375} \text{ beziehungsweise } x_2 = \frac{h}{h_E} = \frac{h}{0,125}$$

Beispiel 4.4.2-3:   Vollkommener und unvollkommener Überfall: Bestimmung der Überfall-
                     wassermengen. Einfluss der Unterwasserwehrhöhe auf das Abflussge-
                     schehen.

                     Formeln: 5.1-15, Seite 255 und 5.2-12, Seite 274

                     Diagramme: 5.3-16, Seite 284; 5.3-17, Seite 285und 5.4-6, Seite 291

Für ein Standardprofil mit $w_0 = w_u = 1,25m$ und $b = 1m$ m soll der Einfluss des unvollkommenen Überfalles bei einer Entwurfsüberfallhöhe von $h_E = 0,50m$ untersucht werden.

a) Wie groß ist der Abfluss bei einer Überfallhöhe von $h = 0,50m$? Die Ergebnisse sind mit
   den Überfallwassermengen zu vergleichen, wenn die Berechnung nach den Vorgaben der
   ATV-A111 erfolgt.

b) Ab welchem Unterwasserstand beginnt bei dieser Überfallhöhe der unvollkommene Überfall?

c) Gesucht sind die Abflüsse für die Überfallhöhen $h = 0,50m$; 0,75 m; 1,00 m 1,15 m, wenn
   der Unterwasserstand $h_u = 0,40m$ beträgt.

d) Welchen Einfluss hat die Veränderung der Unterwasserwehrhöhe auf $w_u = 0,80m$, wenn
   der Unterwasserstand weiterhin $h_u = 0,40m$ und die Überfallhöhe $h = 1,00m$ betragen?

Lösung zu a:

$$Q = C_h \cdot b \cdot h^{\frac{3}{2}}$$

$$C_h = f\left(\frac{h}{h_E}; \frac{h_E}{w_0}\right) = \left(\frac{0,50}{0,50}; \frac{0,50}{1,25}\right) = (1; 0,40) = 2,245\frac{m^{\frac{1}{2}}}{s}$$

$$Q = 2,245 \cdot 1 \cdot 0,50^{\frac{3}{2}} = 0,794\frac{m^3}{s}$$

$$Q_{ATV} = 2,953 \cdot 0,50 \cdot 1 \cdot 0,50^{\frac{3}{2}} = 0,522\frac{m^3}{s}$$

Die prozentuale Abweichung beträgt 52,1%. Sie nimmt mit steigendem Verhältnis h/h_E noch
erheblich zu.

Lösung zu b:

In dem Diagramm für den unvollkommenen Überfall sind die wesentlichen Beziehungen dargestellt. Der Beginn des unvollkommenen Überfalles ist mit der $\varphi = 1$-Kurve gekoppelt. Die
Grenzkurve für das Verhältnis h_u/h liegt im Intervall $0,20 < (h_u/h) < 0,48$. Die Unterwassertiefe h_u liegt folglich bei der vorgegebenen Überfallhöhe von $h = 0,50m$ im Intervall
$0,10m < h_u < 0,24m$. Sie ist abhängig von dem Verhältnis h/w_u. Wenn das Verhältnis
$h/w_u = 0,50/1,25 = 0,40$ beträgt, beginnt der unvollkommene Überfall bei $h_u/h = 0,20$.

Daraus ergibt sich für $h_u = 0,20 \cdot h = 0,20 \cdot 0,50 = 0,10m$. Der unvollkommene Überfall beginnt bei einem Unterwasserstand von $h_u = 0,10m$.

Lösung zu c:

Für $h = 0,50m$ ergibt sich:

$$Q = C_h \cdot \varphi \cdot b \cdot h^{\frac{3}{2}}$$

$$C_h = f\left(\frac{h}{h_E}; \frac{h_E}{w_0}\right) = \left(\frac{0,50}{0,50}; \frac{0,50}{1,25}\right) = (1; 0,40) = 2,245\frac{m^{\frac{1}{2}}}{s}$$

$$\varphi = f\left(\frac{h_u}{h}; \frac{h}{w_u}\right) = f\left(\frac{0,40}{0,50}; \frac{0,50}{1,25}\right) = (0,80; 0,40) = 0,88$$

$$Q = 2,245 \cdot 0,88 \cdot 0,50^{\frac{3}{2}} = 0,698\frac{m^3}{s}$$

Im Vergleich zur Aufgabenstellung a) ergibt sich eine um 12% geringer Überfallwassermenge.
Für $h = 0,75m$ ergibt sich:

$$C_h = f\left(\frac{h}{h_E}; \frac{h_E}{w_0}\right) = \left(\frac{0,75}{0,50}; \frac{0,50}{1,25}\right) = (1,50; 0,40) = 2,445\frac{m^{\frac{1}{2}}}{s}$$

$$\varphi = f\left(\frac{h_u}{h}; \frac{h}{w_u}\right) = f\left(\frac{0,40}{0,75}; \frac{0,75}{1,25}\right) = (0,53; 0,60) = 0,975$$

$$Q = 2,445 \cdot 0,975 \cdot 1 \cdot 0,75^{\frac{3}{2}} = 1,5483\frac{m^3}{s}$$

Für $h = 1,00m$ ergibt sich:

$$C_h = f\left(\frac{h}{h_E}; \frac{h_E}{w_0}\right) = \left(\frac{1}{0,50}; \frac{0,50}{1,25}\right) = (2; 0,40) = 2,605\frac{m^{\frac{1}{2}}}{s}$$

$$\varphi = f\left(\frac{h_u}{h}; \frac{h}{w_u}\right) = f\left(\frac{0,40}{1}; \frac{1}{1,25}\right) = (0,40; 0,80) = 0,998$$

$$Q = 2,605 \cdot 0,998 \cdot 1 \cdot 1^{\frac{3}{2}} = 2,60\frac{m^3}{s}$$

Für $h = 1,15m$ ergibt sich:

$$C_h = f\left(\frac{h}{h_E}; \frac{h_E}{w_0}\right) = \left(\frac{1,15}{0,50}; \frac{0,50}{1,25}\right) = (2,30; 0,40) = 2,693 \frac{m^{\frac{1}{2}}}{s}$$

$$\varphi = f\left(\frac{h_u}{h}; \frac{h}{w_u}\right) = f\left(\frac{0,40}{1,25}; \frac{1,25}{1,25}\right) = (0,32; 1) = 1$$

Der Überfall wird nicht vom Unterwasserstand beeinflusst, es liegt somit vollkommener Überfall vor. Der zu den Ordinaten gehörende Punkt liegt unterhalb der Kurve $\varphi = 1,00$.

$$Q = C_h \cdot b \cdot h^{\frac{3}{2}} = 2,6933 \cdot 1,00 \cdot 1,15^{\frac{3}{2}} = 3,3215 \frac{m^3}{s}$$

Lösung zu d:

$$Q = C_h \cdot \varphi \cdot b \cdot h^{\frac{3}{2}}$$

$$C_h = f\left(\frac{h}{h_E}; \frac{h_E}{w_0}\right) = \left(\frac{1}{0,50}; \frac{0,50}{1,25}\right) = (2; 0,40) = 2,606 \frac{m^{\frac{1}{2}}}{s}$$

$$\varphi = f\left(\frac{h_u}{h}; \frac{h}{w_u}\right) = f\left(\frac{0,40}{1}; \frac{1}{0,80}\right) = (0,40; 1,25) = 1$$

Es liegt vollkommener Überfall vor.

$$Q = C_h \cdot b \cdot h^{\frac{3}{2}} = 2,605 \cdot 1 \cdot 1^{\frac{3}{2}} = 2,606 \frac{m^3}{s}$$

Durch die Verringerung der Unterwasserwehrhöhe ergibt sich eine Verbesserung der Abflussleistung. Dieses ist im Vergleich mit der Aufgabenstellung c) erkennbar. Dort hatte sich bei einer größeren Wehrhöhe im Unterwasser und den gleichen anderen Parametern noch unvollkommener Überfall eingestellt.

Beispiel 4.4.2-4:	Vollkommener Überfall: Entwicklung eines Standardprofils aus den relativen Koordinaten nach Oficerow.
	Formeln: 5.1-16, Seite 256 und 2.4.3, Seite 56 ff
	Diagramme: 5.3-16, Seite 284 und 5.3-17, Seite 285

Für den Entwurfsfall $h_E = 0,20m$ ist mit Hilfe der relativen Koordinaten von Oficerow ein Standardprofil zu entwerfen und die hydraulische Leistungsfähigkeit nachzuweisen. Gegeben ist $w_0 = 2,00m$ und $b = 1,00m$.

a) Die Koordinaten für den Wehrrücken, sowie der obere Wasserspiegelverlauf sind zu berechnen.

b) Wie groß ist die Leistungsfähigkeit für den Entwurfsfall, also bei $h = h_E$?

c) Wie groß ist der Überfallbeiwert C_{HE}?

d) Es ist die Überfallwassermenge Q für den Entwurfsfall ($h = h_E$) unter der Annahme, dass h_{gr} genau im höchsten Punkt des Überfalles auftritt, zu berechnen.

e) Die Leistungsfähigkeit dieses Überfalles im definierten Bereich ist in 0,05 m-Schritten zu bestimmen.

Lösung zu a:

Die relativen Koordinaten nach Oficerow befinden sich in der Tabelle 2-3 auf Seite 57. Für zwei Punkte soll die Berechnung aufgezeigt werden, wobei der Nullpunkt des Koordinatensystems im höchsten Punkt des Wehres liegt. Bei $x/h = x/h_E = -3,70$ gibt es nur den Oberflächenstrahl. Wenn $x/h_E = -3,70$ ist, dann gilt die Beziehung:

$$\frac{z}{h_E} = -0,997$$

$$\frac{x}{h_E} = -3,700 \rightarrow \frac{x}{0,20} = -3,700 \rightarrow x = -0,740\text{m}$$

$$\frac{z}{h_E} = -0,997 \rightarrow \frac{z}{0,20} = -0,997 \rightarrow z = -0,1994\text{m}$$

An der Stelle $x = -0,74\text{m}$ vom höchsten Punkt entfernt hat sich der Wasserspiegel um $0,20\text{m} - 0,1994\text{m} = 0,0006\text{m} = 0,6\text{mm}$ abgesenkt. Bei $x/h = x/h_E = 1,00$ ist für die Unterfläche $z/h_E = 0,497$. Bei $x/h = x/h_E = 1,00$ ist für die Oberfläche $z/h_E = -0,10$.

$$\frac{x}{h_E} = \frac{x}{0,20} = 1 \rightarrow x = 0,20\text{m}$$

$$\frac{z}{h_E} = 0,497 \rightarrow \frac{z}{0,20} = 0,497 \rightarrow z = 0,0994\text{m}$$

$$\frac{z}{h_E} = -0,10 \rightarrow \frac{z}{0,20} = -0,10 \rightarrow z = -0,02\text{m}$$

Wenn $x = 0,20\text{m}$ ist, liegt der Wehrrücken um $0,0994\text{m}$ tiefer und der Wasserspiegel um $0,02\text{m}$ höher als der Scheitelpunkt des Wehres. Die Ergebnisse sind tabellarisch (Tabelle 4-17) und als Kurvenverlauf (Abbildung 4-5) dargestellt. In Tabelle 2-3 auf Seite 57 sind die relativen Koordinaten ausgewiesen.

Lösung zu b:

Da die Überfallhöhe $h = h_E$ ist, liegt der Entwurfsfall vor. Für diesen gilt:

$$C_{h_E} = 2,198 \cdot \left[1 - 0,00329 \cdot \frac{h_E}{w_0} + 0,1009 \cdot \left(\frac{h_E}{w_0}\right)^2\right] \text{ mit } \frac{h_E}{w_0} = \frac{0,20m}{2m} = 0,10 \text{ folgt}$$

$$C_{h_E} = 2,198 \cdot \left[1 - 0,00329 \cdot 0,1 + 0,1009 \cdot (0,10)^2\right] = 2,1995 \frac{m^{\frac{1}{2}}}{s}$$

$$Q_E = C_{h_E} \cdot b \cdot h^{\frac{3}{2}} = 2,1995 \cdot 1 \cdot 0,20^{\frac{3}{2}} = 0,1967 \frac{m^3}{s}$$

Tabelle 4-17:   Absolute Koordinaten für den oberen und unteren Wasserspiegel (Wehrkrone)

	Unterfläche	Oberfläche		Unterfläche	Oberfläche
x [m]	x [m]	z[m]	x [m]	x [m]	z[m]
-0,740		-0,199	0,180	0,082	-0,044
-0,510		-0,198	0,200	0,099	-0,020
-0,286		-0,192	0,240	0,139	0,018
-0,174		-0,185	0,280	0,184	0,061
-0,060	0,025	-0,166	0,320	0,234	0,108
-0,040	0,007	-0,161	0,360	0,291	0,167
-0,020	0,001	-0,154	0,400	0,354	0,228
0,000	0,000	-0,148	0,440	0,422	0,300
0,020	0,001	-0,140	0,480	0,496	0,376
0,040	0,005	-0,131	0,520	0,577	0,478
0,060	0,013	-0,124	0,560	0,663	0,540
0,080	0,021	-0,112	0,600	0,754	0,632
0,100	0,031	-0,102	0,640	0,852	0,732
0,120	0,041	-0,090	0,680	0,956	0,830
0,140	0,053	-0,076	0,720	1,047	0,930
0,160	0,071	-0,058	0,840	1,430	1,308

Lösung zu c:

Es gilt

$$C_{H_E} = 2,953 \cdot \mu_{KE}$$

$$\mu_{KE} = 0,7825 \cdot \left[0,9674 - 0,015 \cdot \left(\frac{H_E}{w_0}\right)^{0,9742}\right]^{\frac{3}{2}}$$

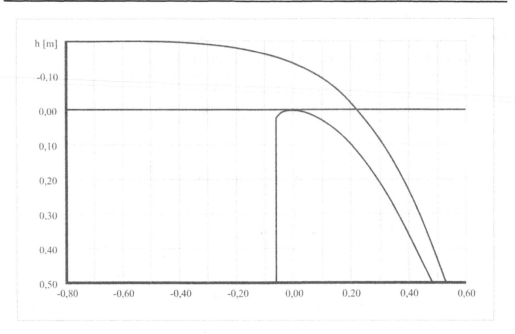

Abbildung 4-5:   Grafische Darstellung des oberen Wasserspiegels und der Wehrkrone $h_E = 0,20m$

$$H_E = h_E + \frac{v^2}{2g} = h_E + \frac{Q^2}{2g \cdot b^2 \cdot \left(h_E + w_0\right)^2}$$

$$H_E = 0,20m + \frac{0,1967^2}{19,62 \cdot 1^2 \cdot \left(0,20 + 2\right)^2} = 0,20m + 0,00040744m = 0,200407m$$

$$H_E \approx 0,20m \approx h_E$$

Bedingt durch die geringe Anströmgeschwindigkeit ist $h_E \approx H_E$. Bei größeren Überfallhöhen können die Abweichungen erheblich sein.

$$\mu_{KE} = 0,7825 \cdot \left[0,9674 - 0,015 \cdot \left(\frac{0,20}{2}\right)^{0,9742}\right]^{\frac{3}{2}} = 0,7427$$

$$C_{HE} = 2,953 \cdot 0,7427 = 2,1932 \, \frac{m^{\frac{1}{2}}}{s}$$

Lösung zu d:

Der Wasserspiegel senkt sich nach den Koordinaten von Oficerow auf $h_{gr} = 0,74 \cdot h_E$ ab.

$$h_{gr} = 0,74 \cdot h_E = 0,74 \cdot 0,20 = 0,148m$$

Dieser Wert muss auch bei $x = 0$ in der Tabelle für die Oberfläche z stehen. Er beträgt $z = -0,148\,m$.

$$0,74 \cdot h_E = h_{gr} = \sqrt[3]{\frac{Q^2}{g \cdot b^2}}$$

$$Q = \sqrt{h_{gr}^3 \cdot g \cdot b^2} = \sqrt{0,148^3 \cdot 9,81 \cdot 1^2} = 0,1783\frac{m^3}{s} < 0,1967\frac{m^3}{s}$$

Die Abweichung zur Überfallwassermenge des Entwurfsfalles (Lösung b) beträgt ungefähr 10%. Die Grenztiefe liegt somit nicht im Scheitelpunkt, sondern wie erwartet vor diesem.

Lösung zu e:

Die Leistungsfähigkeit des Überfalles wird durch die Überfallwassermenge Q gekennzeichnet. Es gilt

$$Q = C_h \cdot b \cdot h^{\frac{3}{2}} \quad \text{und} \quad C_h = f\left(\frac{h_E}{w_0}; \frac{h}{h_E}\right)$$

Die C_h- Werte werden mit der entsprechenden Gleichung aus den aufgeführten Kapiteln berechnet, oder aus dem entsprechenden Diagramm abgelesen.

Tabelle 4-18: Überfallbeiwerte und Entlastungsmengen am Standardprofil

$h\,[m]$	$\frac{h}{h_E}\,[/]$	$C_h\left[\frac{m^{\frac{1}{2}}}{s}\right]$	$Q\left[\frac{m^3}{s}\right]$
0,05	0,25	1,8505	0,0207
0,10	0,50	1,9804	0,0626
0,15	0,75	2,0964	0,1218
0,20	1,00	2,1987	0,1967
0,25	1,25	2,2878	0,2860
0,30	1,50	2,3641	0,3885
0,35	1,75	2,4285	0,5028
0,40	2,00	2,4818	0,6279
0,45	2,25	2,5260	0,7625
0,50	2,50	2,5634	0,9063
0,55	2,75	2,5987	1,0600
0,60	3,00	2,6402	1,2271

4.4.3   Beispiele zu halbkreisförmigen Wehren mit senkrechten Wänden

Beispiel 4.4.3-1:   Vollkommener Überfall: Berechnung von Überfallwassermengen an halbkreisförmigen Wehren mit senkrechten Wänden. Vergleich der Leistungen mit scharfkantigen Wehren.

Formeln: 5.1-14, Seite 254

Diagramme: 5.3-15, Seite 284

Für ein halbkreisförmiges Wehr mit senkrechten Wänden ist das Entlastungsverhalten zu berechnen. Dies ist mit dem eines scharfkantigen Wehres zu vergleichen.

a) Gesucht ist für $r = 0,15m$, $b = 1m$ und $w_0 = 1,50m$ das für die Berechnung gültige Intervall.

b) Berechnet werden sollen für dieses Intervall die Überfallwassermengen.

c) Im selben Intervall ist das berechnete Ergebnis mit dem des scharfkantigen Wehres zu vergleichen.

Lösung zu a:

Der Gültigkeitsbereich ist durch $r > 0,05m$, $w_0 > r$ und $h/r < 4$ vorgegeben. Damit gilt $0,05m \leq h \leq 0,60m$. Der Definitionsbereich ist durch das Verhältnis h/r festgelegt. Bei einem Radius $r = 0,25m$ wäre die maximale Überfallhöhe $h = 1,00m$. Durch die Krümmung des Überfallstrahles entsteht auf dem Wehrrücken ein Unterdruck, der bei $h/r > 4$ zur Strahlablösung führen kann. Kavitation ist dann die Folgeerscheinung. Beobachtungen bei dieser Wehrform haben auch bei größeren Verhältnissen von h/r keine Strahlablösung festgestellt.

Lösung zu b:

Grundlage ist die Poleni-Gleichung. Sie lautet:

$$Q = \frac{2}{3}\mu \cdot b \cdot \sqrt{2g} \cdot h^{\frac{3}{2}} \quad \text{mit} \quad \mu = f\left(\frac{r}{w_0}; \frac{h}{r}\right) = C_h.$$

Der Überfallbeiwert ist dimensionslos. Er ist abhängig von zwei relativen Größen. Damit ist die Übertragbarkeit gesichert. Nach Kramer gilt:

$$\mu = 1,02 - \frac{1,015}{\frac{h}{r} + 2,08} + \left[0,04 \cdot \left(\frac{h}{r} + 0,19\right)^2 + 0,0223\right] \cdot \frac{r}{w_0}$$

Mit den gegebenen Parametern sind für unterschiedliche Überfallhöhen h die Verhältnisse h/r und r/w_0, sowie μ und Q berechnet und in Tabelle 4-19 dargestellt. r/w_0 ist durch die Konstruktion des Wehres vorgegeben. In diesem Beispiel ist dieses Verhältnis 0,10.

Wird der Wert größer, so steigt bei konstantem Verhältnis h/r die Leistungsfähigkeit des Wehres.

Tabelle 4-19:   Berechnete Abflüsse

$h[m]$	$\dfrac{h}{r}[/]$	$\dfrac{r}{w_0}[/]$	$\mu[/]$	$Q\left[\dfrac{m^3}{s}\right]$
0,05	0,333	0,10	0,603	0,0199
0,10	0,667	0,10	0,656	0,0612
0,15	1,000	0,10	0,698	0,1198
0,20	1,333	0,10	0,734	0,1939
0,25	1,667	0,10	0,765	0,2824
0,30	2,000	0,10	0,793	0,3846
0,35	2,333	0,10	0,818	0,5000
0,40	2,667	0,10	0,841	0,6284
0,45	3,000	0,10	0,863	0,7695
0,50	3,333	0,10	0,884	0,9234
0,55	3,667	0,10	0,905	1,0903
0,60	4,000	0,10	0,926	1,2703

Lösung zu c:

$$Q = \frac{2}{3}\mu_S \cdot b \cdot \sqrt{2g} \cdot h^{\frac{3}{2}} \text{ mit } \mu_S = 0,6035 + 0,08013 \cdot \frac{h}{w_0}$$

In der Tabelle 4-20 ist der Index s auf das scharfkantige Wehr bezogen. Vergleicht man die Überfallbeiwerte, so kann festgestellt werden, dass dieser beim scharfkantigen Wehr im betrachteten Intervall nur eine geringe Veränderung erfährt. Es sind 4,95 %.

Der Überfallbeiwert des rundkronigen Wehres variiert um 50%, und erfährt eine erhebliche Leistungszunahme, die sich natürlich auch in der Abflussleistung niederschlägt. Vergleicht man die Leistungsfähigkeit beider Wehre, so fließen bei der kleinsten Überfallhöhe über das scharfkantige Wehr sogar etwas mehr als über das rundkronige Wehr. Schon der nächste Wert zeigt die Überlegenheit des halbkreisförmigen Wehres mit senkrechten Wänden.

Tabelle 4-20:   Vergleich des Abflussverhaltens

$h\,[m]$	$\mu_S[/]$	$Q_S\left[\dfrac{m^3}{s}\right]$	$Q_K\left[\dfrac{m^3}{s}\right]$	$100\cdot\dfrac{Q_S}{Q_K}\,[\%]$
0,05	0,606	0,0200	0,0199	100,56
0,10	0,609	0,0569	0,0612	92,87
0,15	0,612	0,1049	0,1198	87,57
0,20	0,614	0,1623	0,1939	83,67
0,25	0,617	0,2278	0,2824	80,64
0,30	0,620	0,3007	0,3846	78,18
0,35	0,622	0,3806	0,5000	76,12
0,40	0,625	0,4670	0,6284	74,33
0,45	0,628	0,5597	0,7695	72,74
0,50	0,631	0,6584	0,9234	71,30
0,55	0,633	0,7628	1,0903	69,97
0,60	0,636	0,8729	1,2703	68,72

Beispiel 4.4.3-2:   Vollkommener Überfall: Vergleich der Modellversuche mit den ent-
sprechenden Gleichungen von Kramer und Indlekofer und Rouve.
Formeln: 5.1-14, Seite 254 und 2.4.2, Seite 54
Diagramme: 5.3-15, Seite 284

An einem halbkreisförmigen Modellwehr mit senkrechten Wänden mit einer Wehrhöhe von
$w_0 = 0,22m$, einem Radius von $r = 0,055m$ sowie einer Breite von $b = 0,305m$ wurden mit
einem magnetisch induktiven Durchflussmesser (MID) die Durchflüsse sowie die zugeordneten Überfallhöhen gemessen. Es wurden die Messwerte, die in der Tabelle 4-21 dargestellt sind, ermittelt.

a) Zu berechnen sind für die gemessenen Überfallhöhen h die Überfallbeiwerte von Kramer
   und die zugehörigen Überfallwassermengen Q, sowie die prozentuale Abweichung zwischen den Messwerten und den berechneten Werten.

b) Die Berechnungen sind für die Überfallbeiwerte nach du Buat zu wiederholen. Hierbei wird
   das von Indlekofer und Rouvé entwickelte Polynom verwendet.

c) Die von Indlekofer und Rouvé entwickelte Beziehung ist für den anliegenden und
   angesaugten Überfallstrahl im Intervall $0,00 \leq (H/r) \leq 4,00$ definiert. Es ist die Überfallwassermenge für den oberen Grenzfall nach du Buat zu bestimmen! Welche Überfallhöhe h
   gehört zu diesem Grenzfall? Weiterhin ist Q nach Kramer zu ermitteln.

d) Bei einem Modellmaßstab von 1:6 ist für $h/r = 2$ die Überfallwassermenge Q im Natur-
   maßstab 1:1 nach Kramer zu bestimmen.

Tabelle 4-21: Aufgenommene Messwerte

Q [l/s]	h [m]	Q [l/s]	h [m]	Q [l/s]	h [m]
2,00	0,0225	13,00	0,0725	24,00	0,1030
3,00	0,0285	14,00	0,0760	25,00	0,1055
4,00	0,0350	15,00	0,0790	26,00	0,1075
5,00	0,0405	16,00	0,0815	27,00	0,1100
6,00	0,0455	17,00	0,0845	28,00	0,1125
7,00	0,0495	18,00	0,0875	29,00	0,1145
8,00	0,0540	19,00	0,0905	30,00	0,1170
9,00	0,0575	20,00	0,0930	31,00	0,1195
10,00	0,0615	21,00	0,0955	32,00	0,1215
11,00	0,0655	22,00	0,0985	33,00	0,1230
12,00	0,0690	23,00	0,1005	34,00	0,1260

Lösung zu a:

Der Durchfluss berechnet sich nach der allgemein gültigen Poleni-Gleichung.

$$Q = \frac{2}{3}\mu_P \cdot b \cdot \sqrt{2g} \cdot h^{\frac{3}{2}}$$

Für den Überfallbeiwert μ von Kramer gilt:

$$\mu = 1,02 - \frac{1,015}{\dfrac{h}{r}+2,08} + \left[0,04 \cdot \left(\frac{h}{r}+0,19\right)^2 + 0,0223\right] \cdot \frac{r}{w_0}$$

Die Tabelle 4-22 zeigt die notwendigen Verhältnisse und Beiwerte.

Die mit der Formel von Kramer berechneten Werte, beginnend bei einer Überfallhöhe von $h \approx 0,04\,m$, liefern ausgezeichnete Ergebnisse. Die größte Abweichung liegt bei $h/r = 1,38$. Sie ist mit einem Fehler von 2,05 % ausgewiesen. Für den speziellen Wehrtyp, mit $r/w_0 = 0,25$, könnten die Fehler bei noch kleineren Überfallhöhen als Korrekturfaktor in die Bemessung eingefügt werden. Damit wäre eine Berechnung zum Beispiel ab $h = 0,01\,m$ möglich.

Tabelle 4-22:   Verhältnisse und Beiwerte bei der Auswertung nach Kramer

$Q_{mess}[l/s]$	$h[m]$	$\dfrac{h}{r}[/]$	$\dfrac{r}{w_0}[/]$	$\mu[/]$	Q_{Kramer} [l/s]	Abweichung [%]
2,00	0,0225	0,4091	0,2500	0,6214	1,89	-5,56
3,00	0,0285	0,5182	0,2500	0,6399	2,77	-7,56
4,00	0,0350	0,6364	0,2500	0,6587	3,88	-2,88
5,00	0,0405	0,7364	0,2500	0,6738	4,95	-1,08
6,00	0,0455	0,8273	0,2500	0,6868	6,00	0,06
7,00	0,0495	0,9000	0,2500	0,6969	6,91	-1,26
8,00	0,0540	0,9818	0,2500	0,7078	8,00	0,00
9,00	0,0575	1,0455	0,2500	0,7161	8,89	-1,19
10,00	0,0615	1,1182	0,2500	0,7253	9,96	-0,37
11,00	0,0655	1,1909	0,2500	0,7343	11,09	0,79
12,00	0,0690	1,2545	0,2500	0,7421	12,11	0,95
13,00	0,0725	1,3182	0,2500	0,7496	13,18	1,38
14,00	0,0760	1,3818	0,2500	0,7571	14,29	2,05
15,00	0,0790	1,4364	0,2500	0,7634	15,27	1,78
16,00	0,0815	1,4818	0,2500	0,7686	16,11	0,66
17,00	0,0845	1,5364	0,2500	0,7747	17,14	0,82
18,00	0,0875	1,5909	0,2500	0,7808	18,20	1,12
19,00	0,0905	1,6455	0,2500	0,7868	19,29	1,54
20,00	0,0930	1,6909	0,2500	0,7918	20,23	1,13
21,00	0,0955	1,7364	0,2500	0,7967	21,18	0,84
22,00	0,0985	1,7909	0,2500	0,8026	22,35	1,58
23,00	0,1005	1,8273	0,2500	0,8065	23,14	0,62
24,00	0,1030	1,8727	0,2500	0,8113	24,16	0,65
25,00	0,1055	1,9182	0,2500	0,8162	25,19	0,76
26,00	0,1075	1,9545	0,2500	0,8200	26,03	0,12
27,00	0,1100	2,0000	0,2500	0,8248	27,10	0,37
28,00	0,1125	2,0455	0,2500	0,8295	28,19	0,68
29,00	0,1145	2,0818	0,2500	0,8333	29,08	0,27
30,00	0,1170	2,1273	0,2500	0,8380	30,21	0,69
31,00	0,1195	2,1727	0,2500	0,8427	31,35	1,14
32,00	0,1215	2,2091	0,2500	0,8465	32,29	0,90
33,00	0,1230	2,2364	0,2500	0,8493	33,00	0,00
34,00	0,1260	2,2909	0,2500	0,8549	34,44	1,29

Lösung zu b:

Bei der Berechnung des Durchflusses nach du Buat ist die Lösung über die Energiehöhe zu berechnen.

$$Q = \frac{2}{3}\mu_{dB} \cdot b \cdot \sqrt{2g} \cdot H^{\frac{3}{2}}$$

Der Überfallbeiwert μ_{dB} wird wie folgt berechnet:

$$\mu_{dB} = 0,555 + 0,16334 \cdot \frac{H}{r} - 0,029982 \cdot \frac{H^2}{r^2} + 0,0023235 \cdot \frac{H^3}{r^3}$$

Für H und die Anströmgeschwindigkeit v_0 gilt:

$$H = h + \frac{v_0^2}{2g}$$

$$v_0 = \frac{Q}{b \cdot (h + w_0)}$$

Dies liefert die Tabelle 4-23. Bei den Überfallhöhen bis $h = 0,055m$, mithin bis zu einem Verhältnis von $H/r = 0,639$, ist die Abweichung zu den Messwerten relativ groß. Steigen die Überfallhöhen, so wird die Übereinstimmung sehr gut. In der Formel von Kramer ist die Wehrhöhe w_0 direkt in der Überfallgleichung enthalten. In H wird die Wehrhöhe w_0 in der Anströmgeschwindigkeit berücksichtigt.

Lösung zu c:

Die obere Grenze ist mit $H/r \leq 4$ gegeben. Daraus folgt:

$$H = 4,00 \cdot r = 4,00 \cdot 0,055 = 0,22m$$

Für diese Energiehöhe ist zunächst der Abfluss zu bestimmen.

$$Q = \frac{2}{3}\mu_{dB} \cdot b \cdot \sqrt{2g} \cdot H^{\frac{3}{2}}$$

$$\mu_{dB} = 0,555 + 0,16334 \cdot \frac{H}{r} - 0,029982 \cdot \frac{H^2}{r^2} + 0,0023235 \cdot \frac{H^3}{r^3} = 0,8776$$

Tabelle 4-23:   Verhältnisse und Beiwerte bei der Auswertung nach Indelkofer und Rouvé

Q_{Mess}	h	$h + w_0$	v_0	$\dfrac{v_0^2}{2g}$	H	$\dfrac{H}{r}$	μ_{dB}	Q_{dB}	Abwei.
[l/s]	[m]	[m]	[m/s]	[m]	[m]	[-]	[-]	[l/s]	[%]
2,00	0,0225	0,2425	0,0270	0,0000	0,0225	0,410	0,6171	1,88	-5,98
3,00	0,0285	0,2485	0,0396	0,0001	0,0286	0,520	0,6321	2,75	-8,31
4,00	0,0350	0,2550	0,0514	0,0001	0,0351	0,639	0,6477	3,84	-3,95
5,00	0,0405	0,2605	0,0629	0,0002	0,0407	0,740	0,6604	4,88	-2,32
6,00	0,0455	0,2655	0,0741	0,0003	0,0458	0,832	0,6715	5,92	-1,26
7,00	0,0495	0,2695	0,0852	0,0004	0,0499	0,907	0,6802	6,82	-2,54
8,00	0,0540	0,2740	0,0957	0,0005	0,0545	0,990	0,6896	7,90	-1,31
9,00	0,0575	0,2775	0,1063	0,0006	0,0581	1,056	0,6968	8,78	-2,41
10,00	0,0615	0,2815	0,1165	0,0007	0,0622	1,131	0,7047	9,84	-1,56
11,00	0,0655	0,2855	0,1263	0,0008	0,0663	1,206	0,7124	10,96	-0,39
12,00	0,0690	0,2890	0,1361	0,0009	0,0699	1,272	0,7190	11,98	-0,17
13,00	0,0725	0,2925	0,1457	0,0011	0,0736	1,338	0,7254	13,04	0,32
14,00	0,0760	0,2960	0,1551	0,0012	0,0772	1,404	0,7317	14,14	1,02
15,00	0,0790	0,2990	0,1645	0,0014	0,0804	1,461	0,7369	15,13	0,83
16,00	0,0815	0,3015	0,1740	0,0015	0,0830	1,510	0,7413	15,98	-0,15
17,00	0,0845	0,3045	0,1830	0,0017	0,0862	1,567	0,7463	17,01	0,08
18,00	0,0875	0,3075	0,1919	0,0019	0,0894	1,625	0,7512	18,08	0,44
19,00	0,0905	0,3105	0,2006	0,0021	0,0926	1,683	0,7560	19,17	0,91
20,00	0,0930	0,3130	0,2095	0,0022	0,0952	1,732	0,7600	20,12	0,59
21,00	0,0955	0,3155	0,2182	0,0024	0,0979	1,780	0,7639	21,08	0,40
22,00	0,0985	0,3185	0,2265	0,0026	0,1011	1,838	0,7684	22,25	1,14
23,00	0,1005	0,3205	0,2353	0,0028	0,1033	1,879	0,7714	23,08	0,33
24,00	0,1030	0,3230	0,2436	0,0030	0,1060	1,928	0,7751	24,10	0,42
25,00	0,1055	0,3255	0,2518	0,0032	0,1087	1,977	0,7787	25,15	0,58
26,00	0,1075	0,3275	0,2603	0,0035	0,1110	2,017	0,7816	26,02	0,06
27,00	0,1100	0,3300	0,2683	0,0037	0,1137	2,067	0,7850	27,10	0,35
28,00	0,1125	0,3325	0,2761	0,0039	0,1164	2,116	0,7884	28,19	0,69
29,00	0,1145	0,3345	0,2843	0,0041	0,1186	2,157	0,7911	29,11	0,38
30,00	0,1170	0,3370	0,2919	0,0043	0,1213	2,206	0,7944	30,24	0,80
31,00	0,1195	0,3395	0,2994	0,0046	0,1241	2,256	0,7976	31,39	1,26
32,00	0,1215	0,3415	0,3072	0,0048	0,1263	2,297	0,8001	32,35	1,10
33,00	0,1230	0,3430	0,3154	0,0051	0,1281	2,329	0,8021	33,11	0,34
34,00	0,1260	0,3460	0,3222	0,0053	0,1313	2,387	0,8057	34,52	1,53

$$Q = 0,08156\frac{m^3}{s} = 81,56\frac{l}{s}$$

Zu ermitteln ist jetzt die zu $H = 0,22m$ gehörende Überfallhöhe h. Ob man die Poleni-Gleichung oder den Ansatz von du Buat verwendet, die jeweils errechneten Q müssen gleich sein.

Folglich gilt:

$$\frac{2}{3}\mu_P \cdot b \cdot \sqrt{2g} \cdot h^{\frac{3}{2}} = \frac{2}{3}\mu_{dB} \cdot b \cdot \sqrt{2g} \cdot H^{\frac{3}{2}}$$

$$\mu_P \cdot h^{\frac{3}{2}} = \mu_{dB} \cdot H^{\frac{3}{2}}$$

Die beiden Überfallbeiwerten lassen sich in einander umrechen.

$$\mu_P = \mu_{dB} \cdot \left(1 + \frac{v_0^2}{2g \cdot h}\right)^{\frac{3}{2}}$$

Diese Beziehung, in die vorhergehende Gleichung eingesetzt, liefert:

$$\mu_{dB} \cdot \left(1 + \frac{v_0^2}{2g \cdot h}\right)^{\frac{3}{2}} \cdot h^{\frac{3}{2}} = \mu_{dB} \cdot H^{\frac{3}{2}}$$

beziehungsweise

$$\left(1 + \frac{v_0^2}{2g \cdot h}\right)^{\frac{3}{2}} \cdot h^{\frac{3}{2}} = H^{\frac{3}{2}}$$

Damit besteht ein eindeutiger Zusammenhang zwischen der Energiehöhe H und der gesuchten Überfallhöhe h. Die Anströmgeschwindigkeit kann durch

$$v_0 = \frac{Q}{b \cdot (h + w_0)} \quad \text{ersetzt werden.}$$

$$\left(1 + \frac{Q^2}{b^2 \cdot (h + w_0)^2 \cdot 19,62 \cdot h}\right)^{\frac{3}{2}} \cdot h^{\frac{3}{2}} = H^{\frac{3}{2}}$$

Setzt man die Zahlenwerte für Q, b sowie w_0 und H in diese Beziehung ein, so ergibt sich für den vorliegenden Fall:

$$\left(1+\frac{0,0036446}{\left(h+0,22\right)^2}\right)^{\frac{3}{2}} \cdot h^{\frac{3}{2}} = 0,22^{\frac{3}{2}} = 0,103189$$

Die Gleichung gilt für die Überfallhöhe $h = 0,1993m$.

Eingesetzt in die Poleni-Gleichung:

$$Q_P = \frac{2}{3}\mu_P \cdot b \cdot \sqrt{2g} \cdot h^{\frac{3}{2}}$$

$$\mu_P = 1,02 - \frac{1,015}{\frac{h}{r}+2,08} + \left[0,04\cdot\left(\frac{h}{r}+0,19\right)^2 + 0,0223\right]\cdot\frac{r}{w_0} = 0,993$$

$$Q_p = 0,07957\frac{m^3}{s} = 79,57\frac{l}{s}$$

Die Abweichung ist darauf zurückzuführen, dass mit $H/r = 4$ der Grenzfall erreicht ist.

Lösung zu d:

Um die Überfallwassermenge Q für die vorgegebenen Verhältnisse zu berechnen, müssen die Naturwerte erst aus dem Modell mit dem Maßstab 1:6 ermittelt werden.

Es können folgende Werte berechnet werden:

$$w_{0,Natur} = 6\cdot w_{0,Modell} = 1,32m$$

$$b_{Natur} = 6\cdot b_{Modell} = 1,82m$$

$$r_{Natur} = 6\cdot r_{Modell} = 0,33m$$

Aus $h/r = 2$ folgt $h = 2\cdot r = 0,66m$.

Mit der Formel von Kramer erhält man:

$$Q_P = \frac{2}{3}\mu_P \cdot b \cdot \sqrt{2g} \cdot h^{\frac{3}{2}}$$

$$\mu_P = 1,02 - \frac{1,015}{\frac{h}{r}+2,08} + \left[0,04\cdot\left(\frac{h}{r}+0,19\right)^2 + 0,0223\right]\cdot\frac{r}{w_0} = 0,825$$

$$Q_p = 2,377\frac{m^3}{s}$$

Zum Vergleich: Bei der Messung an Modellwehren wurde für das Verhältnis von $h/r = 2$ mittels MID's eine Überfallwassermenge von $27l/s$ gemessen. Bei einer Erhöhung der Überfallwassermenge um das Sechsfache würden lediglich 162l/s über das Wehr fließen. Nach dem Froudeschen Ähnlichkeitsgesetz gilt für den Modellmaßstab des Durchflusses:

$$M_Q = M_l^{\frac{5}{2}} = 6^{\frac{5}{2}} = 88,182$$

$$Q = 88,182 \cdot 0,027 \frac{m^3}{s} = 2,381 \frac{m^3}{s}$$

Beide Werte stimmen praktisch überein.

Beispiel 4.4.3-3:   Vollkommener und unvollkommener Überfall: Berechnung der Überfallbeiwerte und Überfallwassermengen unter Berücksichtigung des Einflusses des Unterwassers unter Laborbedingungen.
Formeln: 5.1-14, Seite 254 und 5.2-8, Seite 270 ff
Diagramme: 5.3-15, Seite 284 und 5.4-8, Seite 292 ff

Für ein halbkreisförmiges Versuchswehr mit senkrechten Wänden ist das Entlastungsverhalten beim unvollkommenen Überfall zu untersuchen.

a) Die Überfallwassermenge ist für $r = 0,08m$, $b = 0,308m$, $w_0 = w_u = 0,22m$ sowie für $h = 0,18m$ und $h_u = -0,19m$ zu berechnen.

b) Für weitere sieben Unterwasserstände h_u (-0,10m; -0,05m; 0,00m; 0,05m; 0,10m; 0,12m; 0,15m) sind bei konstanter Überfallhöhe h aus Aufgabe a die entsprechenden Verhältnisse und die Überfallwassermengen zu ermitteln.

Lösung zu a:

$$Q = \frac{2}{3}\mu \cdot \varphi \cdot b \cdot \sqrt{2g} \cdot h^{\frac{3}{2}} \text{ mit } \mu = f\left(\frac{h}{r};\frac{r}{w_0}\right) \text{und } \varphi = f\left(\frac{w_u}{h};\frac{r}{h}\right)$$

$$\mu = f\left(\frac{h}{r};\frac{r}{w_0}\right) = f\left(\frac{0,18}{0,08};\frac{0,08}{0,22}\right) = f(2,25;0,364) = 0,8803$$

Die Abhängigkeit des unvollkommenen Überfalles wird durch einen x-Wert repräsentiert, der für alle vier Fälle gilt. In den einzelnen Bereichen werden jeweils unterschiedliche Exponenten eingesetzt. Da die Gleichung zur Berechnung des Abminderungsfaktors sehr umfangreich ist wird sie nicht noch einmal aufgeführt.

Da $h_u/h > -2,00$ ist, $h_u/h = -0,19/0,18 = -1,056$, so ergibt sich Fall zwei mit $x_8 = -0,36208$.

$$x = \left(\frac{w_u}{h}\right)^{x_8+0,5} \cdot \left(\frac{r}{h}\right)^{0,5-x_8}$$

$$x = \left(\frac{0,22}{0,18}\right)^{-0,36208+0,5} \cdot \left(\frac{0,08}{0,18}\right)^{0,5+0,36208}$$

$$x = (1,2222)^{0,1379} \cdot (0,4444)^{0,8621} = 0,511$$

Der Abminderungsfaktor ist mit der entsprechenden Gleichung berechenbar oder aus der graphischen Darstellung ablesbar. Es folgt: $\varphi = 0,988$. Der Einfluss des Unterwassers ist noch sehr gering. Je größer die Überfallhöhe oder je geringer die Unterwasserwehrhöhe wird, um so größer ist die Beeinflussung. Gleiches gilt auch für einen kleinen Wehrradius. Bei diesem Fließzustand tritt über der Wehrkrone schießender Abfluss auf, obwohl das Oberwasser bereits beeinflusst ist.

$$Q = \frac{2}{3}\mu \cdot \varphi \cdot b \cdot \sqrt{2g} \cdot h^{\frac{3}{2}} = 2,953 \cdot 0,8803 \cdot 0,99 \cdot 0,18^{\frac{3}{2}} = 0,0599 \frac{m^3}{s}$$

Lösung zu b:

In Analogie zu der vorhergehenden Aufgabenstellung werden die entsprechenden Verhältnisse und Ergebnisse tabellarisch zusammengefasst. Bleiben Überfallhöhe, Radius und Wehrhöhe gleich, so bleiben auch die Beziehungen h/r und r/w_0 und somit auch der Überfallbeiwerte μ konstant.

Tabelle 4-24:   Berechnete Überfallwassermengen

h_u [m]	$\frac{h_u}{h}[/]$	$\frac{r}{h}[/]$	Fall	$x[/]$	$\varphi[/]$	$Q\left[\frac{m^3}{s}\right]$
-0,1900	-1,055	0,4444	2	0,5110	0,9880	0,0599
-0,1000	-0,5555	0,4444	2	0,5110	0,9770	0,05927
-0,0500	-0,8333	0,4444	2	0,5110	0,9650	0,0585
0,0000	0.0000	0,4444	2	0,5110	0,9430	0,05717
0,0500	0,4166	0,4444	3	0,3990	0,9140	0,05541
0,1000	0,5555	0,4444	3	0,3990	0,8570	0,05195
0,1200	0,6666	0,4444	4	0,3880	0,8360	0,05068
0,1500	0,8333	0,4444	4	0,3800	0,6930	0,04201

Beispiel 4.4.3-4:   Vollkommener und unvollkommener Überfall: Berechnung der Überfall-beiwerte und Überfallwassermengen unter Berücksichtigung des Einflusses des Unterwassers unter Praxisbedingungen.

Formeln: 5.1-14, Seite 254 und 5.2-8, Seite 270 f.

Diagramme: 5.3-15, Seite 284 und 5.4-8, Seite 292 f.

Für ein halbkreisförmiges Wehr mit senkrechten Wänden ist das Entlastungsverhalten beim unvollkommenen Überfall zu untersuchen. Mit $r = 0,10\,m$, $b = 2,50\,m$; $w_0 = 0,80\,m$ $w_u = 1,00\,m$ sowie $h = 0,30\,m$ und $h_u = -0,65\,m$ ist die Überfallwassermenge zu berechnen.

Lösung:

$$Q = \frac{2}{3} \cdot \mu \cdot \varphi \cdot b \cdot \sqrt{2 \cdot g} \cdot h^{\frac{3}{2}} \text{ mit } \mu = f\left(\frac{h}{r}; \frac{r}{w_0}\right) \text{ und } \varphi = f\left(\frac{w_u}{h}; \frac{r}{h}\right)$$

$$\mu = f\left(\frac{h}{r}; \frac{r}{w_0}\right) = f\left(\frac{0,30}{0,10}; \frac{0,10}{0,80}\right) = f(3,00; 0,125) = 0,8739$$

Da

$$\frac{h_u}{h} = \frac{-0,65}{0,30} = -2,167 < -2,00$$

so ergibt sich Fall 1 mit $x_8 = -0,05426$.

$$x = \left(\frac{w_u}{h}\right)^{x_8 + 0,5} \cdot \left(\frac{r}{h}\right)^{0,5 - x_8}$$

$$x = \left(\frac{1,00}{0,30}\right)^{-0,05426 + 0,5} \cdot \left(\frac{0,10}{0,30}\right)^{0,5 + 0,05426} = 0,9303$$

Der Abminderungsfaktor ist mit der entsprechenden Gleichung berechenbar oder aus der graphischen Darstellung ablesbar.

Es folgt: $\varphi = 0,9847$.

$$Q = \frac{2}{3} \mu \cdot \varphi \cdot b \cdot \sqrt{2g} \cdot h^{\frac{3}{2}} = 2,953 \cdot 0,8739 \cdot 0,9847 \cdot 2,50 \cdot 0,30^{\frac{3}{2}} = 1,044 \frac{m^3}{s}$$

4.4.4   Beispiele zu halbkreisförmigen Wehren

Beispiel 4.4.4-1:   Vollkommener Überfall: Bestimmung des Definitionsbereiches. Fixpunktiterative Berechnung des Überfallbeiwertes.

Formeln: 5.1-17, Seite 257

Diagramme: 5.3-18, Seite 285

Für ein halbkreisförmiges Wehr gilt im Intervall

$$0,10 < \frac{h}{w_0} < 0,80$$

$$\mu = 0,55 + 0,22 \cdot \frac{h}{w_0}$$

a) Für $w_0 = r = 1,00m$ ist der Überfallhöhenbereich im gegebenen Intervall zu berechnen.

b) Berechnet werden soll für $Q = 1m^3/s$ und $b = 1m$ die Überfallhöhe h.

c) Die maximale Stauhöhe darf für $Q = 1m^3/s$ und $b = 1m$ die Höhe $h_{Stau} = 1,50m$ nicht übersteigen. Mit welcher Wehrhöhe wird dieses erreicht?

Lösung zu a:

$$\frac{h}{w_0} = 0,10 \rightarrow h = 0,10 \cdot w = 0,10 \cdot 1,00m = 0,10m$$

$$\frac{h}{w_0} = 0,80 \rightarrow h = 0,80 \cdot w = 0,80 \cdot 1,00m = 0,80m$$

Der gültige Bereich liegt somit im Intervall $0,10m < h < 0,80m$

Lösung zu b:

Die Berechnung erfolgt über die Poleni-Gleichung.

$$Q = \frac{2}{3}\sqrt{2g} \cdot \mu \cdot b \cdot h^{\frac{3}{2}}$$

Mit $\mu = (0,55 + 0,22 \cdot h / w_0)$ ergibt sich

$$Q = 2,953 \cdot \left(0,55 + 0,22 \cdot \frac{h}{w_0}\right) \cdot b \cdot h^{\frac{3}{2}}$$

Ausmultipliziert ergibt sich:

$$0,55 \cdot h^{\frac{3}{2}} + \frac{0,22}{1} \cdot h^{\frac{5}{2}} = 0,339$$

beziehungsweise

$$0,22 \cdot h^{\frac{5}{2}} + 0,55 \cdot h^{\frac{3}{2}} = 0,339$$

$$h^{\frac{5}{2}} + 2,50 \cdot h^{\frac{3}{2}} = 1,541$$

Umgestellt nach dem h mit dem kleineren Exponenten lautet die Fixpunktiterationsvorschrift:

$$h_{i+1} = \left(\frac{1,541 - h_i^{\frac{5}{2}}}{2,50} \right)^{\frac{2}{3}}$$

Bei Wahl eines vernünftig gewählten Startwertes konvergiert diese Vorschrift sehr schnell.

$$h = 0,6243 \text{ m}$$

Die Stauhöhe ist dann $h_{Stau} = w_0 + h = 1,624 \text{m}$.

Lösung zu c:

Bei dieser Aufgabenstellung soll aufgezeigt werden, dass die gleiche Überfallwassermenge, wie unter Aufgabenstellung b, mit einer geringeren Gesamtstauhöhe abgeführt werden kann.

$$Q = 2,953 \cdot \left(0,55 + 0,22 \cdot \frac{h}{w_0} \right) \cdot b \cdot h^{\frac{3}{2}} \text{ mit } w_0 = h_{Stau} - h = 1,50 - h \text{ ergibt sich}$$

$$Q = 2,953 \cdot \left(0,55 + 0,22 \cdot \frac{h}{1,50 - h} \right) \cdot b \cdot h^{\frac{3}{2}}$$

Umgestellt nach dem außen stehenden h, folgt die Fixpunktiterationsvorschrift:

$$h_{i+1} = \left(\frac{Q}{2,953 \cdot b \cdot \left(0,55 + 0,22 \cdot \frac{h_i}{1,50 - h_i} \right)} \right)^{\frac{2}{3}}$$

beziehungsweise

$$h_{i+1} = \left(\frac{0,3386}{\left(0,55 + 0,22 \cdot \frac{h_i}{1,50 - h_i} \right)} \right)^{\frac{2}{3}}$$

Die Lösung lautet $h = 0,6146 \text{m}$.

$$w_0 = h_{Stau} - h = 1,50 \text{m} - 0,6146 \text{m} = 0,8854 \text{m}$$

Wehrhöhe und Überfallhöhe sind jetzt zusammen um 0,124m kleiner als bei Aufgabenstellung b).

Beispiel 4.4.4-2:   Vollkommener Überfall: Rundkroniges Wehr mit Ausrundungsradius und
                     Schussrücken mit konstantem Überfallbeiwert. Berechnung der Auslauf-
                     zeit eines Beckens.
                     Formeln: 5.1-13, Seite 254
                     Diagramme: 5.3-14, Seite 283

Ein Regenrückhaltebecken hat als Notüberlauf ein Wehr mit angerundeter Krone. Nach dem
Ende eines Regenereignisses ist der Wasserspiegel auf 5,50m über Sohle angestiegen. Wie
hoch ist der Wasserspiegel nach 0,5 Stunden, wenn sich vollkommener Überfall einstellt?
Gegeben sind die Parameter $w_0 = 4,50\text{m}$, $b = 10\text{m}$ und $\mu = 0,75$ (konstant) sowie eine
Beckengrundfläche $A = 10^4 \text{m}^2$

Lösung:

Das über das Wehr abfließende Volumen entspricht dem Volumen der Absenkung im Becken.

$$Q \cdot dt = -A \cdot dh$$

$$2,953 \cdot \mu \cdot b \cdot h^{\frac{3}{2}} \cdot dt = -10^4 \, dh$$

$$-\frac{2,953 \cdot 0,75 \cdot 10}{1 \cdot 10^4} dt = h^{-\frac{3}{2}} dh$$

Die Integration liefert:

$$-0,002214 \cdot t \,\Big|_{0s}^{1800s} = -2 \cdot h^{-1/2} \,\Big|_{1,0}^{h}$$

$$3,985 = 2,00 \cdot \left(h^{-\frac{1}{2}} - 1 \right) \rightarrow h = 0,11\text{m}$$

Der Wasserspiegel hat sich um 0,89m abgesenkt.

4.5   Berechnungsbeispiele zu unterströmten Wehren

Beispiel 4.5-1:   Freier und rückgestauter Ausfluss sowie Grenzverhältnisse an senkrech-
                   ten scharfkantigen Planschützen. Einfluss der Öffnung.
                   Formeln: 5.1-18, Seite 257; 5.1-19, Seite 258 und 5.2-14, Seite 275
                   Diagramme: 5.3-19 bis 5.3-23 Seite 286 ff 5.4-12, 5.4-13 Seite 294 ff
                   Abbildung: 2.46, Seite 69

Vor einem senkrechten scharfkantigen Planschütz wird Wasser auf $h_0 = 6,40\text{m}$ angestaut.

a) Unter der Voraussetzung des freien Ausflusses mit $b = 5,90m$ und $a = 0,40m$ sind die Strahleinschnürung und die Ausflusswassermenge zu ermitteln.

b) Bei welcher Unterwassertiefe h_2 beginnt der rückgestaute Ausfluss?

c) Welcher Ausfluss liegt vor, wenn das Unterwasser auf $h_u = 3,25m$ gestiegen ist?

Lösung zu a:

$$Q = \mu \cdot b \cdot a \cdot \sqrt{2g \cdot h_0}$$

beziehungsweise

$$Q = \frac{\psi}{\sqrt{1 + \dfrac{\psi \cdot a}{h_0}}} \cdot b \cdot a \cdot \sqrt{2g \cdot h_0}$$

$$\frac{a}{h_0} = \frac{0,40}{6,40} = 0,0625 \Rightarrow \psi = 0,61$$

aus dem Diagramm abgelesen oder berechnet

$\psi = 0,6086$ folgt:

$h_1 = 0,6086 \cdot 0,40 = 0,2443m$.

$$\mu = \frac{\psi}{\sqrt{1 + \dfrac{\psi \cdot a}{h_0}}} = \frac{0,6086}{\sqrt{1 + \dfrac{0,6086 \cdot 0,40}{6,40}}} = 0,597$$

Wird μ wird über die Gleichung 2.88 berechnet.

$\mu = 0,5974$

$$Q = 0,597 \cdot 5,90 \cdot 0,40 \cdot \sqrt{19,62 \cdot 6,40} = 15,797 \frac{m^3}{s}$$

$$v_1 = \frac{Q}{b \cdot h_1} = \frac{15,797}{5,90 \cdot 0,244} = 10,97 \frac{m}{s} \rightarrow Fr_1 = 7,12$$

Lösung zu b:

Den Grenzwert erhält man mit:

$$\frac{h_2}{a} = \frac{\psi}{2} \cdot \left(\sqrt{1 + \frac{16}{\psi \cdot \left(1 + \dfrac{\psi \cdot a}{h_0}\right)} \cdot \frac{h_0}{a}} - 1 \right)$$

$$\frac{h_2}{a} = \frac{0,609}{2} \cdot \left(\sqrt{1 + \frac{16}{0,609 \cdot \left(1 + \frac{0,609 \cdot 0,40}{6,40}\right)} \cdot \frac{6,40}{0,40}} - 1 \right) = 5,83$$

$$h_2 = a \cdot 5,83 = 0,40 \cdot 5,83 = 2,33m$$

Bei einer Unterwassertiefe, die größer als 2,33m ist, beginnt der rückgestaute Ausfluss.

Lösung zu c:

$$Q = \chi \cdot \mu \cdot b \cdot a \cdot \sqrt{2g \cdot h_0} \text{ mit } \mu = f\left(\frac{h_0}{a}; \alpha\right) = 0,597$$

$$\text{und } \chi = f\left(\frac{h_2}{a}; \frac{h_0}{a}; \alpha\right)$$

$$\frac{h_0}{a} = \frac{6,40}{0,40} = 16$$

$$\frac{h_2}{a} = \frac{3,25}{0,40} = 8,12 \rightarrow \chi = 0,776 \text{ (Diagramm 5.4-13)}$$

$$Q = 0,776 \cdot 0,597 \cdot 5,90 \cdot 0,40 \cdot \sqrt{19,62 \cdot 6,40} = 12,26 \frac{m^3}{s}$$

Beispiel 4.5-2:   Freier und rückgestauter Ausfluss: Einfluss der Neigung auf das Leistungsvermögen und die Stauhöhe bei Schütztafeln.
Formeln: 5.1-18, Seite 257 und 5.2-14, Seite 275
Diagramme: 5.3-19, Seite 286 und 5.4-12, Seite 294

Unter einer senkrechten scharfkantigen Planschütze sollen bei $a = 0,35m$ und $b = 2,30m$ $Q = 1,64 m^3/s$ ausfließen.

a) Welche Stauhöhe bewirkt dies?
b) Welche Stauhöhe bringt $Q = 1,64 m^3/s$, wenn $\alpha = 45°$ ist?
c) Eine um den Winkel $\alpha = 60°$ geneigte Schütztafel staut das Oberwasser auf 2,40 m an. Zu berechnen ist für $b = 2,30m$, $a = 0,30m$ und $h_2 = 1,80m$ der Ausfluss.

Lösung zu a:

$$Q = \frac{\psi}{\sqrt{1 + \psi \cdot \frac{a}{h_0}}} \cdot b \cdot a \cdot \sqrt{2g \cdot h_0} = \mu \cdot 3,566 \cdot \sqrt{h_0}$$

h_0 wird abgeschätzt. Aus h_0/a wird μ berechnet.

Tabelle 4-25: Zusammenstellung der wesentlichen Größen für 90° Neigungswinkel der Schütztafel

$h_0\,[\text{m}]$	$\dfrac{h_0}{a}$	$\mu[/]$	$Q\left[\dfrac{\text{m}^3}{\text{s}}\right]$
2,00	5,71	0,590	2,975
1,00	2,86	0,564	2,011
0,70	2,00	0,540	1,630
0,71	2,03	0,545	1,644

Lösung zu b:

Da diese Neigung hydraulisch günstiger ist, startet die Berechnung mit $h_0 = 0,70\,\text{m}$.

Tabelle 4-26: Zusammenstellung der wesentlichen Größen für 45° Neigungswinkel der Schütztafel

$h_0\,[\text{m}]$	$\dfrac{h_0}{a}$	μ	$Q\left[\dfrac{\text{m}^3}{\text{s}}\right]$
0,700	2,000	0,612	1,827
0,650	1,857	0,606	1,741
0,595	1,714	0,597	1,640

Der Unterschied der erforderlichen Stauhöhen beträgt zwischen den beiden Neigungswinkeln etwas mehr als $0,11\,\text{m}$.

Lösung zu c:

Der Wasserspiegellagenunterschied beträgt nur $0,60\,\text{m}$. Es könnte daher rückgestauter Ausfluss vorliegen.

$$Q = \chi \cdot \mu \cdot a \cdot b \cdot \sqrt{2g \cdot h_0}$$

Aus $\psi = f(a/h_0) = f(0,125)$ folgt $\psi = 0,697$

$$\mu = \frac{\psi}{\sqrt{1 + \psi\dfrac{a}{h_0}}} = \frac{0,697}{\sqrt{1 + 0,697 \cdot \dfrac{0,30}{2,40}}} = 0,669$$

Der Abminderungsfaktor wird mit nachfolgender Gleichung berechnet

$$\chi = \left(\left(1 + \frac{\psi \cdot a}{h_0}\right) \cdot \left\{ \left[1 - 2\frac{\psi \cdot a}{h_0} \cdot \left(1 - \frac{\psi \cdot a}{h_2}\right)\right] \cdot \sqrt{\left[1 - 2\frac{\psi \cdot a}{h_0} \cdot \left(1 - \frac{\psi \cdot a}{h_2}\right)\right]^2 + \left(\frac{h_2}{h_0}\right)^2 - 1} \right\} \right)^{\frac{1}{2}}$$

$$\chi = 0,588$$

$$Q = 0,588 \cdot 0,669 \cdot 0,30 \cdot 2,30 \cdot \sqrt{19,62 \cdot 2,40} = 1,864 \frac{m^3}{s}$$

Beispiel 4.5-3:   Freier und rückgestauter Ausfluss: Konstanter Wasserspiegel im Zulauf
                    einer Kläranlage.
                    Formeln: 5.1-18, Seite 257, 5.1-19 Seite 258 und 5.2-14, Seite 275
                    Diagramme: 5.3-19, Seite 286, 5.3-23 Seite 288 und5.4-13, Seite 295
                    Abbildung: 2.46, Seite 69

Die Wasserspiegellage in einem rechteckigen Kanal der Breite $b = 1,20m$ soll durch eine
senkrechte Schütztafel konstant auf $h_0 = 1,80m$ gehalten werden.

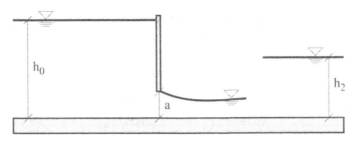

Abbildung 4-6:   Wasserspiegel im Zulauf einer Kläranlage

Der maximale Zulauf beträgt $Q_{max} = 0,98 m^3/s$

a) Für $h_0 = 1,80m$ und $a = 0,15m$ ist die zugehörige freie Ausflusswassermenge zu berechnen.

b) Unter der Voraussetzung des freien Ausflusses für Q_{max} ist die erforderliche Schützenanhebung a gesucht.

c) Bei welchem Unterwasserstand h_2 beginnt für Q_{max} rückgestauter Ausfluss?

d) Bei $Q_{max} = 0,98 m^3/s$ ist h_2 auf $1,25m$ angestiegen. Welcher Oberwasserstand h_0 ist zu
   erwarten, wenn der in Aufgabenstellung b berechnete Wert für a angewendet wird?

e) Die Bedingung $Q_{max} = 0,98 m^3/s$ und $h_2 = 1,25m$ sollen weiterhin gelten. Bei welcher
   Schützenanhebung a ist der Oberwasserstand wieder $h_0 = 1,80m$.

Lösung zu a:
Die Ausflussmenge ist

$$Q = \mu \cdot b \cdot a \cdot \sqrt{2g \cdot h_0}$$

mit $\mu = f(\alpha, h_0 / a) = f(90°; 12,00) = 0,60$ folgt

$$Q = 0,60 \cdot 1,20 \cdot 0,15 \cdot \sqrt{2 \cdot 9,81 \cdot 1,80} = 0,6418 \frac{m^3}{s}$$

Lösung zu b:

Tabelle 4-27: Zusammenstellung der wichtigsten Parameter und Ergebnisse

$a\,[m]$	$\dfrac{h_0}{a}$	$\mu\,[/]$	$Q\left[\dfrac{m^3}{s}\right]$
0,20	9,00	0,599	0,8544
0,22	8,18	0,598	0,9379
0,23	7,83	0,597	0,9795

Systematische Variantenrechnungen bezogen auf den Schützenhub a liefern letztendlich das Ergebnis $a = 0,23\,m$.

Lösung zu c:

Die Grenze zwischen beiden Abflussformen hängt von der Einschnürungszahl ψ und den Verhältnissen h_0/a sowie h_2/a ab. Aus $h_0/a = 1,80/0,23 = 7,826$ beziehungsweise dem Kehrwert 0,1278 folgt $\psi = 0,620$. Im Diagramm für die Grenze zwischen freiem und rückgestautem Ausfluss unter Schütztafeln kann das Verhältnis $h_2/a = 3,94$ abgelesen oder berechnet werden. Die Grenzbedingung für die Unterwassertiefe liegt somit fest. Sie lautet:

$$h_2 = 3,94 \cdot a = 0,907\,m.$$

Lösung zu d:

Für den rückgestauten Ausfluss gilt:

$$Q = \mu \cdot \chi \cdot b \cdot a \cdot \sqrt{2g \cdot h_0}$$

Die Beiwerte μ und χ werden durch $\mu = f(a, h_0/a)$ sowie

$$\chi = \left(\frac{h_2}{a} ; \frac{h_0}{a} ; \alpha \right)$$

beeinflusst. Für die Wassertiefe im Oberwasser muss ein Wert $h_0 > 1,80\,m$ angenommen werden.

$$h_0 = 2,35\,m$$

$$\mu = f(90°; \ 10,22) = 0,60$$

$$\chi = f(90°; \ 5,43; 10,21) = 0,831$$

$$Q = \mu \cdot \chi \cdot b \cdot a \cdot \sqrt{2g \cdot h_0} = 0,934 \frac{m^3}{s}$$

Mit dieser Oberwassertiefe ist der geforderte Abfluss nicht eingehalten.

$$h_0 = 2,53m \rightarrow \mu = f(90°;\ 11) = 0,60$$

$$\chi = f(90°;5,43;11,00) = 0,838$$

$$Q = \mu \cdot \chi \cdot b \cdot a \cdot \sqrt{2g \cdot h_0} = 0,979\ \frac{m^3}{s}$$

Mit dem Oberwasserstand von 2,53m ist der gesuchte Ausfluss ermittelt.

Lösung zu e:

Hier ist in Analogie zu b) für die Konstanten $h_0 = 1,80m$ und $h_2 = 1,25m$ eine Variantenrechnung durchzuführen. Mit $a = 0,33m$ wird $Q = 0,969m^3/s$ errechnet. Mit $a = 0,34m$ wird $Q = 1,004m^3/s$ ermittelt. Die Lösung liegt somit zwischen 0,33m und 0,34m, genauer bei $a = 0,333m$.

Beispiel 4.5-4:	Unterströmte Wehrklappe in einer Kläranlage. Ermittlung des Neigungswinkels der Klappe bei Vorgabe von Q_{max} und der maximalen Stauhöhe. Formeln: 5.1-20 Seite 259; 5.1-21, Seite 260 und 5.2-15, Seite 276 Diagramme: 5.3-19- 5.3-22, Seite 286 ff und 5.4-12, Seite 294

In einer Kläranlage soll in einem Rechteckgerinne durch eine Wehrklappe der stationär gleichförmige Abfluss bei $h_2 = 1,40m$ im Unterwasser eingegestaut werden. Der maximal zulässige Oberwasserstand h_0 liegt bei zwei Meter. Weiterhin sind die Größen $b = 2,50m$, $I_s = 1,00‰$ und $k_{str} = 65m^{1/3}/s$ gegeben.

a) Gesucht ist die Schlüsselkurve des Unterwassers für dieses Rechteckgerinne mit der Manning-Strickler-Gleichung im Bereich $0,50m < h < 1,40m$.
b) Bei welchem Neigungswinkel α sind die geforderten Bedingungen erfüllt, wenn der Klappenradius $r = 2,10m$ beträgt.

Lösung zu a:
Die Manning- Strickler- Gleichung lautet:

$$Q = k_{Str} \cdot \frac{A^{\frac{5}{3}}}{U^{\frac{2}{3}}} \cdot I^{\frac{1}{2}}$$

Mit $A = b \cdot h$ sowie $U = 2b + h$ ergeben sich die folgenden Werte.

Tabelle 4-28: Berechnete Abflüsse nach Manning- Strickler

$h[m]$	$Q\left[\dfrac{m^3}{s}\right]$	$h[m]$	$Q\left[\dfrac{m^3}{s}\right]$
0,50	1,293	1,00	3,473
0,60	1,689	1,10	3,954
0,70	2,108	1,20	4,446
0,80	2,547	1,30	4,947
0,90	3,003	1,40	5,456

Die bei einer Wassertiefe von $h_2 = 1,40\,m$ im Unterwasser abfließende Wassermenge von $Q = 5,456\,m^3/s$ wird durch die Wehrklappe um 0,60m aufgestaut.

Lösung zu b:

Die Ausflussmenge wird mit folgender Gleichung ermittelt, wobei die Ausflusshöhe a nunmehr eine variable Größe ist.

$$a = r \cdot (1 - \sin\alpha)$$

$$Q = r \cdot (1 - \sin\alpha) \cdot b \cdot \chi \cdot \mu \cdot \sqrt{2g \cdot h_0} = 23,2546 \cdot (1 - \sin\alpha) \cdot \chi \cdot \mu \cdot \sqrt{h_0}$$

χ und μ hängen von verschiedenen Parametern ab.

$$\mu = f\left(\alpha; \Psi\left(\alpha; \frac{h_0}{a}\right); \frac{h_0}{h}\right) \; ; \; \chi = f\left(\alpha; \frac{h_0}{a}; \frac{h_2}{a}; \frac{h_2}{h_0}\right)$$

Der Zusammenhang zwischen der Einschnürungszahl ψ und dem Abflussbeiwert μ ist durch die positive Wurzel der folgenden quadratischen Gleichung gegeben:

$$\psi = \frac{\mu}{2x} + \mu \cdot \sqrt{\frac{1}{4x^2} + 1} \quad \text{mit } x = \frac{h_0}{a}$$

Mit Hilfe der Tabellen und Übersichten für den freien und den rückgestauten Ausfluss unter Schütztafeln kann für jeden beliebigen Neigungswinkel der Wehrklappe sowie jeder Wasserspiegellage im Ober- und Unterwasser die zugehörige Ausflussmenge Q berechnet werden. Jeder Neigung ist eine Öffnungshöhe a zugeordnet. Damit können alle auf a bezogenen relativen Höhen berechnet werden. Die Ausflusszahl μ liegt fest. Aus μ folgt ψ und aus

$$\frac{h_2}{a} = \frac{\psi}{2} \cdot \left(\sqrt{1 + \frac{16}{\psi \cdot \left(1 + \dfrac{\psi \cdot a}{h_0}\right)} \cdot \frac{h_0}{a}} - 1\right)$$

kann entschieden werden, ob der vorliegende Fließzustand frei oder rückgestaut ist.

Mit χ kann der gesuchte Faktor berechnet werden. In dieser Aufgabe ist für den Oberwasserstand $h_0 = 2m$ und den Unterwasserstand $h_2 = 1,40m$ der Ausfluss $Q = 5,456m^3/s$ zu garantieren. Gesucht ist der Neigungswinkel α, der dieser Forderung genügt. Mit einem „Wehrklappenprogramm" wird eine Variantenberechnung, beginnend bei $\alpha = 75^0$, durchgeführt.

Tabelle 4-29: Geometrische und hydraulischen Größen für den Ausfluss unter einer drehbaren Wehrklappe

Lfd. Nr.	$\alpha[^\circ]$	$a[m]$	$\mu[/]$	$\psi[/]$	$\chi[/]$	$Q[m^3/s]$	Abflussart
1	75	0,072	0,613	0,619	0,572	0,393	Gestaut
2	74	0,081	0,622	0,630	0,576	0,456	Gestaut
3	73	0,092	0,63	0,639	0,58	0,525	Gestaut
4	72	0,103	0,637	0,648	0,584	0,599	Gestaut
5	71	0,114	0,643	0,655	0,589	0,679	Gestaut
6	70	0,127	0,648	0,661	0,595	0,764	Gestaut
7	69	0,139	0,652	0,667	0,6	0,854	Gestaut
8	68	0,153	0,655	0,672	0,606	0,95	Gestaut
9	67	0,167	0,658	0,676	0,612	1,052	Gestaut
10	66	0,182	0,66	0,68	0,619	1,16	Gestaut
11	65	0,197	0,661	0,683	0,626	1,275	Gestaut
12	64	0,213	0,662	0,686	0,633	1,396	Gestaut
13	63	0,229	0,663	0,689	0,641	1,524	Gestaut
14	62	0,246	0,664	0,691	0,649	1,659	Gestaut
15	61	0,263	0,664	0,694	0,658	1,802	Gestaut
16	60	0,281	0,664	0,696	0,667	1,952	Gestaut
17	59	0,3	0,664	0,698	0,677	2,111	Gestaut
18	58	0,319	0,664	0,700	0,687	2,279	Gestaut
19	57	0,339	0,663	0,701	0,699	2,457	Gestaut
20	56	0,359	0,662	0,703	0,71	2,646	Gestaut
21	55	0,38	0,662	0,705	0,723	2,846	Gestaut
22	54	0,401	0,661	0,706	0,737	3,059	Gestaut
23	53	0,423	0,66	0,708	0,752	3,287	Gestaut
24	52	0,445	0,66	0,710	0,768	3,531	Gestaut
25	51	0,468	0,659	0,712	0,786	3,796	Gestaut
26	50	0,491	0,658	0,713	0,807	4,086	Gestaut
27	49	0,515	0,657	0,715	1,000	5,302	Frei
28	48	0,539	0,657	0,717	1,000	5,547	Frei
29	47	0,564	0,656	0,719	1,000	5,796	Frei
30	46	0,589	0,655	0,722	1,000	6,049	Frei

Für $\alpha = 60°$ soll ein konkreter Fall durchgerechnet werden.

$$a = r \cdot (1 - \sin\alpha) = 2,10 \cdot (1 - \sin 60) = 0,2813\text{m}$$

Für $\quad \dfrac{a}{h_0} = \dfrac{0,2813}{2,00} = 0,1407$ und $\alpha = 60° \;\rightarrow\; \mu = 0,664 \;\rightarrow\; \psi = 0,696$

Für $\quad \dfrac{h_2}{a} = \dfrac{1,40}{0,2813} = 4,977 \quad \psi = 0,696$ sowie $\dfrac{h_0}{a} = 7,11$

folgt rückgestauter Ausfluss.

Für $\quad \dfrac{h_2}{a} = \dfrac{1,40}{0,2813} = 4,977$

$\qquad \psi = 0,696$ sowie $\dfrac{h_0}{a} = 7,11$ und $\dfrac{h_2}{h_0} = 0,70$ ergibt sich $\chi = 0,667$

$$Q = 2,10 \cdot (1 - \sin 60) \cdot 2,50 \cdot 0,667 \cdot 0,664 \cdot \sqrt{19,62 \cdot 2} = 1,952 \frac{\text{m}^3}{\text{s}}$$

Der geforderte Ausfluss wird mit diesem Wert nicht erreicht.

Die Ergebnisse aus der Tabelle 4-29 zeigen, dass ab einem Winkel von 49° Wehrklappennei-gung freier Ausfluss vorliegt. Die Ausflusswassermenge steigt bei diesem Flieswechsel sprunghaft an. Die geforderten $Q = 5,456\text{m}^3/\text{s}$ werden bei einer Klappenneigung α zwischen 48° und 49° erreicht.

4.6 Berechnungsbeispiele zu Sonderformen

4.6.1 Beispiele zu Schachtüberfällen

Beispiel 4.6.1-1:   Berechnung der notwendigen Überfallhöhen eines Schachtüberfalls in einem zylindrischen Behälter mit der Poleni-Gleichung.

Der zylindrische Behälter hat einen Durchmesser von $d_2 = 4,00\text{m}$. Der Überlauf am darge-stellten Behälter ist unter der Bedingung $h = 0,20 \cdot d_1$ zu bemessen, wobei d_1 der Durchmesser des Schachtüberfalles ist.

a) Für die Überfallwassermenge $Q = 80\text{m}^3/\text{h}$ und $\mu = 0,70$ sind der Durchmesser d_1 und die Überfallhöhe h gesucht.

b) Für die Überfallwassermenge $Q = 100\text{m}^3/\text{h}$ und $\mu = 0,70$ sind der Durchmesser d_1 und die Überfallhöhe h gesucht.

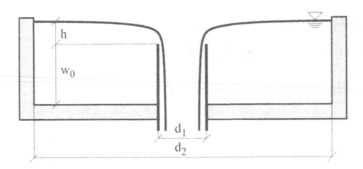

Abbildung 4-7:   Behälter mit Schachtüberfall

Lösung zu a:

Gegeben ist $Q = 80 \, m^3/h = 22{,}22 \cdot 10^{-3} \, m^3/s$. Bei Schachtüberfällen gilt ebenfalls die Poleni-Gleichung, wobei die Wehrbreite b dem Umfang der Wehrkrone entspricht.

$$Q = \frac{2}{3}\mu \cdot b_u \cdot \sqrt{2g} \cdot h^{\frac{3}{2}}$$

$$b_U = \frac{3Q}{2\mu \cdot \sqrt{2g} \cdot (0{,}20 \cdot d_1)^{\frac{3}{2}}} = \frac{3 \cdot 22{,}20 \cdot 10^{-3}}{2 \cdot 0{,}70 \cdot 4{,}43 \cdot (0{,}20 \cdot d_1)^{\frac{3}{2}}} = \frac{0{,}010748}{(0{,}20 \cdot d_1)^{\frac{3}{2}}}$$

$$b_U = \pi \cdot d_1$$

$$d_1 = \frac{0{,}010748}{\pi \cdot \sqrt{0{,}20^3} \cdot \sqrt{d_1^{\,3}}} \rightarrow d_1 = \sqrt[5]{0{,}0015} = 0{,}2711 \, m$$

$$h = 0{,}20 \cdot d_1 = 0{,}20 \cdot 0{,}2711 = 0{,}05422 \, m$$

Lösung zu b:

bei $Q = 100 \, \dfrac{m^3}{h} = 0{,}02778 \, \dfrac{m^3}{s}$

$$b_U = \frac{3 \cdot 27{,}78 \cdot 10^{-3}}{2 \cdot 0{,}70 \cdot 4{,}43 \cdot (0{,}20 \cdot d_1)^{\frac{3}{2}}} = \frac{0{,}01344}{(0{,}20 \cdot d_1)^{\frac{3}{2}}}$$

mit $b_U = \pi \cdot d_1$ folgt

$$d_1 = \frac{0{,}01344}{\pi \cdot \sqrt{0{,}20^3} \cdot \sqrt{d_1^{\,3}}} \rightarrow d_1 = \sqrt[5]{0{,}002289} = 0{,}296 \, m$$

$$h = 0{,}20 \cdot d_1 = 0{,}20 \cdot 0{,}296 = 0{,}0592 \, m$$

Beispiel 4.6.1-2:   Berechnung des Durchmessers eines radial angeströmten Überlauf-
                       schachtes mit der Poleni-Gleichung

Gesucht ist der Durchmesser d des Überlaufschachtes, wenn mit $\mu = 0,55$ gerechnet wird.

a) Für $Q = 290 m^3/h$, wenn die Überfallhöhe h maximal $0,05 m$ betragen darf.

b) Für $Q = 340 m^3/h$, wenn die Überfallhöhe h maximal $0,06 m$ betragen darf.

Lösung zu a:

bei $h = 0,05 m$ und $Q = 290 m^3/h$

$$Q = \frac{2}{3}\mu \cdot b_U \cdot \sqrt{2g} \cdot h^{\frac{3}{2}}$$

$$b_U = \frac{3Q}{2\mu \cdot \sqrt{2g} \cdot h^{\frac{3}{2}}}$$

Mit $Q = 290 m^3/h = 80,56 \cdot 10^{-3} m^3/s$ einem $\mu = 0,55$ und $h = 0,05 m$ ergibt sich

$$b_U = \frac{3 \cdot 0,08056}{2 \cdot 0,55 \cdot 4,43 \cdot 0,0112 \cdot 0,05^{\frac{3}{2}}} = 4,428 m$$

$$b_U = \pi \cdot D$$

$$d = \frac{b_U}{\pi} = \frac{4,428}{\pi} = 1,41 m$$

Lösung zu b:

Bei einer Überfallhöhe von $h = 0,06 m$ und einem Überfallbeiwert von $\mu = 0,55$ und einer zu
entlastenden Überfallwassermenge von $Q = 340 m^3/h = 0,09444 m^3/s$ ergeben sich nachfolgende Ergebnisse.

$$b_U = \frac{3Q}{2\mu \cdot \sqrt{2g} \cdot h^{\frac{3}{2}}} = 4,87 m$$

$$d = \frac{b_U}{\pi} = \frac{4,87}{\pi} = 1,55 m$$

Beispiel 4.6.1-3:   Berechnung des Durchmessers an vollkommenen Standard-Schachtüber-
                       fällen bei vorgegebenem Abfluss
                       Formeln: 5.1-22, Seite 261
                       Diagramme: 5.3-23, Seite 288

Für einen Standard-Schachtüberfall soll der Radius r ermittelt werden. Dazu sind folgende
Parameter gegeben. Der Bemessungsabfluss Q beträgt $120\text{m}^3/\text{s}$ und die Bemessungsüberfall-
höhe $h_E = 1,50\text{m}$.

Lösung:

Aus der Formelübersicht für den Standard-Schachtüberfall kann folgender Ansatz entnommen
werden:

$$Q = 2\pi \cdot r \cdot C_h \cdot h^{\frac{3}{2}}$$

Hier gilt:

$$C_h = 1,2494 \cdot \left(\frac{h}{r}\right)^4 - 2,2302 \cdot \left(\frac{h}{r}\right)^3 + 0,6423 \cdot \left(\frac{h}{r}\right)^2 - 0,5537 \cdot \left(\frac{h}{r}\right) + 2,199$$

Nach r umgestellt ergibt sich:

$$r = \frac{Q}{2\pi \cdot C_h \cdot h^{\frac{3}{2}}}$$

Angenommen wird das Verhältnis $h/r = 0,20$. Mit diesem Wert kann der zugehörige Überfallbeiwert aus dem Diagramm mit $C_h = 2,09\text{m}^{1/2}/\text{s}$ abgelesen werden.

Somit ist:

$$r = \frac{120}{2\pi \cdot 2,09 \cdot 1,50^{\frac{3}{2}}} = 4,98\text{m}.$$

Hieraus errechnet sich das Verhältnis $h/r = 1,50/4,98 = 0,301$. Damit wird der Überfallbeiwert
zu $C_h = 2,03\text{m}^{1/2}/\text{s}$ und

$$r = \frac{120}{2\pi \cdot 2,04 \cdot 1,50^{\frac{3}{2}}} = 5,096\text{m} \quad \text{folglich ist} \, Q = 120,24\text{m}^3/\text{s}$$

Die etwas genauere Lösung ergibt sich für $r = 5,09\text{m}$ mit $Q = 120,009\text{m}^3/\text{s}$.

Beispiel 4.6.1-4:   Vergleich der Überfallwassermengen eines vollkommenen scharfkantigen Schachtüberfalls und einem Standard-Schachtüberfall

   Formeln: 5.1-22, Seite 261 und 5.1-23, Seite 262

   Diagramme: 5.3-23, Seite 288 und 5.3-24, Seite 288

Für einen scharfkantigen und einen Standard-Schachtüberfall sollen für zwei verschiedene Radien r = 1,50m und r = 3,00m in Abhängigkeit von der Überfallhöhe h die Abflüsse Q berechnet und verglichen werden.

a) scharfkantiger Schachtüberfall

b) Standard-Schachtüberfall

Lösung zu a:

Aus den Grundlagen für den scharfkantigen Schachtüberfall können folgende Beziehungen entnommen werden:

$$Q = 2\pi \cdot r \cdot C_h \cdot h^{\frac{3}{2}} \text{ mit } C_h = f\left(\frac{h}{r}\right)$$

sowie die Beziehung für den Überfallbeiwert:

$$C_h = -1,458 \cdot \left(\frac{h}{r}\right)^3 + 0,589 \cdot \left(\frac{h}{r}\right)^2 - 0,227 \cdot \left(\frac{h}{r}\right) + 1,841$$

Mit Hilfe dieser beiden Gleichungen können die Werte in der Tabelle 4-30 berechnet werden.

Tabelle 4-30:   Berechnete Überfallwassermengen für unterschiedliche Radien an einem scharfkantigen Schachtüberfall

$h[m]$	$\frac{h}{r}[-]$	$C_h\left[\frac{m^{\frac{1}{2}}}{s}\right]$	$Q\left[\frac{m^3}{s}\right]$	$h[m]$	$\frac{h}{r}[-]$	$C_h\left[\frac{m^{\frac{1}{2}}}{s}\right]$	$Q\left[\frac{m^3}{s}\right]$
r = 1,50m				r = 3,00m			
0,10	0,07	1,83	0,54	0,10	0,03	1,83	1,09
0,20	0,13	1,82	1,53	0,20	0,07	1,83	3,08
0,30	0,20	1,81	2,80	0,30	0,10	1,82	5,65
0,40	0,27	1,79	4,28	0,40	0,13	1,82	8,67
0,50	0,33	1,78	5,92	0,50	0,17	1,81	12,08
0,60	0,40	1,75	7,67	0,60	0,20	1,81	15,83
0,70	0,47	1,72	9,47	0,70	0,23	1,80	19,89
0,80	0,53	1,67	11,24	0,80	0,27	1,79	24,21

Lösung zu b:

Für den Standard-Schachtüberfall gilt:

$$Q = 2\pi \cdot r \cdot C_h \cdot h^{\frac{3}{2}}$$

$$C_h = 1,2494 \cdot \left(\frac{h}{r}\right)^4 - 2,2302 \cdot \left(\frac{h}{r}\right)^3 + 0,6423 \cdot \left(\frac{h}{r}\right)^2 - 0,5537 \cdot \left(\frac{h}{r}\right) + 2,199$$

Tabelle 4-31:   Berechnete Überfallwassermengen für unterschiedliche Radien für den Standard-Schachtüberfall

$h[m]$	$\frac{h}{r}[-]$	$C_h\left[\frac{m^{\frac{1}{2}}}{s}\right]$	$Q\left[\frac{m^3}{s}\right]$	$h[m]$	$\frac{h}{r}[-]$	$C_h\left[\frac{m^{\frac{1}{2}}}{s}\right]$	$Q\left[\frac{m^3}{s}\right]$
$r = 1,50m$				$r = 3,00m$			
0,10	0,07	2,16	0,65	0,10	0,03	2,18	1,30
0,20	0,13	2,13	1,80	0,20	0,07	2,16	3,65
0,30	0,20	2,09	3,25	0,30	0,10	2,16	6,65
0,40	0,27	2,06	4,91	0,40	0,13	2,15	10,16
0,50	0,33	2,02	6,73	0,50	0,17	2,11	14,09
0,60	0,40	1,97	8,63	0,60	0,20	2,10	18,38
0,70	0,47	1,91	10,56	0,70	0,23	2,08	22,96
0,80	0,53	1,85	12,47	0,80	0,27	2,06	27,80

Die Leistungsfähigkeit der beiden Überfallformen kann nun verglichen werden. Wie zu erwarten, ist die Leistungsfähigkeit des Standardüberfalles größer als die des scharfkantigen Schachtüberfalles. Verursacht wird dieses durch den Überfallbeiwert, der vom Verhältnis h/r abhängt.

Von anfänglichen annähernd 19 % reduziert sich die Leistungssteigerung des Standardüberfalles gegenüber dem scharfkantigem Schachtüberfall bei h = 0,80m auf rund 15%.

Beispiel4.6.1-5:   Berechnung von Überfallhöhen an vollkommenen scharfkantigen Schachtüberfällen

Formeln: 5.1-23, Seite 262

Diagramme: 5.3-24, Seite 288

Von einem im Grundriss scharfkantigen kreisförmigen Schachtüberfalls soll die Überfallhöhe h ermittelt werden. Gegeben sind d = 0,40m sowie die Überfallwassermengen Q = 70,00 l/s.

Lösung:

Die Überfallhöhe wird iterativ bestimmt. Dazu wird ein Anfangswert von $h = 0,10\,m$ angenommen. Es ergeben sich $r = d/2 = 0,20\,m$ und $h/r = 0,10/0,20 = 0,50$. Aus dem Diagramm für den scharfkantigen Schachtüberfall kann ein Überfallbeiwert von $C_h = 1,693\,m^{1/2}/s$ entnommen werden. Die Überfallhöhe kann somit berechnet werden:

$$h = \sqrt[3]{\left(\frac{Q}{2\pi \cdot r \cdot C_h}\right)^2} = \sqrt[3]{\left(\frac{0,07}{2\pi \cdot 0,20 \cdot 1,693}\right)^2} = 0,1027\,m.$$

Die berechnete Überfallhöhe stimmt mit der angenommenen überein.

Beispiel 4.6.1-6:   Berechnung der Überfallwassermengen und Überfallhöhen an vollkommenen scharfkantigen Schachtüberfällen

Formeln: 5.1-23, Seite 262

Diagramme: 5.3-24, Seite 288

An einer Stauanlage wird zur Entlastung ein scharfkantiger Schachtüberfall genutzt. Der Durchmesser des Schachtbauwerkes beträgt $d = 3\,m$. Die bisher maximal beobachtete Überfallhöhe betrug 0,55 m.

a) Welchen Überfallwassermenge Q ergab sich bei diesem Ereignis?

b) Welcher Wasserstand h stellt sich bei einer Abflussmenge von $10\,m^3/s$ ein?

Lösung zu a:

Es gilt

$$Q = 2\pi \cdot r \cdot C_h \cdot h^{\frac{3}{2}} \text{ und } C_h = f(h/r)$$

Dieser Wert wird aus dem Diagramm abgelesen beziehungsweise über folgende Formel berechnet werden:

$$C_h = -1,458 \cdot \left(\frac{h}{r}\right)^3 + 0,589 \cdot \left(\frac{h}{r}\right)^2 - 0,227 \cdot \left(\frac{h}{r}\right) + 1,841$$

$$\frac{h}{r} = \frac{0,55}{3} = 0,1833 \text{ folgt } C_h = 1,81\,m^{1/2}/s$$

$$Q = 2\pi \cdot 3 \cdot 1,81 \cdot h^{\frac{3}{2}} = 13,92\,\frac{m^3}{s}$$

Lösung zu b:

Dieses Problem kann über Fixpunktiteration gelöst werden.

$$Q = 2\pi \cdot r \cdot C_h \cdot h^{\frac{3}{2}}$$

$$C_h = -1,458 \cdot \left(\frac{h}{r}\right)^3 + 0,589 \cdot \left(\frac{h}{r}\right)^2 - 0,227 \cdot \left(\frac{h}{r}\right) + 1,841$$

$$Q = 2\pi \cdot r \cdot \left[-1,458 \cdot \left(\frac{h}{r}\right)^3 + 0,589 \cdot \left(\frac{h}{r}\right)^2 - 0,227 \cdot \left(\frac{h}{r}\right) + 1,841\right] \cdot h^{\frac{3}{2}}$$

$$h_{i+1} = \sqrt[3]{\left[\frac{Q}{2\pi \cdot r \cdot \left[-1,458 \cdot \left(\frac{h_i}{r}\right)^3 + 0,589 \cdot \left(\frac{h_i}{r}\right)^2 - 0,227 \cdot \left(\frac{h_i}{r}\right) + 1,841\right]}\right]^2}$$

$$h_{i+1} = \sqrt[3]{\left[\frac{10}{2\pi \cdot 3 \cdot \left[-1,458 \cdot \left(\frac{h_i}{3}\right)^3 + 0,589 \cdot \left(\frac{h_i}{3}\right)^2 - 0,227 \cdot \left(\frac{h_i}{3}\right) + 1,841\right]}\right]^2} \qquad h = 0,44 m$$

4.6.2   Beispiele zu Heberwehren

Beispiel 4.6.2-1:   Berechnung der maximalen Fallhöhe sowie der Druckverteilung im Heberscheitel
Formeln: 5.1-24, Seite 263

Für ein Heberwehr nach Abbildung 2-51 beziehungsweise nach Abbildung 2-52 sind die Parameter $h = 0,15 m$, $a = 0,10 m$ $b = 1,00 m$ $r_a = 0,60 m$ und $r_i = 0,50 m$ gegeben. Die maximale Unterdruckhöhe beträgt $-7,00 m$.

a) Berechnet werden soll die maximal mögliche Fallhöhe.

b) Für den kleinsten Q_{max} – Wert ist die Druckverteilung im Heberscheitel zu ermitteln.

Lösung zu a:

Beginnend mit dem äußeren Radius, wird zuerst die maximale Heberleistung berechnet.

$$Q_{max} = b \cdot r_a \cdot \ln\left(1 + \frac{a}{r_i}\right) \cdot \sqrt{2g \cdot (h - a + 7)}$$

$$Q_{max} = 1 \cdot 0,60 \cdot \ln\left(1 + \frac{0,10}{0,50}\right) \cdot \sqrt{19,62 \cdot (0,15 - 0,10 + 7)} = 1,287\frac{m^3}{s}$$

Nunmehr wird diese für den inneren Radius ermittelt.

$$Q_{max} = b \cdot r_i \cdot \ln\left(1 + \frac{a}{r_i}\right) \cdot \sqrt{2g \cdot (h + 7)}$$

$$Q_{max} = 1 \cdot 0,50 \cdot \ln\left(1 + \frac{0,10}{0,50}\right) \cdot \sqrt{19,62 \cdot (0,15 + 7)} = 1,079\frac{m^3}{s}$$

Bei der Festlegung von $h_{H\,max}$ gilt der kleinere der beiden Durchflüsse. Somit ergibt sich für die maximal mögliche Fallhöhe $h_{H\,max}$:

$$h_{H\,max} = \frac{Q^2_{max}}{a^2 \cdot b^2 \cdot \mu_H^2 \cdot 2g} = \frac{1,079^2}{0,10^2 \cdot 1^2 \cdot 0,79^2 \cdot 2g} = 9,51m$$

Lösung zu b:

$$\frac{P_{(z)}}{\rho \cdot g} = h - h_v - z - \frac{Q^2}{2g \cdot b^2 \cdot (r_i + z)^2 \cdot \ln^2(1 + \frac{a}{r_i})} \quad \text{mit } h_v = 0m$$

Beispiel für $z = 0,02$

$$\frac{P_{(0,02)}}{\rho \cdot g} = 0,15m - 0,02m - \frac{1,079^2}{19,62 \cdot 1^2 \cdot (0,50 + 0,02)^2 \cdot \ln^2\left(1 + \frac{0,10}{0,50}\right)}$$

$$\frac{P_{(0,02)}}{\rho \cdot g} = -6,472m > -7m$$

Für die Werte $z = 0,00$ bis $z = a$ sind die Druckhöhen in der folgenden Tabelle dargestellt.

Tabelle 4-32:   Druckhöhen im Heberscheitel

z [m]	$p_z / \rho \cdot g$ [m]	z [m]	$p_z / \rho \cdot g$ [m]
0,00	-6,990	0,06	-5,602
0,01	-6,723	0,07	-5,414
0,02	-6,472	0,08	-5,237
0,03	-6,235	0,09	-5,068
0,04	-6,012	0,10	-4,909
0,05	-5,801		

Beispiel 4.6.2-2:   Dimensionierung eines Heberwehres bei Vorgabe der Entlastungswasser-
menge. Berechnung der Energiehöhe und der Druckverteilung im
Scheitel.
Formeln: 5.1-24, Seite 263

Eine Staumauer soll zur Hochwasserentlastung mit Saughebern ausgerüstet werden. Abzuführen ist eine Wassermenge von $180 m^3/s$. Der Austrittsquerschnitt der Heber liegt 12m unterhalb des Stauzieles.

a) Mit $\mu_H = 0,75$ und $h_H = 12m$ ist der Heber zu dimensionieren.
b) Es ist die Energiehöhe H und die Druckverteilung im Scheitelquerschnitt zu ermitteln.
c) Kann die geforderte Entlastungswassermenge abgeführt werden?
d) Wie ist die Druckverteilung im Heberscheitel?

Lösung zu a:

$$Q_H = a \cdot b \cdot \mu_H \cdot \sqrt{2g \cdot h_H}$$

$$A = a \cdot b = \frac{Q_H}{\mu_H \cdot \sqrt{2g \cdot h_H}} = \frac{180}{0,75 \cdot \sqrt{2 \cdot 9,81 \cdot 12}} = 15,60 m^2$$

Diesen Wert muss der Abflussquerschnitt aufweisen. Werden 10 Heber mit je 2,00m Breite gewählt, so ist die Austrittshöhe 0,78m. Es werden somit pro Heber $18 m^3/s$ abgeführt. Sicherheitshalber erhält der Scheitelquerschnitt eine Höhe von $a = 1,00m$. Für den Innenradius wird $r_i = 1,50m$ gewählt und somit wird der Außenradius $r_a = 2,50m$. Der untere Scheitelpunkt soll 0,15 m unter dem höchsten Wasserspiegel liegen.

Lösung zu b:
Die Bernoulligleichung im Heberscheitel lautet:

$$H_s = z + \frac{p_z}{\rho \cdot g} + \frac{v_z^2}{2g}$$

Bezogen auf den Horizont $z = 0$ (Abbildung 2-52) beträgt die Energiehöhe

$$H_s = h - h_v \ (h_v = 0).$$

Die Druckhöhe im Heberquerschnitt ergibt sich zu

$$\frac{P_{(z)}}{\rho \cdot g} = h - z - \frac{Q^2}{2g \cdot b^2 \cdot (r_i + z)^2 \cdot \ln^2(1 + a / r_i)}$$

Lösung zu c:

Mit der Unterdruckbegrenzung $p_S / \rho \cdot g = -7\,m$ folgt:

$$Q_{max} = b \cdot r_a \cdot \ln\left(1 + \frac{a}{r_i}\right) \cdot \sqrt{2g \cdot (h - a + 7)}$$

$$Q_{max} = 2 \cdot 2,50 \cdot \ln\left(1 + \frac{1}{1,50}\right) \cdot \sqrt{19,62 \cdot (0,15 - 1 + 7)} = 28,06 \frac{m^3}{s}$$

$$Q_{max} = b \cdot r_i \cdot \ln\left(1 + \frac{a}{r_i}\right) \cdot \sqrt{2 \cdot g \cdot (h + 7)}$$

$$Q_{max} = 2 \cdot 1,50 \cdot \ln\left(1 + \frac{1}{1,50}\right) \cdot \sqrt{19,62 \cdot (0,15 + 7)} = 18,15 \frac{m^3}{s}$$

Damit ist der Nachweis geführt, dass die Leistungsfähigkeit der 10 Heber ausreicht.

Lösung zu d:

$$\frac{P_{(z)}}{\rho \cdot g} = h - z - \frac{Q^2}{2g \cdot b^2 \cdot (r_i + z)^2 \cdot \ln^2(1 + a / r_i)}$$

Beispiel für $z = 0,20\,m$:

$$\frac{P_{(0,2)}}{\rho \cdot g} = 0,15m - 0,20m - \frac{18,15^2}{19,62 \cdot 2,00^2 \cdot (1,50 + 0,20)^2 \cdot \ln^2\left(1 + \frac{1}{1,50}\right)}$$

$$\frac{P_{(z)}}{\rho \cdot g} = -5,616m > -7,00m$$

Für die Werte $z = 0,00$ bis $z = a$ werden die Druckhöhen in der folgenden Tabelle dargestellt:

Tabelle 4-33:   Druckhöhen im Heberscheitel

z [m]	$p_z / \rho \cdot g$ [m]	z [m]	$p_z / \rho \cdot g$ [m]
0,00	-6,999	0,60	-4,098
0,10	-6,234	0,70	-3,874
0,20	-5,616	0,80	-3,691
0,30	-5,115	0,90	-3,543
0,40	-4,706	1,00	-3,424
0,50	-4,372		

4.6.3   Beispiele zu Streichwehren

Beispiel 4.6.3-1:   Berechnet werden soll der Wasserspiegelverlauf an einem gedrosselten Streichwehr

Der Zulauf zu einem Streichwehr hat ein Kreisprofil mit $d_0 = 591 \text{mm}$. Gemessen wurde der zugehörige Durchfluss $Q_0 = 0,3474 \text{m}^3/\text{s}$. Die Nennweite der dem Streichwehr folgenden Drosselleitung ist $d_U = 200 \text{mm}$. Der Drosselabfluss ist mit $Q_u = 0,0656 \text{m}^3/\text{s}$, der Unterwasserstand mit $h_{xS} = h_u = 0,5443 \text{m}$ gemessen worden. Weiterhin sind $I_S = 0,00476$; $k = 1,5 \text{mm}$; $L = 2,50 \text{m}$ sowie $w_m = 0,327 \text{m}$ vorgegeben. Genauere Angaben zur Lage von Sohle und Wehr lauten: $z_0 = 0,012 \text{m}$; $z_u = 0,00 \text{m}$; $w_0 = 0,312 \text{m}$; $w_u = 0,333 \text{m}$. Der Wasserspiegelverlauf soll mit Hilfe des Lohner-Algorithmus AWA entlang des $L = 2,50 \text{m}$ langen Streichwehres in 10 Teilschritten berechnet werden. Die Ergebnisse sind mit den Werten von Wetzstein [54] zu vergleichen. Für einen konkreten Fall sind alle hydraulischen beziehungsweise geometrischen Kenngrößen zu ermitteln.

Lösung:

Mit einem System von Gleichungen und zwei gewöhnlichen Differentialgleichungen für h(x) und Q(x), die simultan gelöst werden, wird, beginnend mit den Startwerten:

$$Q_u = 0,0656 \text{m}^3/\text{s} \quad \text{und} \quad h_u = 0,5443 \text{m},$$

entgegen der Fließrichtung der Wasserspiegel und die jeweils zugehörige spezifische Entlastungsmenge in 0,25m -Schritten berechnet. Konkret sollen alle wesentlichen hydraulischen sowie geometrischen Größen nach $x_S = -1,00 \text{m}$ berechnet werden.

$$d_w = \frac{w_0 - w_u}{L};$$

$$d_b = \frac{d_0 - d_u}{L}$$

$$d_z = \frac{z_0 - z_u}{L}$$

$$I_S = d_z$$

Der Durchfluss $Q(x)$ wird im Lohner-Algorithmus mit U_1 bezeichnet.

$$Q = U_1$$

Die auf die Sohle bezogene Fließtiefe $h(x)$ wird mit U_2 eingeführt.

$$h = U_2$$

$$e = \sqrt{h_{xS} - w}$$

$$b = d_u - x_S \cdot d_b$$

$$w = w_u - x_S \cdot d_w$$

$$z = z_u - x_S \cdot d_z ;$$

Der benetzte Umfang sowie der Flächeninhalt sind auf das U- Profil vor dem Streichwehr bezogen.

$$U = \frac{\pi}{2} \cdot b + 2\left(h_{xS} - \frac{b}{2}\right)$$

$$A = b \cdot h_{xS} + \left(\frac{\pi}{8} - 0{,}50\right) \cdot b^2$$

$$d_A = \left(h_{xS} + b \cdot (0{,}25 \cdot \pi - 1)\right) \cdot d_b$$

$$R = \frac{A}{U} \quad \text{und} \quad v = \frac{Q}{A} \quad \text{sowie} \quad h = h_{xS} - w$$

$$\mu = 0{,}95 \cdot \left(0{,}312 + \sqrt{0{,}30 - 0{,}01 \cdot \left(5 - \frac{h}{r}\right)^2}\right) + 0{,}09 \cdot \frac{h}{w}$$

$$c = \frac{2}{3}\sqrt{2g} \cdot \mu = 2{,}953 \cdot \mu = C_h$$

$$q = C_h \cdot \left(\left(h + P \cdot \frac{v^2}{2g}\right)^{1{,}50} - N \cdot \left(m \cdot b + \frac{v^2}{2g}\right)^{1{,}50}\right)$$

Mit $N = 0$ liegt die Formel von du Buat vor, mit $N = 1$ wird mit der Überfallformel von Weisbach gerechnet.

$$Fr^2 = \frac{v^2}{g \cdot \dfrac{A}{b}} = \frac{v^2 \cdot b}{g \cdot A}$$

Dieser Ausdruck ist das Quadrat der Froude-Zahl

$$\lambda = \frac{1}{\left(-2 \cdot \ln\left(\dfrac{k}{14,84 \cdot R}\right)\dfrac{1}{\ln 10}\right)^2}$$

$$I_e = \lambda \cdot \frac{v^2}{8g \cdot R}$$

$$W = h_{xS} + z$$

$$Z = z + d_0$$

$$H = W + \frac{v^2}{2g}$$

$$F_1 = -q = \frac{dQ}{dx}$$

$$F_2 = \frac{I_S - I_e - \dfrac{v^2}{g \cdot A} \cdot dA + q\dfrac{v^2}{g \cdot A}}{1 - F_r^2} = \frac{dh}{dx}$$

$$d_w = \frac{0,312 - 0,333}{2,50} = -0,0048$$

$$d_b = \frac{0,591 - 0,200}{2,50} = 0,1564$$

$$d_z = \frac{0,012 - 0}{2,50} = 0,0048$$

$$I_S = 0,0048$$

Der Startwert $Q = 0,0656 \text{m}^3/\text{s}$ ist der gemessene Anfangswert des Drosselabflusses. $h_u = 0,5443 \text{m}$ ist der gemessene Unterwasserstand. Mit der numerischen Lösung dieses Systems von Gleichungen und Differentialgleichungen werden mit den beiden Startwerten der nächste Wasserstand und die Entlastungsmenge errechnet.

Einen Meter von der Drosselleitung entfernt beträgt der Wasserstand $h_x = 0,4516 \text{m}$. Die Überfallwassermenge erhöht sich von Q_u auf $Q = 0,21837 \text{m}^3/\text{s}$.

$$b = 0,20 + 1 \cdot 0,1564 = 0,3564 \text{m}$$

$$w = 0,333 + 1 \cdot (-0,0048) = 0,3282\,\text{m}\,;$$

$$z = 0 + 1 \cdot 0,0048 = 0,0048\,\text{m}$$

$$e = \sqrt{0,4516 - 0,3282} = 0,3513\,\text{m}^{1/2}$$

Der benetzte Umfang sowie der Flächeninhalt sind auf das vorliegende U- Profil bezogen.

$$U = \frac{\pi}{2} \cdot 0,3564 + 2 \cdot \left(0,3564 - \frac{0,3564}{2}\right) = 1,1066\,\text{m}$$

$$A = 0,3564 \cdot 0,4516 + \left(\frac{\pi}{8} - 0,50\right) \cdot 0,3564^2 = 0,1473\,\text{m}^2$$

$$d_A = \left(0,4516 + 0,3564 \cdot (0,25 \cdot \pi - 1)\right) \cdot 0,1564 = 0,05867\,\text{m}^2\,;$$

$$R = \frac{0,1473}{1,1066} = 0,1331\,\text{m} \quad \text{und} \quad v = \frac{0,21837}{0,1473} = 1,4824\,\frac{\text{m}}{\text{s}} \quad \text{sowie}$$

$$h = 0,4516 - 0,3282 = 0,1234\,\text{m}$$

$$\mu = 0,95 \cdot \left(0,312 + \sqrt{0,30 - 0,01 \cdot \left(5,00 - \frac{0,1234}{0,05}\right)^2}\right) + 0,09 \cdot \frac{0,1234}{0,3282} = 0,7899$$

$$C = \frac{2}{3}\sqrt{2g} \cdot \mu = 2,953 \cdot 0,7899 = 2,3326\,\frac{\text{m}^{\frac{1}{2}}}{\text{s}}$$

Mit P, N sowie $m = 0$ folgt:

$$q = C_h \cdot \left(\left(h + P \cdot \frac{v^2}{2 \cdot g}\right)^{1,50} - N \cdot \left(m \cdot b + \frac{v^2}{2g}\right)^{1,50}\right)$$

$$q = C_h \cdot h^{1,50} = 2,3326 \cdot 0,1234^{1,5} = 0,1011$$

$$Fr^2 = \frac{v^2}{g \cdot \dfrac{A}{b}} = \frac{1,4824^2 \cdot 0,3564}{9,81 \cdot 0,1473} = 0,5419$$

$$\lambda = \frac{1}{\left(-2 \cdot \ln\left(\dfrac{0,001}{14,84 \cdot 0,1331}\right)\dfrac{1}{\ln 10}\right)^2} = 0,02302$$

$$I_e = 0,02302 \cdot \frac{1,4821^2}{8,00 \cdot 9,81 \cdot 0,1331} = 0,004844$$

$$W = 0,4516 + 0,0048 = 0,4564\,\text{m}$$

$$Z = 0{,}0048 + 0{,}200 = 0{,}2048 \text{m}$$

$$H = 0{,}4564 + \frac{1{,}4821^2}{19{,}62} = 0{,}5683 \text{m}$$

$$F_1 = -q = \frac{dQ}{dx} = -0{,}1011$$

$$F_2 = \frac{dh}{dx_S} = \frac{0{,}0048 - 0{,}004844 - \dfrac{1{,}4842^2}{9{,}81 \cdot 0{,}1473} \cdot 0{,}05867 + 0{,}1011 \dfrac{1{,}4824^2}{9{,}81 \cdot 0{,}1473}}{1 - 0{,}5419} = 0{,}03163$$

Tabelle 4-34:   Berechneter Wasserspiegelverlauf

$x_S[m]$	$h_{x_S}[m]$	h [m]	$\mu[/]$	$Q\left[\dfrac{m^3}{s}\right]$	$Q_{Wetzstein}\left[\dfrac{m^3}{s}\right]$
0,000	0,5443	0,2113	0,8658	0,0656	0,0656
0,250	0,5091	0,1773	0,8437	0,1197	
0,500	0,4805	0,1499	0,8195	0,1601	
0,750	0,4622	0,1328	0,8011	0,1916	
1,000	0,4516	0,1234	0,7900	0,2184	
1,250	0,4453	0,1183	0,7836	0,2427	
1,500	0,4411	0,1153	0,7797	0,2657	
1,750	0,4376	0,1130	0,7768	0,2878	
2,000	0,4345	0,1111	0,7742	0,3093	
2,250	0,4314	0,1092	0,7717	0,3302	
2,500	0,4283	0,1073	0,7691	0,3504	0,3474

Betrachtet man die Ergebnisse für die Überfallwassermengen, so ist die Übereinstimmung der gemessenen und der berechneten Werte exzellent.

$$Q_0 = 0{,}3474 \frac{m^3}{s}$$

$$Q_{0berechnet} = 0{,}3504 \frac{m^3}{s}.$$

Die prozentuale Abweichung ist kleiner als 1%. Geht man von Versuchsreihen und deren Auswertungen durch Wetzstein [54] aus, so waren die zulaufenden und die ablaufenden Mengen und der Unterwasserstand vorgegeben. Mit dem Lohner-Algorithmus AWA sind bei Vorgabe des Unterwasserstandes und der ablaufenden Wassermenge die spezifischen Abschlagmengen und der Wasserspiegelverlauf verifiziert berechnet. Dies ist ein erheblicher wissenschaftlicher Fortschritt.

Die Übereinstimmung der berechneten Wasserstände und Überfallhöhen mit den Messwerten, beziehungsweise mit den berechneten Wasserspiegelverläufen von Wetzstein [54] ist ausgezeichnet.

Beispiel 4.6.3-2:   Der Verlauf des Wasserspiegels sowie der zugehörigen Entlastungswassermengen sind entlang eines Streichwehres in einem rechteckigen Kanal gesucht. Gegeben ist die Streichwehrlänge, sowie Durchfluss und Wasserstand im Unterwasser.

In einem rechteckigen Kanal mit $b = 10m$ sind die Bedingungen im Unterwasser mit $h_u = 2m$ und $Q_u = 12,50 m^3/s$ bekannt. Als Streichwehr ist ein halbkreisförmiges Wehr mit senkrechten Wänden nach Kramer vorgesehen. Die Wehrhöhe ist mit $w_0 = 1,70m$ und der Radius des Wehres mit $r = 0,10m$ vorgegeben. Weiterhin sind die Größen $I_S = 0,00$; $k = 0,25mm$ und $L = 24m$ bekannte.

a) Der Wasserspiegelverlauf sowie die spezifischen Entlastungsmengen entlang des $L = 24m$ langen Streichwehres ist mit Hilfe des Lohner-Algorithmus AWA in 12 Teilschritten zu berechnen. Gerechnet werden soll mit einem konstanten Überfallbeiwerte $\mu = 0,75$ und mit der Formel von Poleni. Das Endergebnis Q_0 ist mit dem Werte $Q_0 = 20 m^3/s$ von Bollrich [7] zu vergleichen.

b) Berechnet werden sollen der Wasserspiegelverlauf sowie die spezifischen Entlastungsmengen entlang des $L = 24m$ langen Streichwehres mit Hilfe des Lohner-Algorithmus AWA in 12 Teilschritten. Gerechnet werden soll mit der exakten Gleichung von Kramer für den Überfallbeiwert. Das Endergebnis Q_0 ist mit dem Werte $Q_0 = 20 m^3/s$ von Bollrich zu vergleichen. Für einen konkreten Fall sind alle hydraulischen sowie geometrischen Kenngrößen zu ermitteln.

Lösung zu a:

Analog der Aufgabe 4.6.3-1 wird ein System von Gleichungen und Differentialgleichungen simultan gelöst. Beginnend mit den Startwerten $Q_u = 12,50 m^3/s$ und $h_u = 2m$, entgegen der Fließrichtung werden Wasserspiegellagen und die jeweilige Entlastungsmenge schrittweise errechnet. Die Berechnung beginnt am unteren Ende des Streichwehres mit einer Schrittweite von $2,00m$. Im Lohner-Algorithmus AWA werden alle konstanten Größen einschließlich der Erdbeschleunigung g vorab eingegeben.

Die Gleichungen mit denen die Berechnung durchgeführt wird, sind nachfolgend dargestellt, wobei h_{xS} die sich verändernde Wassertiefe an der Stelle x_S ist. Startwert ist $h_u = 2m$. Weitere Konstante sind $\mu = 0,75$ und $m = 0,95$ sowie $I_s = 0$.

$$A = b \cdot h_{xS}$$

$$U = b + 2h_{xS}$$

$$R = \frac{A}{U} = \frac{b \cdot h_{x_S}}{b + 2h_{x_S}} \quad \text{und} \quad v = \frac{Q}{A}$$

h entspricht der Überfallhöhe.

$$h = h_{x_S} - w_0$$

U_1 kennzeichnet die Variable der Differentialgleichung $F_1 = dQ / dx$

$$Q = U_1$$

U_2 steht für die Variable der zweiten Differentialgleichung $F_2 = dh / dx$

$$h = U_2$$

$$q = \frac{2}{3} m \cdot \mu \cdot \sqrt{2g} \cdot h^{\frac{3}{2}}$$

$$\lambda = \frac{1}{\left(-2 \cdot \ln\left(\frac{k}{14,84 \cdot R} \right) \frac{1}{\ln 10} \right)^2}$$

$$I_e = \lambda \cdot \frac{v^2}{8g \cdot R}$$

$$F_1 = -q$$

$$Fr^2 = \frac{v^2}{g \cdot \frac{A}{b}} = \frac{v^2 \cdot b}{g \cdot A}$$

$$F_2 = \frac{I_S - I_e + q \frac{v}{g \cdot A}}{1 - Fr^2}$$

Die Ergebnisse der Berechnungen sind nachfolgend dargestellt. Sie können mit den Daten von Bollrich [7] verglichen werden. Bei Bollrich war die Wehrlänge L gesucht.

Gegeben sind der Wasserstand unterhalb $h_u = 2m$ des Streichwehres, sowie die zugehörigen Durchflussmengen $Q_0 = 20m^3/s$ und $Q_u = 12,50m^3/s$. Mit dem hier vorgestellten Lohner-Algorithmus AWA können neben dem Verlauf des Wasserspiegels zusätzlich die spezifischen Entlastungsmengen berechnet werden. Die seitliche Entlastungsmenge ist mit $Q_S = 7,679m^3/s$ geringfügig größer als der bei Bollrich vorgegebene Wert $Q_S = 7,50m^3/s$. Die Übereinstimmung zwischen dem berechneten Endwasserstand $h_0 = 1,9878m$ mit dem von Bollrich errechneten Wasserstand mit $h_0 = 1,957m$ ist ähnlich wie der Vergleich des berechneten $Q_0 = 20,1792m^3/s$ mit dem vorgegebenen $Q_0 = 20m^3/s$.

Definitiv ist festzustellen, dass die Ergebnisse des Lohner-Algorithmus numerisch verifiziert und damit wesentlich genauer sind als der Näherungsansatz von Bollrich

Tabelle 4-35:   Berechnete Abflüsse

$x_S[m]$	$h_{xS}[m]$	$h\,[m]$	$\mu[/]$	$Q\left[\dfrac{m^3}{s}\right]$
0,0	2,000	0,3000	0,750	12,5000
2,0	1,9978	0,2978	0,750	13,1876
4,0	1,9954	0,2954	0,750	13,8674
6,0	1,9930	0,2930	0,750	14,3591
8,0	1,9905	0,2905	0,750	15,2024
10,0	1,9879	0,2879	0,750	15,8569
12,0	1,9853	0,2853	0,750	16,5030
14,0	1,9825	0,2825	0,750	17,1393
16,0	1,9797	0,2797	0,750	17,7666
18,0	1,9768	0,2768	0,750	18,3844
20,0	1,9739	0,2739	0,750	18,9925
22,0	1,9709	0,2709	0,750	19,5908
24,0	1,9678	0,2878	0,750	20,1792

Lösung zu b:

In dieser Aufgabenstellung werden die realen Strömungsbedingungen am Streichwehr mit der nach Kramer benannten Überfallgleichung berechnet. Alle weiteren geometrischen und hydraulischen Parameter bleiben konstant.

Die geringe Wasserspiegeländerung erkennbar an den Überfallhöhen wird nur geringfügigen Einfluss auf die Variabilität der Überfallbeiwerte bewirken. Aber diese befinden sich auf einem höheren Niveau. Bei gleichen Starwerten im Unterwasser wird es, bedingt durch die besseren Strömungsbedingungen, zu höheren Entlastungswerten kommen. Da alle Gleichungen beibehalten werden, außer der Überfallgleichung, werden die Ergebnisse nur tabellarisch angegeben und ausgewertet.

$$\mu_P = 1,02 - \frac{1,015}{\left(\dfrac{h}{r}+2,08\right)} + \left[0,04 \cdot \left(\dfrac{h}{r}+0,19\right)^2 + 0,0223\right] \cdot \frac{r}{w_0}$$

Tabelle 4-36:   Berechneter Wasserspiegelverlauf und Entlastungsmengen

$x_S[m]$	$h_{xS}[m]$	$h\,[m]$	$\mu[/]$	$Q\left[\dfrac{m^3}{s}\right]$
0,000	2,000	0,3000	0,8454	12,5000
2,000	1,9975	0,2975	0,8440	13,2739
4,000	1,9948	0,2948	0,8425	14,0366
6,000	1,9921	0,2921	0,8411	14,7875
8,000	1,9892	0,2892	0,8395	15,5264
10,0000	1,9863	0,2863	0,8379	16,2527
12,0000	1,9832	0,2832	0,8361	16,9663
14,000	1,9801	0,2701	0,8344	17,6669
16,000	1,9769	0,2769	0,8326	18,3542
18,000	1,9736	0,2736	0,8307	19,0280
20,000	1,9703	0,2703	0,8288	19,6880
22,000	1,9668	0,2668	0,8268	20,3349
24,000	1,9634	0,2634	0,8247	20,9670

Eine Vergleichsrechnung mit der Formel von Kramer liefert die Werte in der Tabelle 4-35. Der Berechnungsgang erfolgt bei strömendem Abfluss entgegen der Fließrichtung. Nach $14,00\,m$ kann das konkrete Ergebnis abgelesen werden. Als Wasserstand ergibt sich:

$$h_{x_S} = 1,9801$$

mit $b = 10\,m$ folgt

$$A = b \cdot h_{x_S} = 10 \cdot 1,9801 = 19,8010\,m^2$$

$$U = b + 2h_{x_S} = 10 + 2 \cdot 1,9801 = 13,9602\,m$$

$$R = \frac{A}{U} = \frac{19,8010}{13,9602} = 1,4184\,m$$

Die entlastete Überfallwassermenge an der Stelle $x_S = 14,0\,m$ berechnet der Lohner-Algorithmus AWA zu:

$$Q = 17,6669\,\frac{m^3}{s}$$

und somit folgt

$$v = \frac{Q}{A} = \frac{17,669}{19,8010} = 0,8922\,\frac{m}{s}$$

h ist die Überfallhöhe.

$$h = h_{x_S} - w_0 = 1,9801\,m - 1,700\,m = 0,2801\,m$$

In die Überfallgleichung werden die bekannten Parameter eingesetzt.

$$\mu_P = 1,02 - \frac{1,015}{\left(\dfrac{0,2801}{0,10} + 2,08\right)} + \left[0,04 \cdot \left(\frac{0,2801}{0,10} + 0,19\right)^2 + 0,0223\right] \cdot \frac{010}{1,70} = 0,8344$$

$$q = \frac{2}{3} m \cdot \mu \cdot \sqrt{2g} \cdot h^{\frac{3}{2}} = 2,953 \cdot 0,95 \cdot 0,8344 \cdot 0,2801^{\frac{3}{2}} = 0,3469$$

$$\lambda = \frac{1}{\left(-2 \cdot \ln\left(\dfrac{k}{14,84 \cdot R}\right)\dfrac{1}{\ln 10}\right)^2} = \frac{1}{\left(-2 \cdot \ln\left(\dfrac{0,00025}{14,84 \cdot 1,4184}\right)\dfrac{1}{\ln 10}\right)^2} = 0,010306$$

$$I_e = \lambda \cdot \frac{v^2}{8g \cdot R} = 0,010306 \cdot \frac{0,8922^2}{8 \cdot 9,81 \cdot 1,4184} = 0,0000737$$

$$F_1 = -q = -0,36257$$

$$F_r^2 = \frac{v^2}{g \cdot \dfrac{A}{b}} = \frac{v^2 \cdot b}{g \cdot A} = \frac{0,8922^2 \cdot 10}{9,81 \cdot 19,8010} = 0,04098$$

$$F_2 = \frac{I_S - I_e + q\dfrac{v}{g \cdot A}}{1 - F_r^2} = \frac{0 - 0,0000737 + 0,3469\dfrac{0,8922}{9,81 \cdot 19,8010}}{1 - 0,04098} = 0,001585$$

Am oberen Ende des Wehres, an der Stelle $x = 24m$, liegt die Überfallhöhe bei $h = 0,263m$ und der zugehörige Zufluss ist mit $Q = 20,97 m^3/s$ um ca. $1 m^3/s$ größer als im Rechenbeispiel von Bollrich [7]. Die Überfallleistung liegt somit nicht bei $Q_{\ddot{U}B} = 7,5 m^3/s$ sondern bei $Q_{\ddot{U}Kr} \approx 8,5 m^3/s$ mit einer Abweichung von ca. 11,3%.

5   Tabellen und Übersichten

Bei der Vielzahl der behandelten Aufgaben und der Fülle der unterschiedlichen Wehr- und Überfallformen ist es notwendig den Aufbau dieses Buches etwas anders zu gestalten. Es sollte neben einem Lehr- und Beispielbuch auch als Handbuch Verwendung finden.

In diesem Abschnitt sind deshalb für jede Wehr- und Überfallform kurz die wesentlichen Informationen aufgeführt. Dadurch kann das Lösen der Bemessungsaufgaben schnell und zielgerichtet erfolgen. Gleichzeitig ist es möglich, diesen Abschnitt zum Nachschlagen für den fachlich Interessierten zu nutzen. Hier findet man folglich die Beiwerte für den vollkommenen und den unvollkommenen Überfall als Gleichung und Diagramm sowie die zulässigen hydraulischen Bereiche.

In den Diagrammen wurden die gleichen Einheiten benutzt, wie sie im Abkürzungsverzeichnis aufgeführt sind.

5.1   Übersichten für den vollkommen Überfall

5.1-1   Vollkommener Überfall an scharfkantig geneigten und scharfkantig senkrechten Wehren

Wehrgrafik:

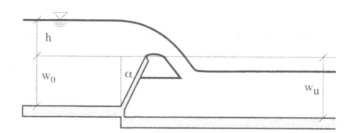

Überfallgleichung:

$$Q = \frac{2}{3}\mu_\alpha \cdot b \cdot \sqrt{2g} \cdot h^{\frac{3}{2}}$$

Allgemeine Abhängigkeiten:

$$\mu_\alpha = f\left(\frac{h}{w_0}; \alpha\right) = \mu_0 \cdot \chi$$

Einsatzgrenzen:

$0,30\text{m} < w_0 < 1,22\text{m}$ und $h < 4w_0$ sowie
$-45° < \alpha < 70°$

Gleichung des Überfallbeiwertes:

$$\mu_\alpha = \left(0,6035 + 0,0813 \cdot \frac{h}{w_0}\right) \cdot (1 + 0,002374 \cdot \alpha + 1,74 \cdot 10^{-5} \cdot \alpha^2 - 2,866 \cdot 10^{-8} \cdot \alpha^3 -$$

$$5,14 \cdot 10^{-9} \cdot \alpha^4)$$

Beim senkrechten Fall ist $\chi = 1$.

5.1-2   Vollkommener Überfall an scharfkantig senkrechten rechteckig eingeengten Wehren

Wehrgrafik:

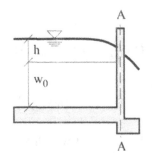 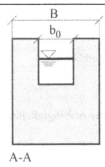

Überfallgleichung:

$$Q = \frac{2}{3}\mu \cdot b \cdot \sqrt{2g} \cdot h^{\frac{3}{2}}$$

Allgemeine Abhängigkeiten:

$$\mu = f\left(\frac{b}{B}; \frac{h}{h+w_0}\right)$$

Einsatzgrenzen:

$$w_0 > 0,30\mathrm{m} , \frac{b}{w_0} > 1 \ \text{und} \ 0,025 \cdot \frac{B}{b} \le h \le 0,80\mathrm{m}$$

Gleichung des Überfallbeiwertes:

$$\mu = \left[0,578 + 0,037 \cdot \left(\frac{b}{B}\right)^2 + \frac{3,615 - 3,00 \cdot \left(\frac{b}{B}\right)^2}{1000 \cdot h + 1,60}\right] \cdot \left[1 + \frac{1}{2} \cdot \left(\frac{b}{B}\right)^4 \cdot \left(\frac{h}{h+w_0}\right)^2\right]$$

5.1-3   Vollkommener Überfall an scharfkantig senkrechten dreieckförmig eingeengten
         Wehren

Wehrgrafik:

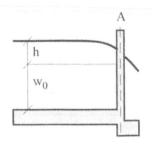

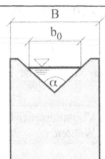

Überfallgleichung:

$$Q = \frac{8}{15}\mu \cdot \tan\left(\frac{\alpha}{2}\right) \cdot \sqrt{2g} \cdot h^{\frac{5}{2}}$$

Allgemeine Abhängigkeiten:

$$\mu = f\left(Re; W; B; h; w_0; \alpha\right)$$

$$h > 0,05 \text{ und } w_0 > h \text{ sowie } 20° < \alpha < 110°$$

Einsatzgrenzen:

$$h_{max} < \frac{B}{2\tan\left(\frac{\alpha}{2}\right)}$$

Gleichung des Überfallbeiwertes:

$$\mu = \frac{1}{\sqrt{3}} \cdot \left(1 + \left[\frac{h^2 \cdot \tan\left(\frac{\alpha}{2}\right)}{3B \cdot \left(h + w_0\right)}\right]^2\right) \cdot \left(1 + \frac{0,66}{1000 h^{\frac{3}{2}} \cdot \tan\left(\frac{\alpha}{2}\right)}\right)$$

5.1-4 **Vollkommener Überfall an scharfkantig senkrechten parabelförmig eingeengten Wehren**

Wehrgrafik:

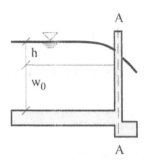 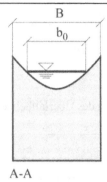

Überfallgleichung:

$$Q = C \cdot h^2 \text{ mit } C = 0,293 \cdot p^{0,488}$$

Allgemeine Abhängigkeiten:

$$p_{Parabel} = \frac{b_0^2}{8h}$$

Einsatzgrenzen:

$$h < 0,03m < h < 0,80m$$

Gleichung des Überfallbeiwertes:

$$C = 0,293 \cdot p^{0,488} = 0,293 \cdot \left(\frac{b_0^2}{8 \cdot h}\right)^{0,488}$$

5.1-5 **Vollkommener Überfall an scharfkantig senkrechten kreisförmig eingeengten Wehren**

Wehrgrafik:

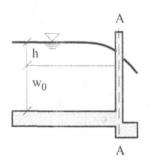 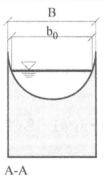

Überfallgleichung:

$$Q = 0,31623 \cdot \mu \cdot Q_i \cdot d^{\frac{5}{2}}$$

Allgemeine Abhängigkeiten: $\mu = f\left(\dfrac{h}{d}\right)$

Einsatzgrenzen: $0,075 < \dfrac{h}{d} < 1,00$

Gleichung des Überfallbeiwertes: $\mu = 0,555 + 0,041 \cdot \dfrac{h}{d} + \dfrac{0,0090909}{\dfrac{h}{d}}$

5.1-6   Vollkommener Überfall an schmalkronig scharfkantigen Wehren

Wehrgrafik:

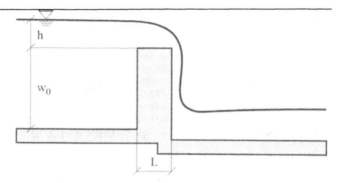

Überfallgleichung: $Q = \dfrac{2}{3}\mu \cdot b \cdot \sqrt{2g} \cdot h^{\frac{3}{2}}$

Allgemeine Abhängigkeiten: $\mu = f\left(\dfrac{h}{w_0}; \dfrac{h}{L}\right) = C_h$

Einsatzgrenzen: $w_0 \geq 0,30\,m$ und $\dfrac{h}{w_0} < 1,20$

Gleichung des Überfallbeiwertes:

$$\mu = \mu_1 \cdot \mu_2 = \left(0,6035 + 0,0813 \cdot \dfrac{h}{w_0}\right) \cdot \left(1 - 0,20 \cdot e^{-0,60\left(\frac{h}{L}\right)^{3,06}}\right)$$

5.1-7   Vollkommener Überfall an schmalkronig angephasten Wehren

Wehrgrafik:

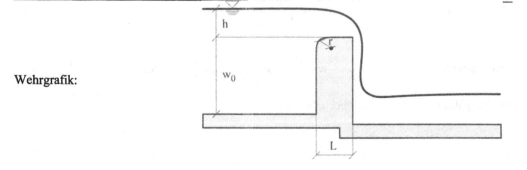

Überfallgleichung:

$$Q = \frac{2}{3}\mu \cdot b \cdot \sqrt{2g} \cdot h^{\frac{3}{2}}$$

Allgemeine Abhängigkeiten:

$$\mu = f\left(\frac{h}{w_0}; \frac{h}{L}; \frac{L}{a}\right) = C_h \text{ mit } a = \frac{1}{3} \cdot L$$

Einsatzgrenzen:

$$w_0 \geq 0,30m \text{ und } \frac{h}{w_0} < 1,20$$

Gleichung des Überfallbeiwertes:

$$\mu = \mu_1 \cdot \mu_2 \cdot \mu_3 = \left(0,6035 + 0,0813 \cdot \frac{h}{w_0}\right) \cdot \left(1 - 0,20 \cdot e^{-0,60\cdot\left(\frac{h}{L}\right)^{3,06}}\right) \cdot 1,10 \cdot e^{-0,037\cdot\left(\frac{h}{L}\right)^{0,60}}$$

5.1-8   Vollkommener Überfall an schmalkronig angerundeten Wehren

Wehrgrafik:

Überfallgleichung:

$$Q = \frac{2}{3}\mu \cdot b \cdot \sqrt{2g} \cdot h^{\frac{3}{2}}$$

Allgemeine Abhängigkeiten:

$$\mu = f\left(\frac{h}{w_0}; \frac{h}{L}; \frac{L}{r}\right) = C_h$$

$$\text{und } r = \frac{1}{3} \cdot L$$

$$w_0 \geq 0,30m$$

Einsatzgrenzen:

$$\text{und } \frac{h}{w_0} < 1,20$$

Gleichung des Überfallbeiwertes:

$$\mu = \mu_1 \cdot \mu_2 \cdot \mu_3 = \left(0,6035 + 0,0813 \cdot \frac{h}{w_0}\right) \cdot \left(1 - 0,20 \cdot e^{-0,60\left(\frac{h}{L}\right)^{3,06}}\right) \cdot 1,14 \cdot e^{-0,06 \cdot \left(\frac{h}{L}\right)^{0,50}}$$

5.1-9   Vollkommener Überfall an breitkronig angerundeten Wehren ($L/w_0 = 4,00$)

Wehrgrafik:

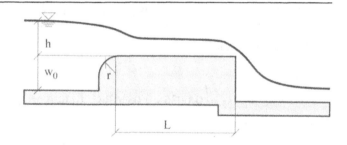

Überfallgleichung:

$$Q = C_h \cdot b \cdot h^{\frac{3}{2}}$$

Allgemeine Abhängigkeiten:

$$C_h = f\left(\frac{w_0}{h}; \frac{L}{h}; \frac{r}{w_0}\right) = \mu$$

Einsatzgrenzen:

$$w_0 \geq 0,30m \text{ und } 1,50 < \frac{L}{h} < 20 \text{ sowie } 0,20 < \frac{w_0}{h} < 5,50$$

Gleichung des Überfallbeiwertes bei $r/w_0 = 0$:

$$C_h = 2{,}15 \cdot \left(\frac{1 + 2{,}082 \cdot \dfrac{w_0}{h}}{1 + 2{,}782 \cdot \dfrac{w_0}{h}} \right)^{\frac{3}{2}}$$

$$C_h = a_1 + \frac{a_2}{\left[1 + \left(\dfrac{x - a_3}{a_4}\right)^2\right]} + \frac{a_5}{\left[1 + \left(\dfrac{y - a_6}{a_7}\right)^2\right]} + \frac{a_8}{\left[1 + \left(\dfrac{x - a_3}{a_4}\right)^2\right]} \cdot \left[1 + \left(\dfrac{y - a_6}{a_7}\right)^2\right]$$

$$x = \frac{w_0}{h} \quad \text{und} \quad y = \frac{r}{w_0}$$

Parameter

$a_1 = 1{,}68916268$	$a_2 = 2{,}06702945$	$a_3 = -0{,}57061547$	$a_4 = 0{,}30562981$
$a_5 = -0{,}96301454$	$a_6 = -0{,}10942429$	$a_7 = 0{,}06203078$	$a_8 = 4{,}25768196$

5.1-10   Vollkommener Überfall an breitkronig angephasten Wehren ($L/w_0 = 4{,}00$)

Wehrgrafik:

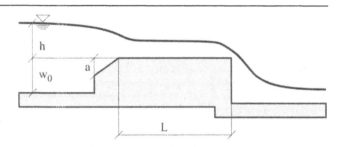

Überfallgleichung:
$$Q = C_h \cdot b \cdot h^{\frac{3}{2}}$$

Allgemeine Abhängigkeiten:
$$C_h = f\left(\frac{w_0}{h}; \frac{L}{h}; \frac{a}{w_0}\right) = \mu$$

Einsatzgrenzen:
$$w_0 \geq 0{,}30\,\text{m} \quad \text{und} \quad 1{,}50 < \frac{L}{h} < 20 \quad \text{sowie} \quad 0{,}20 < \frac{w_0}{h} < 5{,}50$$

Gleichung des Überfallbeiwertes bei $a/w_0 = 0$:

$$C_h = 2,15 \cdot \left(\frac{1 + 2,082 \cdot \dfrac{w_0}{h}}{1 + 2,782 \cdot \dfrac{w_0}{h}} \right)^{\frac{3}{2}}$$

Gleichung des Überfallbeiwertes:

$$C_h = a_1 + a_2 \cdot \ln x + a_3 \cdot (\ln x)^2 + a_4 \cdot (\ln x)^3 + a_5 \cdot (\ln x)^4 + \frac{a_6}{y} + \frac{a_7}{y^2}$$

mit $x = \dfrac{w_0}{h}$ und $y = \dfrac{a}{w_0}$

Parameter

$a_1 = 1,70665886$ $a_2 = -0,10453348$ $a_3 = 0,01970854$ $a_4 = 0,00505304$

$a_5 = 0,00000727$ $a_6 = -0,00159755$ $a_7 = -0,00002933$

5.1-11   Vollkommener Überfall an breitkronig angeschrägten Wehren (L/w_0 = 4,00)

Wehrgrafik:

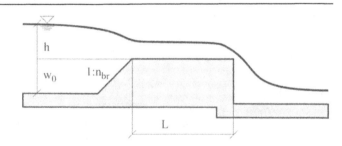

Überfallgleichung:

$$Q = C_h \cdot b \cdot h^{\frac{3}{2}}$$

Allgemeine Abhängigkeiten:

$$C_h = f\left(\frac{w_0}{h} ; \frac{L}{h} ; n_{br} \right) = \mu$$

Einsatzgrenzen:

$$w_0 \geq 0,30\text{m} \quad \text{und} \quad 1,50 < \frac{L}{h} < 20 \quad \text{sowie} \quad 0,20 < \frac{w_0}{h} < 5,50$$

Gleichung des Überfallbeiwertes bei $n_{br} = 0$:

$$C_h = 2,15 \cdot \left(\frac{1 + 2,082 \cdot \dfrac{w_0}{h}}{1 + 2,782 \cdot \dfrac{w_0}{h}} \right)^{\frac{3}{2}}$$

$$C_h = \frac{a_1 + a_2 \cdot x + a_3 \cdot x^2 + a_4 \cdot x^3 + a_5 \cdot y + a_6 \cdot y^2}{1 + a_7 \cdot x + a_8 \cdot x^2 + a_9 \cdot x^3 + a_{10} \cdot y + a_{11} \cdot y^2} \quad \text{mit } x = \frac{w_0}{h} \text{ und } y = n_{br}$$

Parameter:

$a_1 = 2,07330824$ $a_2 = 2,31117444$ $a_3 = -1,20467707$ $a_4 = 0,18416744$

$a_5 = 1,56544162$ $a_6 = -0,34086933$ $a_7 = 1,86834487$ $a_8 = -0,88641704$

$a_9 = 0,13020175$ $a_{10} = 0,72845088$ $a_{11} = -0,16399248$

5.1-12   Vollkommener Überfall an breitkronigen Wehren: Umrechnungen für $L/w_0 \neq 4,00$

Wehrgrafik:

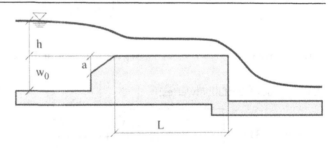

Überfallgleichung:

$$Q = C_h \cdot b \cdot h^{\frac{3}{2}}$$

Allgemeine Abhängigkeiten:

$$C_h = f\left(\frac{w_0}{h}; \frac{L}{h}; \frac{a}{w_0} \right) = \mu$$

Einsatzgrenzen:

$$w_0 \geq 0,30\text{m} \text{ und } 1,50 < \frac{L}{h} < 20 \text{ sowie } 0,20 < \frac{w_0}{h} < 5,50$$

Umrechnung des Überfallbeiwertes:

$$z = \frac{w_0}{h} + \Delta\frac{w_0}{h}; \text{ und } \Delta\frac{w_0}{h} = \frac{L}{h} \cdot \left(\frac{1}{4} - \frac{1}{\dfrac{L}{w_0}} \right)$$

5.1-13   Vollkommener Überfall an rundkronigen Wehren mit Ausrundungsradius und
            Schussrücken

Wehrgrafik:

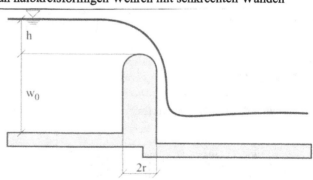

h

w_0

$\alpha = 56°$

Überfallgleichung:

$$Q = \frac{2}{3}\mu \cdot b \cdot \sqrt{2g} \cdot h^{\frac{3}{2}}$$

Allgemeine Abhängigkeiten:

$$\mu = f\left(\frac{h}{w_0}; \frac{h}{r}\right) = C_h$$

Einsatzgrenzen:

$$w_0 > r > 0,02\,m \quad und \quad h < r \cdot \left(6 - \frac{20r}{w_0 + 3r}\right)$$

Gleichung des Überfallbeiwertes:

$$\mu = 0,312 + \sqrt{0,30 - 0,01 \cdot \left(5 - \frac{h}{r}\right)^2} + 0,09 \cdot \frac{h}{w_0}$$

5.1-14   Vollkommener Überfall an halbkreisförmigen Wehren mit senkrechten Wänden

Wehrgrafik:

h

w_0

$2r$

Überfallgleichung:
$$Q = \frac{2}{3}\mu \cdot b \cdot \sqrt{2g} \cdot h^{\frac{3}{2}}$$

Allgemeine Abhängigkeiten:
$$\mu = f\left(\frac{r}{w_0}; \frac{h}{r}\right) = C_h$$

Einsatzgrenzen:
$$r > 0,05\text{m} \quad \text{und} \quad w_0 > r \quad \text{sowie} \quad \frac{h}{r} < 4$$

Gleichung des Überfallbeiwertes:

$$\mu = 1,02 - \frac{1,015}{\frac{h}{r} + 2,08} + \left[0,04 \cdot \left(\frac{h}{r} + 0,19\right)^2 + 0,0223\right] \cdot \frac{r}{w_0}$$

5.1-15   Vollkommener Überfall an Standardprofilen nach Schirmer

Wehrgrafik:

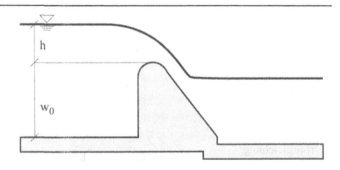

Überfallgleichung:
$$Q = C_H \cdot b \cdot H^{\frac{3}{2}}$$

Allgemeine Abhängigkeiten:
$$C_H = f\left(\frac{H}{H_E}; \frac{H_E}{w_0}\right) = 2,953 \cdot \mu_{dB}$$

Einsatzgrenzen:
$$1 < \frac{H}{H_E} < 3,50$$

Gleichung des Überfallbeiwertes nach Schirmer:

$$\mu_{dB} = 0,9877 \cdot \left[1,00 - 0,015 \cdot \left(\frac{H_E}{w_0}\right)^{0,9742}\right]^{\frac{3}{2}} \cdot \left[0,8003 + 0,0814 \cdot \frac{H_E}{w_0} + 0,2566 \cdot \frac{H}{H_E}\right.$$

$$\left. -0,0822 \cdot \frac{H}{H_E} \cdot \frac{H_E}{w_0} - 0,0646 \cdot \left(\frac{H_E}{w_0}\right)^2 - 0,0691 \cdot \left(\frac{H_E}{H_E}\right)^2 + 0,00598 \cdot \left(\frac{H}{H_E}\right)^3\right.$$

Minimaler Druck:

$$\frac{p_{min}}{\rho \cdot g \cdot H} = 0,9503 + 0,3499 \cdot \frac{H_E}{w_0} - 1,0484 \cdot \frac{H}{H_E} - 1,1749 \cdot \left(\frac{H_E}{w_0}\right)^2 + 0,3198 \cdot \frac{H}{H_E} \cdot \frac{H_E}{w_0}$$

5.1-16   Vollkommener Überfall an Standardprofilen nach Peter

Wehrgrafik:

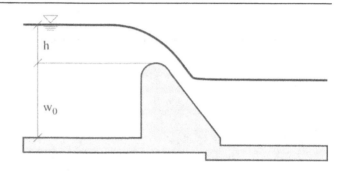

Überfallgleichung:

$$Q = C_h \cdot b \cdot h^{\frac{3}{2}}$$

Allgemeine Abhängigkeiten:

$$\mu = f\left(\frac{h}{h_E}; \frac{h_E}{w_0}\right) = C_h$$

Einsatzgrenzen:

$$0 < \frac{h}{h_E} < 2,40$$

Gleichung des Überfallbeiwertes nach Peter:

$$C_h = \frac{a_1 + a_2 \cdot x + a_3 \cdot x^2 + a_4 \cdot x^3 + a_5 \cdot y + a_6 \cdot y^2}{1 + a_7 \cdot x + a_8 \cdot y + a_9 \cdot y^2 + a_{10} \cdot y^3}$$

$$\text{mit } x = \frac{h}{h_E} \text{ und } y = \frac{h_E}{w_0}$$

Parameter:

$a_1 = 1,71665959$ $a_2 = 0,18960529$ $a_3 = -0,25295826$ $a_4 = 0,02829171$

$a_5 = -0,56537642$ $a_6 = 0,19651723$ $a_7 = -0,2339861$ $a_8 = -0,25445844$

$a_9 = -0,07415699$ $a_{10} = 0,1529097$

5.1-17   Vollkommener Überfall an halbkreisförmigen Wehren

Wehrgrafik:

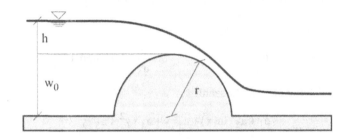

Überfallgleichung:

$$Q = \frac{2}{3}\mu \cdot b \cdot \sqrt{2g} \cdot h^{\frac{3}{2}}$$

Allgemeine Abhängigkeiten: $\mu = f(h/w_0) = C_h$

Einsatzgrenzen: $0,10 \leq h/w_0 \leq 0,80$

Gleichung des Überfallbeiwertes: $\mu = 0,55 + 0,22 \cdot \dfrac{h}{w_0}$

5.1-18   Vollkommener Überfall an unterströmten Wehren

Wehrgrafik:

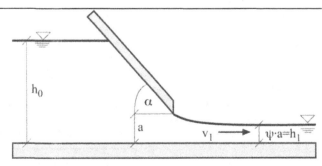

Überfallgleichung:

$$Q = \mu \cdot b \cdot a \cdot \sqrt{2g \cdot h_0}$$

Zusammenhang Ausflusszahl und
Einschnürungszahl:

$$\mu = \frac{\psi}{\sqrt{1 + \psi \cdot \dfrac{a}{h_0}}}$$

Allgemeine Abhängigkeiten:

$$\mu = f\left(\frac{h_0}{a}; \alpha\right)$$

Einsatzgrenzen:

$$\frac{h_0}{a} > 1{,}33 \text{ und } 15° < \alpha < 90°$$

Gleichung der Ausflusszahl:

$$\mu = \frac{a_1 + a_2 \cdot \ln(x) + a_3 \cdot y + a_4 \cdot y^2 + a_5 \cdot y^3}{1 + a_6 \cdot \ln(x) + a_7 \cdot \left(\ln(x)\right)^2 + a_8 \cdot y + a_9 \cdot y^2}$$

mit $x = \dfrac{h_0}{a}$ und $y = \alpha°$

Parameter:

$a_1 = 0{,}7341169$ $a_2 = -0{,}04261387$ $a_3 = -0{,}01410859$ $a_4 = 0{,}00016111$

$a_5 = -0{,}00000040072$ $a_6 = -0{,}18920573$ $a_7 = 0{,}02434395$ $a_8 = -0{,}01236335$

$a_9 = 0{,}00012978$

Der Zusammenhang zwischen der Ausflusszahl μ und der Einschnürungszahl ψ ist über den

Ausdruck $\psi = \dfrac{\mu^2}{2 \cdot x} + \mu \cdot \sqrt{\dfrac{1}{4 \cdot x^2} + 1}$ gegeben. Hier gilt $x = \dfrac{h_0}{a}$.

5.1-19   Vollkommener Überfall sowie Grenzverhältnisse an unterströmten Wehren
          (Schütze)

Wehrgrafik:

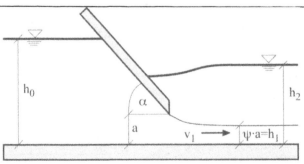

Überfallgleichung:

$$Q = \mu \cdot b \cdot a \cdot \sqrt{2g \cdot h_0}$$

Allgemeine Abhängigkeiten:

$$\mu = f\left(\frac{h_0}{a}; \alpha\right)$$

Einsatzgrenzen:

$$\frac{h_0}{a} > 1,33 \text{ und } 15° < \alpha \le 90°$$

Gleichung der Ausflusszahl:

$$\mu = \frac{a_1 + a_2 \cdot \ln(x) + a_3 \cdot y + a_4 \cdot y^2 + a_5 \cdot y^3}{1 + a_6 \cdot \ln(x) + a_7 \cdot \left(\ln(x)\right)^2 + a_8 \cdot y + a_9 \cdot y^2}$$

mit $x = \dfrac{h_0}{a}$ und $y = \alpha°$

Parameter:

$a_1 = 0,7341169$ $a_2 = -0,04261387$ $a_3 = -0,01410859$ $a_4 = 0,00016111$

$a_5 = -0,00000040072$ $a_6 = -0,18920573$ $a_7 = 0,02434395$ $a_8 = -0,01236335$

$a_9 = 0,00012978$

Gleichung für den Grenzzustand:

$$\frac{h_2}{a} = \frac{\psi}{2} \cdot \left(\sqrt{1 + \frac{16 \cdot \dfrac{h_0}{a}}{\psi \cdot \left(1 + \psi \cdot \dfrac{a}{h_0}\right)}} - 1 \right)$$

5.1-20   Vollkommener Überfall an drehbaren Wehrklappen

Wehrgrafik:

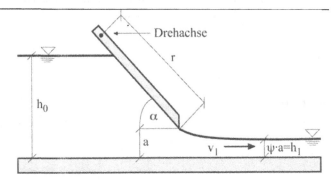

Überfallgleichung:

$$Q = \mu \cdot b \cdot a \cdot \sqrt{2g \cdot h_0} \text{ mit } a = r \cdot (1 - \sin\alpha)$$

Zusammenhang Ausflusszahl und Einschnürungszahl:

$$\mu = \frac{\psi}{\sqrt{1 + \psi \cdot \dfrac{a}{h_0}}}$$

Allgemeine Abhängigkeiten:

$$\mu = f\left(\frac{h_0}{a}; \alpha\right)$$

Einsatzgrenzen:

$$\frac{h_0}{a} > 1{,}33 \text{ und } 15° < \alpha \le 90°$$

Gleichung der Ausflusszahl:

$$\mu = \frac{a_1 + a_2 \cdot \ln(x) + a_3 \cdot y + a_4 \cdot y^2 + a_5 \cdot y^3}{1 + a_6 \cdot \ln(x) + a_7 \cdot \left(\ln(x)\right)^2 + a_8 \cdot y + a_9 \cdot y^2}$$

mit $x = \dfrac{h_0}{a}$ und $y = \alpha$ (in DEG)

Parameter:

$a_1 = 0{,}7341169$ $\qquad a_2 = -0{,}04261387$ $\qquad a_3 = -0{,}01410859$ $\qquad a_4 = 0{,}00016111$

$a_5 = -0{,}00000040072$ $\quad a_6 = -0{,}18920573$ $\qquad a_7 = 0{,}02434395$ $\qquad a_8 = -0{,}01236335$

$a_9 = 0{,}00012978$

Der Zusammenhang zwischen der Ausflusszahl μ und der Einschnürungszahl ψ ist über den

Ausdruck $\psi = \dfrac{\mu^2}{2 \cdot x} + \mu \cdot \sqrt{\dfrac{1}{4 \cdot x^2} + 1}$ gegeben. Hier gilt $x = \dfrac{h_0}{a}$.

5.1-21   Vollkommener Überfall sowie Grenzverhältnisse an drehbaren Wehklappen

Wehrgrafik:

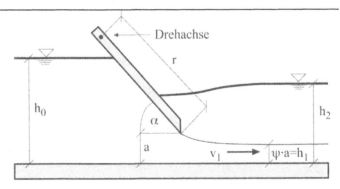

Überfallgleichung: $Q = \mu \cdot b \cdot a \cdot \sqrt{2g \cdot h_0}$ mit $a = r \cdot (1 - \sin\alpha)$

Allgemeine Abhängigkeiten: $\mu = f\left(\dfrac{h_0}{a}; \alpha\right)$

Einsatzgrenzen: $\dfrac{h_0}{a} > 1{,}33$ und $15° < \alpha \leq 90°$

Gleichung der Ausflusszahl:

$$\mu = \frac{a_1 + a_2 \cdot \ln(x) + a_3 \cdot y + a_4 \cdot y^2 + a_5 \cdot y^3}{1 + a_6 \cdot \ln(x) + a_7 \cdot \left(\ln(x)\right)^2 + a_8 \cdot y + a_9 \cdot y^2}$$

mit $x = \dfrac{h_0}{a}$ und $y = \alpha$(in DEG)

Parameter:

$a_1 = 0{,}7341169$ $a_2 = -0{,}04261387$ $a_3 = -0{,}01410859$ $a_4 = 0{,}00016111$

$a_5 = -0{,}00000040072$ $a_6 = -0{,}18920573$ $a_7 = 0{,}02434395$ $a_8 = -0{,}01236335$

$a_9 = 0{,}00012978$

Gleichung für den Grenzzustand:

$$\frac{h_2}{a} = \frac{\psi}{2} \cdot \left(\sqrt{1 + \frac{16 \cdot \dfrac{h_0}{a}}{\psi \cdot \left(1 + \psi \cdot \dfrac{a}{h_0}\right)}} - 1 \right)$$

5.1-22   Vollkommener Überfall an Standard Schachtüberfällen

Wehrgrafik:

Überfallgleichung:
$$Q = 2\pi \cdot r \cdot C_h \cdot h^{\frac{3}{2}} \quad \text{bzw.} \quad Q = 2\pi \cdot r_S \cdot C_{hS} \cdot h^{\frac{3}{2}}$$

Allgemeine Abhängigkeiten:
$$C_h = f\left(\frac{h}{r}\right) = \frac{2}{3}\sqrt{2g} \cdot \mu$$

Einsatzgrenzen:
$$\frac{h}{r} < 0,65$$

Gleichung des Überfallbeiwertes:

$$C_h = 1,2494 \cdot \left(\frac{h}{r}\right)^4 - 2,2302 \cdot \left(\frac{h}{r}\right)^3 + 0,6423 \cdot \left(\frac{h}{r}\right)^2 - 0,5537 \cdot \left(\frac{h}{r}\right) + 2,199$$

5.1-23   Vollkommener Überfall an scharfkantigen Schachtüberfällen

Wehrgrafik:

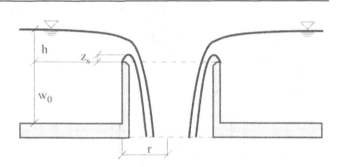

Überfallgleichung:
$$Q = 2\pi \cdot r \cdot C_h \cdot h^{\frac{3}{2}}$$

Allgemeine Abhängigkeiten:
$$C_h = f\left(\frac{h}{r}\right) = \frac{2}{3}\sqrt{2g} \cdot \mu$$

Einsatzgrenzen:
$$\frac{h}{r} < 0,60$$

Gleichung des Überfallbeiwertes:
$$C_h = -1,458 \cdot \left(\frac{h}{r}\right)^3 + 0,589 \cdot \left(\frac{h}{r}\right)^2 - 0,227 \cdot \left(\frac{h}{r}\right) + 1,841$$

5.1-24   Vollkommene Überfall an Heberwehren

Wehrgrafik:

Allgemeine Abhängigkeiten:

$$Q_H = f\left(h_H; \mu_H\right)$$

Überfallgleichung:

$$Q_H = a \cdot b \cdot \mu_H \cdot \sqrt{2g \cdot h_H}$$

Abhängigkeit für den Beiwert:

$$\mu_H = \frac{1}{\sqrt{\lambda \cdot \dfrac{L}{D} + \Sigma \zeta}} \approx 0,80 \text{ mit } \Sigma \zeta = \zeta_e + \zeta_k + \zeta_a \text{ und}$$

Bestimmung der hydraulischen Verluste

$$\lambda = f\left(\text{Re}; k/D\right)$$

Grenzen für den Druck:

$$2 < \frac{p_{abs}}{\rho \cdot g} < 3m \text{ und } -7 < \frac{p_{max_u}}{\rho \cdot g} < -8m$$

Berechnung der Durchflüsse:

$$Q_{max} = b \cdot r_a \cdot \ln\left(1 + \frac{a}{r_i}\right) \cdot \sqrt{2g \cdot \left(h - a + 7\right)}$$

$$Q_{max} = b \cdot r_i \cdot \ln\left(1 + \frac{a}{r_i}\right) \cdot \sqrt{2g \cdot \left(h + 7\right)}$$

Bemessungsgrenze:

$$h_{H\,max} = \frac{Q^2_{max}}{a^2 \cdot b^2 \cdot \mu_H^2 \cdot 2g}$$

Zur Festlegung von $h_{H\,max}$ wird der kleinere Q_{max}-Wert verwendet.

5.2   Übersichten für den unvollkommenen Überfall

5.2-1   Unvollkommener Überfall an scharfkantigen Wehren: Tauchstrahl mit abgedrängtem Wechselsprung

Wehrgrafik:

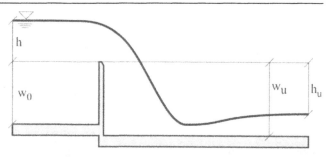

Überfallgleichung:

$$Q = \frac{2}{3}\mu \cdot \varphi \cdot b \cdot \sqrt{2g} \cdot h^{\frac{3}{2}}$$

Allgemeine Abhängigkeiten:

$$\mu = f\left(\frac{h}{w_0}\right) \text{ und } \varphi = f\left(\frac{w_u}{h}\right)$$

Einsatzgrenzen:

$$\frac{w_u}{h} \le 2,50 \text{ und } \frac{z}{w_u} > 0,75 \text{ sowie } \frac{w_u}{z} < 1,333$$

$$\text{mit } z = h - h_u$$

Gleichung für den Überfallbeiwert:

$$\mu = 0,6035 + 0,0813 \cdot \frac{h}{w_0}$$

Gleichung für den Abminderungsfaktor:

$$\phi = 0,845 + 0,176 \cdot \frac{w_u}{h} - 0,016 \cdot \left(\frac{w_u}{h}\right)^2$$

5.2-2   Unvollkommener Überfall an scharfkantigen Wehren: Tauchstrahl mit anliegendem Wechselsprung, Wasserspiegellage im Unterwasser unterhalb der Wehrkrone

Wehrgrafik:

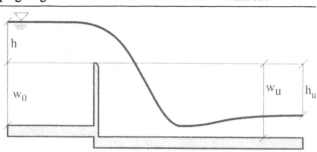

Überfallgleichung:

$$Q = \frac{2}{3}\mu \cdot \varphi \cdot b \cdot \sqrt{2g} \cdot h^{\frac{3}{2}}$$

Allgemeine Abhängigkeiten:

$$\mu = f\left(\frac{h}{w_0}\right) \text{ und } \varphi = f\left(\frac{w_u}{h}, \frac{h_u}{w_u}\right)$$

Einsatzgrenzen:

$$\frac{w_u}{h} < 2{,}50 \text{ und } \frac{z}{w_u} < 0{,}75 \quad \frac{w_u}{z} > 1{,}333$$

$$\text{mit } z = h - h_u$$

Gleichung für den Überfallbeiwert:

$$\mu = 0{,}6035 + 0{,}0813 \cdot \frac{h}{w_0}$$

Gleichungen für den Abminderungsfaktor:

$$\varphi = 1{,}06 + 0{,}16 \cdot y - 0{,}02 \cdot y^2$$

$$y = \left(\frac{h_u}{w_u} - 0{,}05\right) \cdot \frac{w_u}{h}$$

5.2-3   Unvollkommener Überfall an scharfkantigen Wehren: Tauchstrahl mit anliegendem
         Wechselsprung, Wasserspiegellage im Unterwasser oberhalb der Wehrkrone

Wehrgrafik:

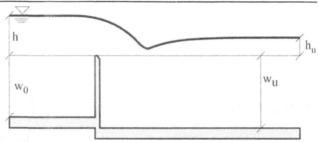

Überfallgleichung:

$$Q = \frac{2}{3}\mu \cdot \varphi \cdot b \cdot \sqrt{2g} \cdot h^{\frac{3}{2}}$$

Allgemeine Abhängigkeiten:

$$\mu = f\left(\frac{h}{w_0}\right); \quad \varphi = f\left(\frac{h_u}{w_u}, \frac{w_u}{h}\right)$$

Einsatzgrenzen:

$$0{,}75 > \frac{z}{w_u} > 0{,}30$$

$$\text{mit } z = h - h_u$$

Gleichung für den Überfallbeiwert:

$$\mu = 0{,}6035 + 0{,}0813 \cdot \frac{h}{w_0}$$

Gleichung für den Abminderungsfaktor:

$$\text{wenn } f_2 = \frac{z}{w_u} = \frac{h - h_u}{w_u} > \frac{1}{0,40 \cdot \left(1 + 0,30 \cdot \dfrac{w_u}{h_u}\right)^2} - \frac{h_u}{w_u} = f_1 \text{ gilt}$$

$$\varphi = 1,06 + \frac{h_u}{4 \cdot w_u} - \left(0,008 + \frac{h_u}{3 \cdot w_u} + \frac{1}{3} \cdot \left(\frac{h_u}{w_u}\right)^2\right) \cdot \frac{w_u}{h}$$

5.2-4   Unvollkommener Überfall an scharfkantigen Wehren: Wellstrahl

Wehrgrafik:

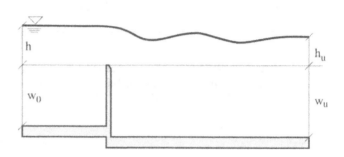

Überfallgleichung:

$$Q = \frac{2}{3} \mu \cdot \varphi \cdot b \cdot \sqrt{2g} \cdot h^{\frac{3}{2}}$$

Allgemeine Abhängigkeiten:

$$\mu = f\left(\frac{h}{w_0}\right); \quad \varphi = f\left(\frac{h_u}{h}, \frac{h_u}{w_u}\right)$$

Einsatzgrenzen:

$$0,30 > \frac{z}{w_u} > \frac{1}{5} \text{ bis } \frac{1}{6}$$

$$\text{mit } z = h - h_u$$

Gleichung für den Überfallbeiwert: $\mu = 0,6035 + 0,0813 \cdot \dfrac{h}{w_0}$

Gleichung für den Abminderungsfaktor:

$$\text{wenn } f_2 = \frac{z}{w_u} = \frac{h - h_u}{w_u} < \frac{1}{0,40 \cdot \left(1 + 0,30 \cdot \dfrac{w_u}{h_u}\right)^2} - \frac{h_u}{w_u} = f_1 \text{ gilt}$$

$$\varphi = \left(1,08 + 0,18 \cdot \frac{h_u}{w_u}\right) \cdot \sqrt[3]{1 - \frac{h_u}{h}}$$

5.2-5 Unvollkommener Überfall an scharfkantigen Wehren: Tauchstrahl mit Luftpolster und abgedrängtem Wechselsprung

Wehrgrafik:

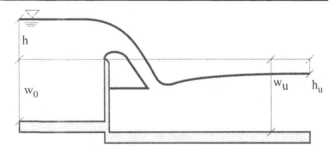

Überfallgleichung:

$$Q = \frac{2}{3} \mu \cdot \varphi \cdot b \cdot \sqrt{2g} \cdot h^{\frac{3}{2}}$$

Allgemeine Abhängigkeiten:

$$\mu = f\left(\frac{h}{w_0}\right); \quad \varphi = f\left(\frac{q}{h}\right)$$

Einsatzgrenzen:

$$\frac{q}{h} < 0$$

Gleichung für den Überfallbeiwert: $\mu = 0,6035 + 0,0813 \cdot \dfrac{h}{w_0}$

Gleichung für den Abminderungsfaktor:

$$\varphi = \left[1 - 0,235 \cdot \frac{q}{h} \cdot \left(1 + \frac{q}{7h}\right)\right]$$

5.2-6   Unvollkommener Überfall an scharfkantig senkrechten dreieckförmig eingeengten
             Wehren

Wehrgrafik:

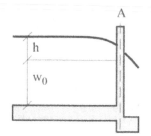

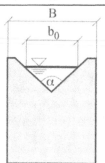

Überfallgleichung:

$$Q = \frac{8}{15}\mu \cdot \varphi \cdot \tan\left(\frac{\alpha}{2}\right) \cdot \sqrt{2g} \cdot h^{\frac{5}{2}}$$

Allgemeine Abhängigkeiten:

$$\mu = f\left(Re; B; h; w_0; \alpha\right) = C_h$$

Einsatzgrenzen:

$$h > 0,05 \quad \text{und} \quad w_0 > h \quad \text{sowie} \quad 20° < \alpha < 110°$$

Gleichung für den Abminderungsfaktor:

$$\varphi = \left(1 - \left(\frac{h_u}{h}\right)^{2,50}\right)^{0,385}$$

Gleichung für den Überfallbeiwert

$$\mu = \frac{1}{\sqrt{3}} \cdot \left(1 + \left[\frac{h^2 \cdot \tan\left(\frac{\alpha}{2}\right)}{3B \cdot \left(h + w_0\right)}\right]^2\right) \cdot \left(1 + \frac{0,66}{1000h^{\frac{3}{2}} \cdot \tan\left(\frac{\alpha}{2}\right)}\right)$$

5.2-7   Unvollkommener Überfall an breitkronigen Wehren

Wehrgrafik:

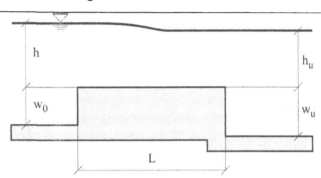

Überfallgleichung:

$$Q = C_h \cdot \varphi \cdot b \cdot h^{\frac{3}{2}}$$

Allgemeine Abhängigkeiten:

$$\varphi = f\left(\frac{h_u}{h}; \frac{h_u}{h_u + w_u}\right)$$

Einsatzgrenzen:

$$\frac{h_u}{h} < 0,98$$

Gleichung des Überfallbeiwertes:

$$\varphi = a_1 \cdot x_1^3 + a_2 \cdot x_1^3 \cdot x_2^3 + a_3 \cdot x_1^3 \cdot x_2^2 + a_4 \cdot x_1^3 \cdot x_2 + a_5 \cdot x_1^2 + a_6 \cdot x_1^2 \cdot x_2^3 + a_7 \cdot x_1^2 \cdot x_2^2 +$$

$$a_8 \cdot x_1^2 \cdot x_2 + a_9 \cdot x_1 + a_{10} \cdot x_1 \cdot x_2^3 + a_{11} \cdot x_1 \cdot x_2^2 + a_{12} \cdot x_1 \cdot x_2 + a_{13} \cdot x_2 + a_{14} \cdot x_2^2 + a_{15} \cdot x_2^3$$

$$\text{mit } x_1 = \frac{h_u}{\left(h_u + w_u\right)} \text{ und } x_2 = \frac{h_u}{h}$$

Für φ-Werte zwischen 0,40 und 0,85 gelten folgende Parameter:

$a_1 = -7708,23$	$a_2 = 8782,23$	$a_3 = -25177,72$	$a_4 = 24104,38$	$a_5 = 8535,80$
$a_6 = -9483,13$	$a_7 = 27416,97$	$a_8 = -26469,92$	$a_9 = -1747,64$	$a_{10} = 1687,74$
$a_{11} = -5127,06$	$a_{12} = 5186,61$	$a_{13} = 52,48$	$a_{14} = -101,85$	$a_{15} = 49,72$

Für φ-Werte von 0,85 bis 1,00 gelten folgende Parameter:

$a_1 = 1201,04$	$a_2 = -1445,32$	$a_3 = 4076,89$	$a_4 = -3837,45$	$a_5 = -2281,50$
$a_6 = 2888,11$	$a_7 = -8022,19$	$a_8 = 7420,42$	$a_9 = 1085,89$	$a_{10} = -1334,30$
$a_{11} = 3762,62$	$a_{12} = -3513,02$	$a_{13} = -58,42$	$a_{14} = 143,78$	$a_{15} = -86,59$

5.2-8   Unvollkommener Überfall an halbkreisförmigen Wehren mit senkrechten Wänden
bei $h_u/h < -2$

Wehrgrafik:

Überfallgleichung:

$$Q = \frac{2}{3} \cdot \sqrt{2g} \cdot \mu \cdot \varphi \cdot b \cdot h^{\frac{3}{2}}$$

Allgemeine Abhängigkeiten:

$$\mu = f\left(\frac{r}{w_0}; \frac{h}{r}\right) \text{ und } \varphi = f\left(\frac{w_u}{h}; \frac{h_u}{h}; \frac{r}{h}\right)$$

Einsatzgrenzen:

$$0,20 < \frac{r}{h} < 3 \text{ und } 0,55 < \frac{w_u}{h} < 10 \text{ sowie } 0,35 < x < 2 \text{ wobei}$$

$$x = \left(\frac{w_u}{h}\right)^{x_8 + 0,50} \cdot \left(\frac{r}{h}\right)^{0,50 - x_8}$$

Gleichung des Überfallbeiwertes:

$$\varphi = \frac{\left(a_2 + a_6 \cdot \frac{h_u}{h} + a_7 \cdot \left(\frac{h_u}{h}\right)^2\right) + a_3 \cdot \left(\left(\frac{w_u}{h}\right)^{a_8 + 0,5} \cdot \left(\frac{r}{h}\right)^{0,5 - a_8} - a_1 - a_5 \cdot \frac{h_u}{h}\right) -}{\sqrt{\frac{1}{4} \cdot \left(\left(1 + a_4\right) \cdot \left(\left(\frac{w_u}{h}\right)^{a_8 + 0,5} \cdot \left(\frac{r}{h}\right)^{0,5 - a_8} - a_1 - a_5 \cdot \frac{h_u}{h}\right)\right)^2 + \left(1 + a_0\right)^2}}$$

Parameter:

$a_0 = -0,96655$ $a_1 = 0,69799$ $a_2 = 0,98679$ $a_3 = 0,31673$ $a_4 = -0,41578$

$a_5 = 0,00$ $a_6 = 0,00$ $a_7 = 0,00$ $a_8 = -0,05426$

5.2-9   Unvollkommener Überfall an halbkreisförmigen Wehren mit senkrechten Wänden
             bei $-2 < h_u / h < 0$

Wehrgrafik:

Überfallgleichung:

$$Q = \frac{2}{3}\sqrt{2g} \cdot \mu \cdot \varphi \cdot b \cdot h^{\frac{3}{2}}$$

Allgemeine Abhängigkeiten:

$$\mu = f\left(\frac{r}{w_0};\frac{h}{r}\right) \text{ und } \varphi = f\left(\frac{w_u}{h};\frac{h_u}{h};\frac{r}{h}\right)$$

Einsatzgrenzen:

$$0,14 < \frac{r}{h} < 2,50 \text{ und } 0,40 < \frac{w_u}{h} < 10 \text{ sowie}$$

$$0,15 < x < 1,50 \text{ wobei } x = \left(\frac{w_u}{h}\right)^{x_8+0,50} \cdot \left(\frac{r}{h}\right)^{0,50-x_8}$$

Gleichung des Abminderungsfaktors:

$$\varphi = \left(a_2 + a_6 \cdot \frac{h_u}{h} + a_7 \cdot \left(\frac{h_u}{h}\right)^2\right) + a_3 \cdot \left(\left(\frac{w_u}{h}\right)^{a_8+0,5} \cdot \left(\frac{r}{h}\right)^{0,5-a_8} - a_1 - a_5 \cdot \frac{h_u}{h}\right) -$$

$$\overline{\sqrt{\frac{1}{4} \cdot \left((1+a_4) \cdot \left(\left(\frac{w_u}{h}\right)^{a_8+0,5} \cdot \left(\frac{r}{h}\right)^{0,5-a_8} - a_1 - a_5 \cdot \frac{h_u}{h}\right)\right)^2 + (1+a_0)^2}}$$

Parameter:

$a_0 = -0,96107$ $a_1 = 0,55733$ $a_2 = 0,99479$ $a_3 = 0,24188$ $a_4 = -0,57031$ $a_5 = 0,33799$

$a_6 = 0,0040$ $a_7 = -0,00035$ $a_8 = -0,36208$

5.2-10   Unvollkommener Überfall an halbkreisförmigen Wehren mit senkrechten Wänden
          bei $0 < h_u / h < 0,60$

Wehrgrafik:

Überfallgleichung:

$$Q = \frac{2}{3}\sqrt{2g} \cdot \mu \cdot \varphi \cdot b \cdot h^{\frac{3}{2}}$$

Allgemeine Abhängigkeiten:

$$\mu = f\left(\frac{r}{w_0}; \frac{h}{r}\right) \text{ und } \varphi = f\left(\frac{w_u}{h}; \frac{h_u}{h}; \frac{r}{h}\right)$$

Einsatzgrenzen:

$$0,14 < \frac{r}{h} < 2,50 \text{ und } 0,40 < \frac{w_u}{h} < 10 \text{ sowie}$$

$$0,15 < x < 1,50 \text{ wobei } x = \left(\frac{w_u}{h}\right)^{x_8+0,50} \cdot \left(\frac{r}{h}\right)^{0,50-x_8}$$

Gleichung des Abminderungsfaktors:

$$\varphi = \frac{\left(a_2 + a_6 \cdot \frac{h_u}{h} + a_7 \cdot \left(\frac{h_u}{h}\right)^2\right) + a_3 \cdot \left(\left(\frac{w_u}{h}\right)^{a_8+0,5} \cdot \left(\frac{r}{h}\right)^{0,5-a_8} - a_1 - a_5 \cdot \frac{h_u}{h}\right) -}{\sqrt{\frac{1}{4} \cdot \left((1+a_4) \cdot \left(\left(\frac{w_u}{h}\right)^{a_8+0,5} \cdot \left(\frac{r}{h}\right)^{0,5-a_8} - a_1 - a_5 \cdot \frac{h_u}{h}\right)\right)^2 + (1+a_0)^2}}$$

Parameter:

$a_0 = -0,84796$ $a_1 = 0,12033$ $a_2 = 1,02459$ $a_3 = 0,40257$ $a_4 = -0,22348$ $a_5 = 0,57225$

$a_6 = 0,00190$ $a_7 = -0,00067$ $a_8 = -0,60688$

5.2-11   Unvollkommener Überfall an halbkreisförmigen Wehren mit senkrechten Wänden
           bei $0{,}60 < h_u / h < 0{,}95$

Wehrgrafik:

Überfallgleichung:

$$Q = \frac{2}{3}\sqrt{2g} \cdot \mu \cdot \varphi \cdot b \cdot h^{\frac{3}{2}}$$

Allgemeine Abhängigkeiten:

$$\mu = f\left(\frac{r}{w_0}; \frac{h}{r}\right) \text{ und } \varphi = f\left(\frac{w_u}{h}; \frac{h_u}{h}; \frac{r}{h}\right)$$

Einsatzgrenzen:

$$0{,}14 < \frac{r}{h} < 2{,}50 \text{ und } 0{,}40 < \frac{w_u}{h} < 10 \text{ sowie}$$

$$0{,}15 < x < 1{,}50 \text{ wobei } x = \left(\frac{w_u}{h}\right)^{x_8+0{,}50} \cdot \left(\frac{r}{h}\right)^{0{,}50-x_8}$$

Gleichung des Abminderungsfaktors:

$$\varphi = \frac{\left(a_2 + a_6 \cdot \dfrac{h_u}{h} + a_7 \cdot \left(\dfrac{h_u}{h}\right)^2\right) + a_3 \cdot \left(\left(\dfrac{w_u}{h}\right)^{a_8+0{,}5} \cdot \left(\dfrac{r}{h}\right)^{0{,}5-a_8} - a_1 - a_5 \cdot \dfrac{h_u}{h}\right) -}{\sqrt{\dfrac{1}{4} \cdot \left((1+a_4) \cdot \left(\left(\dfrac{w_u}{h}\right)^{a_8+0{,}5} \cdot \left(\dfrac{r}{h}\right)^{0{,}5-a_8} - a_1 - a_5 \cdot \dfrac{h_u}{h}\right)\right)^2 + (1+a_0)^2}}$$

Parameter:

$a_0 = -0{,}83635$ $a_1 = 0{,}28067$ $a_2 = 0{,}12114$ $a_3 = 0{,}53216$ $a_4 = -0{,}09635$

$a_5 = -0{,}00284$ $a_6 = 2{,}92675$ $a_7 = -2{,}52417$ $a_8 = -0{,}65505$

5.2-12   Unvollkommener Überfall an Standardprofilen

Wehrgrafik:

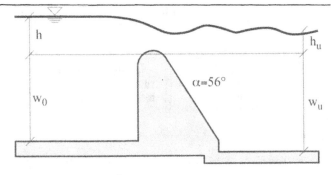

Überfallgleichung:

$$Q = C_h \cdot \varphi \cdot b \cdot h^{\frac{3}{2}}$$

Allgemeine Abhängigkeiten:

$$C_h = f\left(\frac{h}{h_E}; \frac{h_E}{w_0}\right) \quad \text{und} \quad \varphi = f\left(\frac{h_u}{h}; \frac{h}{w_u}\right)$$

Einsatzgrenzen:

$$\frac{h_u}{h} < 0{,}98$$

5.2-13   Unvollkommener Überfall an rundkronigen Wehren mit Ausrundungsradius und Schussrücken

Wehrgrafik:

Überfallgleichung:

$$Q = \frac{2}{3}\sqrt{2g} \cdot b \cdot \mu \cdot \varphi^{\frac{3}{2}}$$

Allgemeine Abhängigkeiten:

$$\mu = f\left(\frac{h}{r}; \frac{h}{w_0}\right) = C_h \quad \text{und} \quad \varphi = f\left(\frac{h_u}{h}; \frac{h}{w_u}\right)$$

Einsatzgrenzen: $\dfrac{h_u}{h} < 0{,}98$

5.2-14   Unvollkommener Ausfluss an unterströmten Wehren

Wehrgrafik:

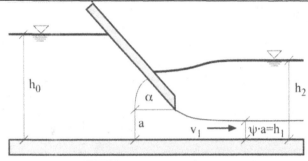

Ausflussgleichung:

$$Q = \chi \cdot \mu \cdot A \cdot \sqrt{2g \cdot h_0} \quad \text{mit } \mu = \dfrac{\psi}{\sqrt{1 + \dfrac{\psi \cdot a}{h_0}}}$$

Es gelten die gleichen μ- und Ψ - Werte wie beim
vollkommenen Ausfluss.

Allgemeine Abhängigkeiten: $\mu = f\left(\alpha; \Psi\left(\alpha; \dfrac{h_0}{a}\right); \dfrac{h_0}{h}\right)$ und $\chi = f\left(\alpha; \dfrac{h_0}{a}; \dfrac{h_2}{a}; \dfrac{h_2}{h_0}\right)$

Einsatzgrenzen: $15° < \alpha \le 90°$ und $h_0 > h_2$

Gleichung des Abminderungsfaktor:

$$\chi = \left(\left(1 + \dfrac{\psi}{z}\right) \cdot \left\{\left[1 - 2 \cdot \dfrac{\psi}{z} \cdot \left(1 - \dfrac{\psi}{z_1}\right)\right] - \sqrt{\left[1 - 2 \cdot \dfrac{\psi}{z} \cdot \left(1 - \dfrac{\psi}{z_1}\right)\right]^2 + z_2^2 - 1}\right\}\right)^{\frac{1}{2}}$$

$$z = \dfrac{h_0}{a} \quad \text{und} \quad z_1 = \dfrac{h_2}{a} \quad \text{sowie} \quad z_2 = \dfrac{h_2}{h_0}$$

5.2-15   Unvollkommener Ausfluss an unterströmten drehbaren Wehrklappen

---

Wehrgrafik:

Ausflussgleichung:

$$Q = \chi \cdot \mu \cdot b \cdot a \cdot \sqrt{2g \cdot h_0} \text{ mit } \mu = \frac{\psi}{\sqrt{1 + \frac{\psi \cdot a}{h_0}}} \text{ und}$$

$$a = r \cdot (1,00 - \sin \alpha)$$

Es gelten die gleichen μ- und Ψ - Werte wie beim vollkommenen Ausfluss.

Allgemeine Abhängigkeiten:

$$\mu = f\left(\alpha; \Psi\left(\alpha; \frac{h_0}{a}\right); \frac{h_0}{h}\right) \text{ und } \chi = f\left(\alpha; \frac{h_0}{a}; \frac{h_2}{a}; \frac{h_2}{h_0}\right)$$

Einsatzgrenzen:

$$15° < \alpha \le 90° \text{ und } h_0 > h_2$$

Gleichung des Abminderungsfaktors:

$$\chi = \left(\left(1 + \frac{\psi}{z}\right) \cdot \left\{\left[1 - 2\frac{\psi}{z} \cdot \left(1 - \frac{\psi}{z_1}\right)\right] - \sqrt{\left[1 - 2 \cdot \frac{\psi}{z} \cdot \left(1 - \frac{\psi}{z_1}\right)\right]^2 + z_2^2 - 1}\right\}\right)^{\frac{1}{2}}$$

$$z = \frac{h_0}{a} \text{ und } z_1 = \frac{h_2}{a} \text{ sowie } z_2 = \frac{h_2}{h_0}$$

5.3   Überfallbeiwerte für den vollkommenen Überfall

5.3-1   Vollkommener Überfall an scharfkantig geneigten und scharfkantig senkrechten
Wehren

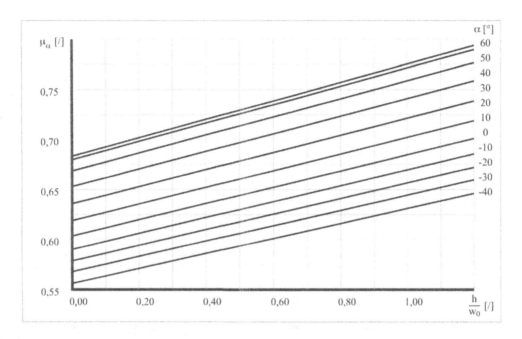

5.3-2   Vollkommener Überfall an scharfkantig senkrechten rechteckig eingeengten Wehren

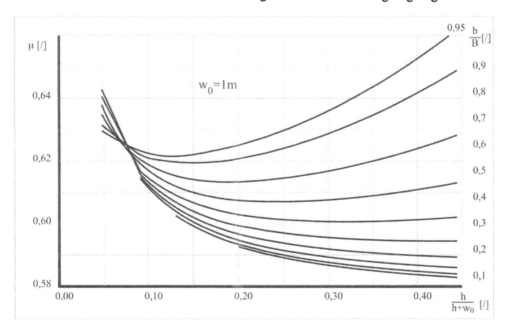

5.3-3   Vollkommener Überfall an scharfkantig senkrechten dreieckförmig eingeengten
         Wehren

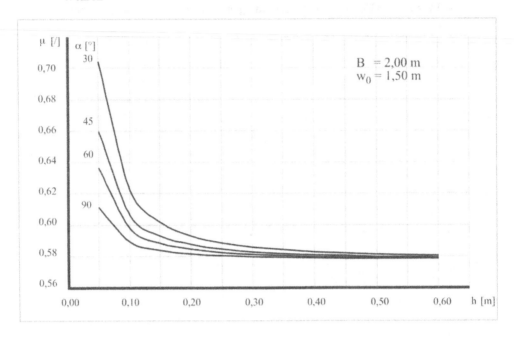

5.3-4   Vollkommener Überfall an scharfkantig senkrechten parabelförmig eingeengten
         Wehren

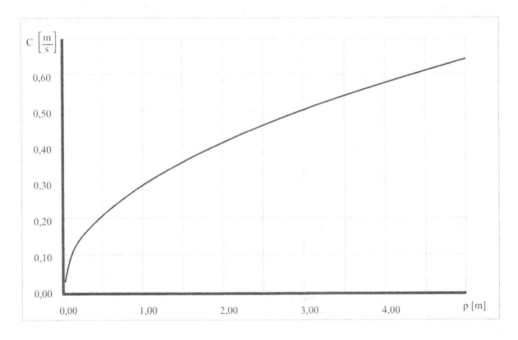

5.3-5 Vollkommener Überfall an scharfkantig senkrechten kreisförmig eingeengten Wehren

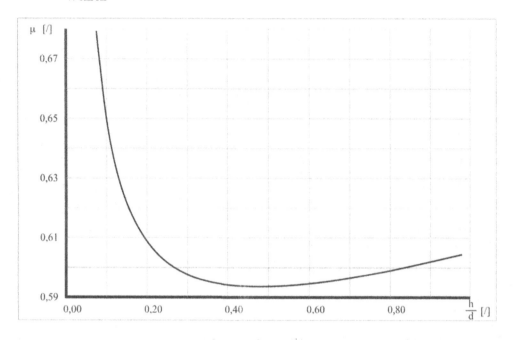

5.3-6 Spezifische Überfallwassermengen sowie Überfallbeiwerte an scharfkantig senkrechten kreisförmig eingeengten Wehren

$\frac{h}{d}[/]$	$Q_i\left[\frac{l}{s}\right]$	$\mu[/]$	$\frac{h}{d}[/]$	$Q_i\left[\frac{l}{s}\right]$	$\mu[/]$
0,00	0,0000		0,60	3,2929	0,5948
0,075	0,0197	0,6793	0,65	3,7893	0,5956
0,10	0,1072	0,6500	0,70	4,3047	0,5967
0,15	0,2380	0,6218	0,75	4,8328	0,5979
0,20	0,4173	0,6087	0,80	5,3718	0,5992
0,25	0,6426	0,6016	0,85	5,9123	0,6005
0,30	0,9119	0,5976	0,90	6,4511	0,6020
0,35	1,2221	0,5953	0,95	6,9744	0,6035
0,40	1,5713	0,5941	1,00	7,4705	0,6051
0,45	1,9556	0,5937	0,95	6,9744	0,6035
0,50	2,3734	0,5937	1,00	7,4705	0,6051
0,55	2,8200	0,5941			

5.3-7   Vollkommener Überfall an schmalkronig scharfkantigen Wehren

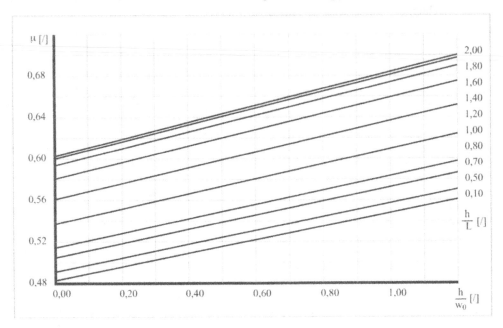

5.3-8   Vollkommener Überfall an schmalkronig angephasten Wehren

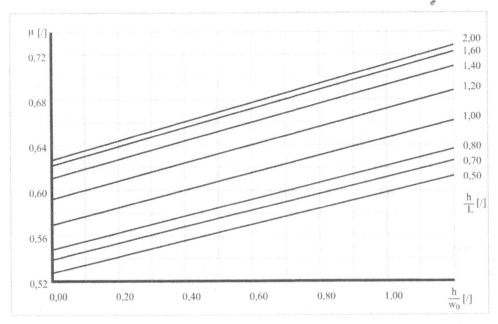

5.3-9 Vollkommener Überfall an schmalkronig angerundeten Wehren

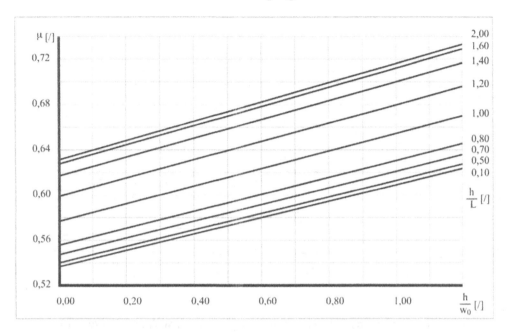

5.3-10 Vollkommener Überfall an breitkronig angerundeten Wehren mit $L/w_0 = 4$

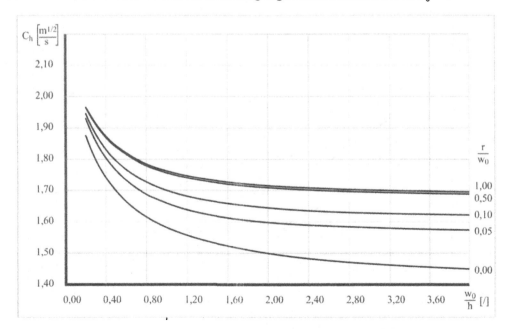

5.3-11   Vollkommener Überfall an breitkronig angephasten Wehren mit $L/w_0 = 4$

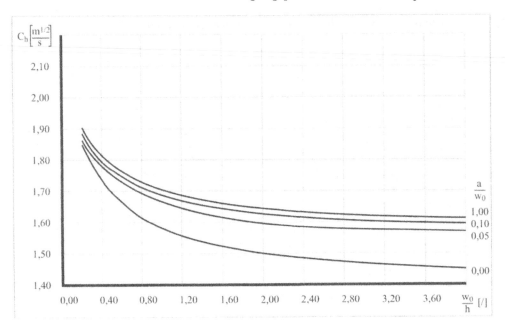

5.3-12   Vollkommener Überfall an breitkronig angeschrägten Wehren mit $L/w_0 = 4$

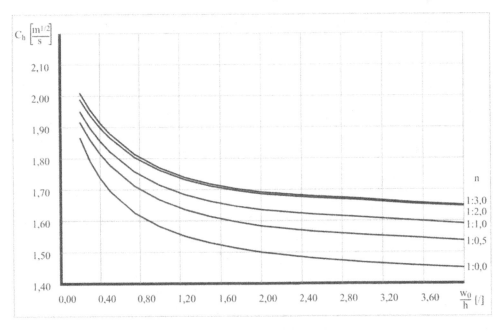

5.3-13   Vollkommener Überfall an breitkronigen Wehren: Umrechnung bei $L/w_0 \neq 4$

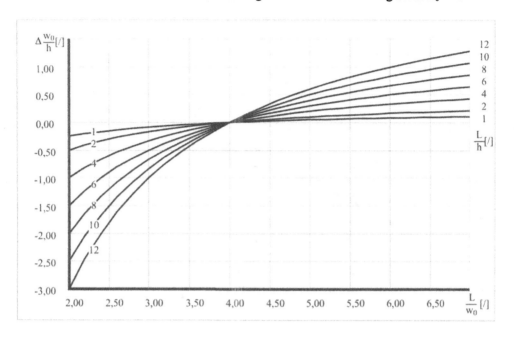

5.3-14   Vollkommener Überfall an rundkronigen Wehren mit Ausrundungsradius und Schussrücken

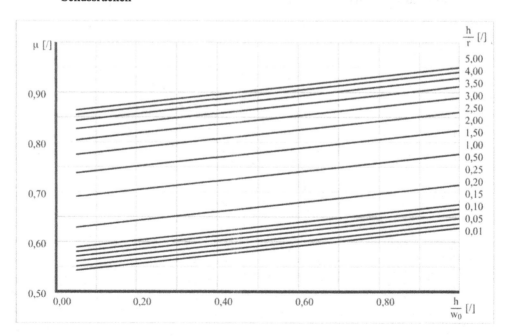

5.3-15   Vollkommener Überfall an halbkreisförmigen Wehren mit senkrechten Wänden

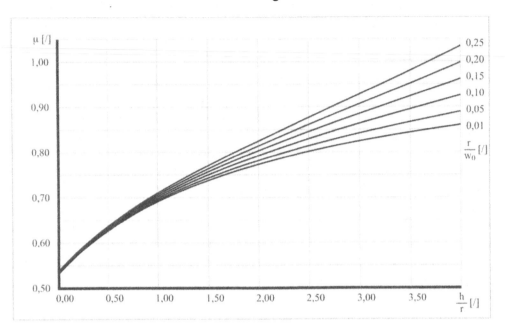

5.3-16   Auf h bezogene Überfallbeiwerte für den vollkommener Überfall an
          Standardprofilen nach Schirmer

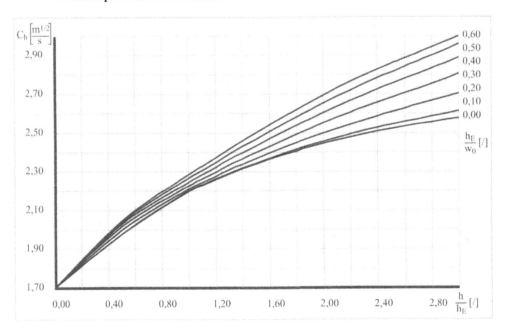

5.3-17 Vollkommener Überfall an Standardprofilen nach Peter

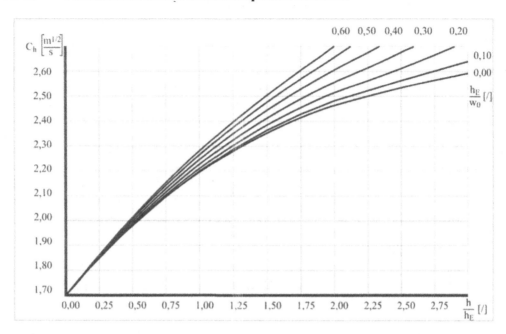

5.3-18 Vollkommener Überfall an halbkreisförmigen Wehren

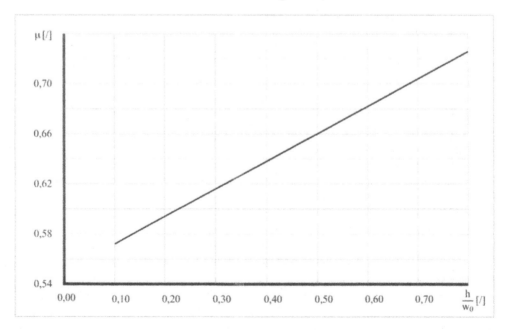

5.3-19   Freier Ausfluss aus unterströmten Wehren

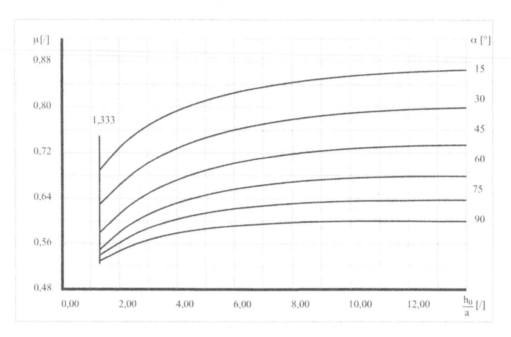

5.3-20   Einschnürungszahlen ψ an unterströmten Wehren

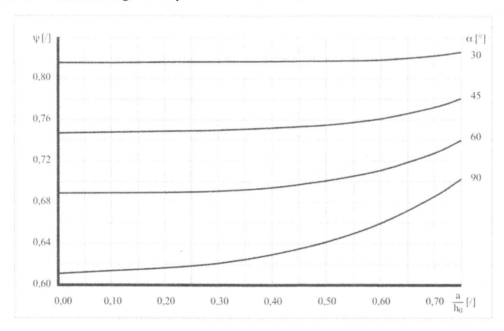

5.3-21 Ausflusszahl μ an unterströmten Wehren

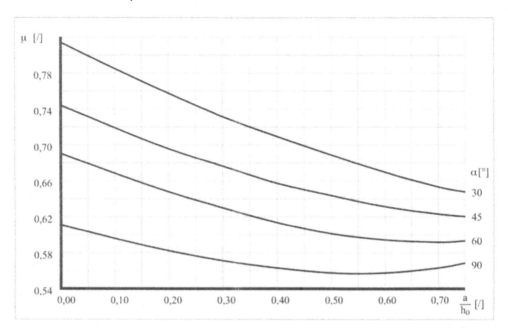

5.3-22 Grenze zwischen freiem und rückgestautem Ausfluss an unterströmten Wehren

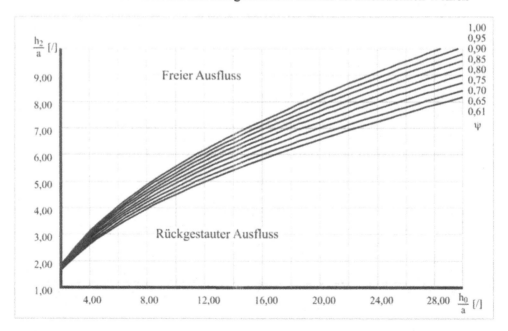

5.3-23   Vollkommener Überfall an Standard Schachtüberfällen

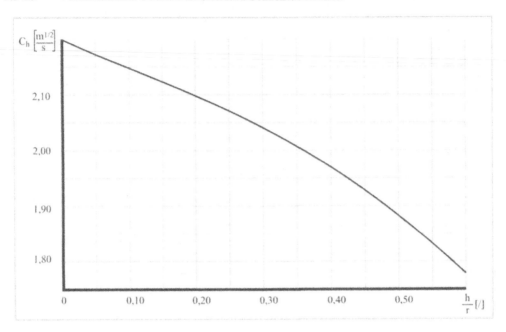

5.3-24   Vollkommener Überfall an scharfkantigen Schachtüberfällen

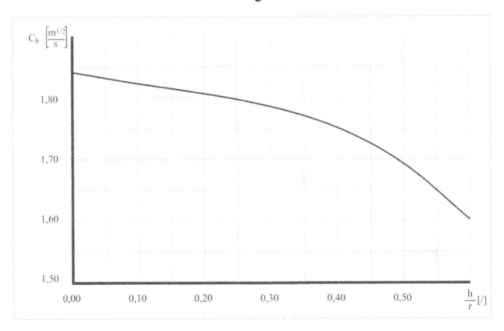

5.4 Überfallbeiwerte für den unvollkommenen Überfall

5.4-1   Unvollkommener Überfall an scharfkantig senkrechten Wehren Tauchstrahl mit abgedrängtem Wechselsprung

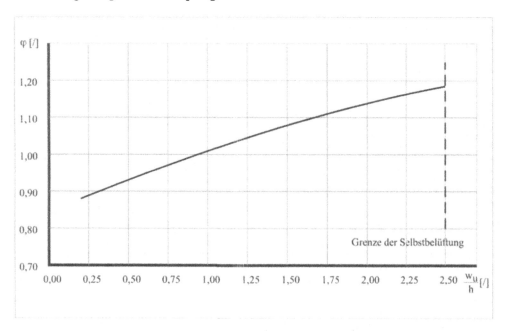

5.4-2   Unvollkommener Überfall an scharfkantig senkrechten Wehren, Tauchstrahl mit anliegendem Wechselsprung

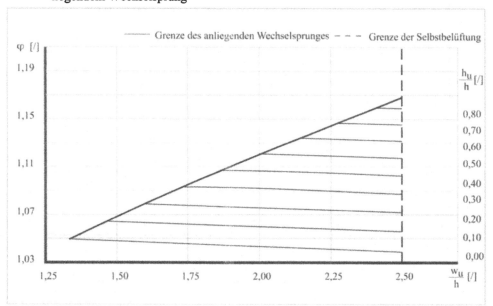

5.4-3   Unvollkommener Überfall an scharfkantig senkrechten Wehren, Tauchstrahl mit
         anliegendem Wechselsprung, Wasserspiegellage im Unterwasser oberhalb der
         Wehrkrone

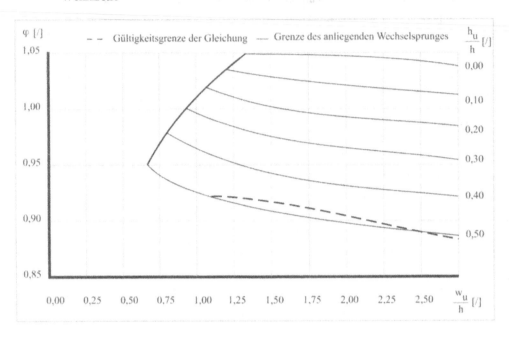

5.4-4   Unvollkommener Überfall an scharfkantig senkrechten Wehren, Wellstrahl

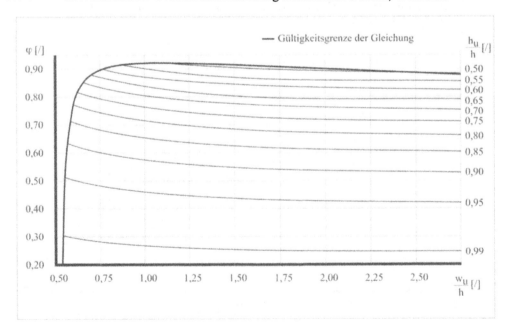

5.4-5   Unvollkommen Überfall an scharfkantig senkrechten dreieckförmig eingeengten
         Wehren

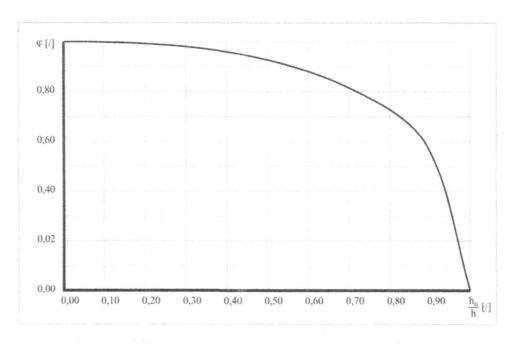

5.4-6   Unvollkommener Überfall an Standardprofilen und an rundkronigen Wehren mit
         Ausrundungsradius und Schussrücken nach Schmidt

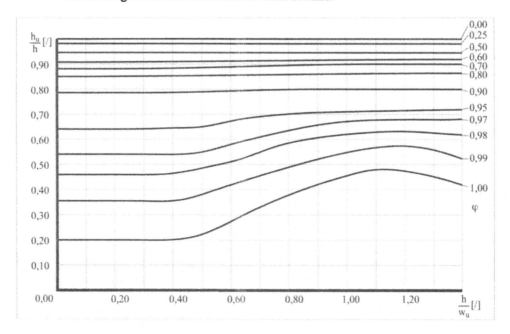

5.4-7   Unvollkommener Überfall an breitkronigen Wehren

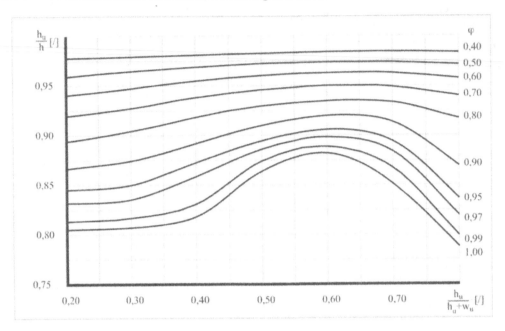

5.4-8   Unvollkommener Überfall an rundkronigen Wehren mit senkrechten Wänden,
           Abminderungsfaktoren für den schießenden Abfluss und $h_u/h < -2$

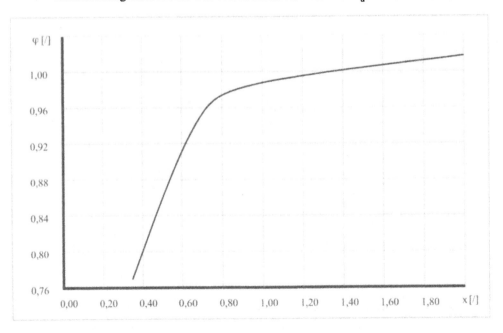

5.4-9   Unvollkommener Überfall an rundkronigen Wehren mit senkrechten Wänden,
         Abminderungsfaktoren im Intervall $-2,00 < h_u / h \leq 0,00$

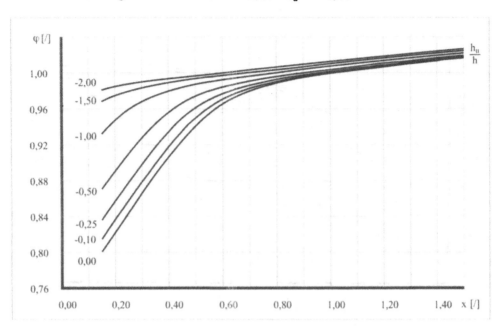

5.4-10   Unvollkommener Überfall an rundkronigen Wehren mit senkrechten Wänden,
         Abminderungsfaktoren im Intervall $0,00 < h_u / h \leq 0,60$

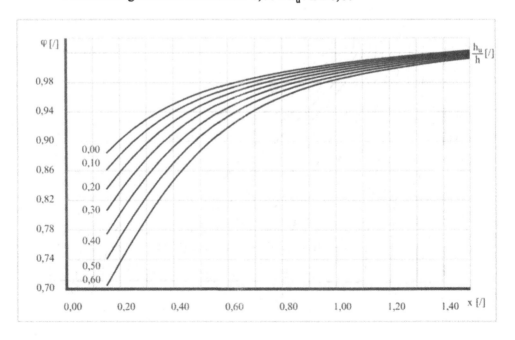

5.4-11   Unvollkommener Überfall an rundkronigen Wehren mit senkrechten Wänden,
          Abminderungsfaktoren im Intervall $0{,}60 < h_u / h < 0{,}95$

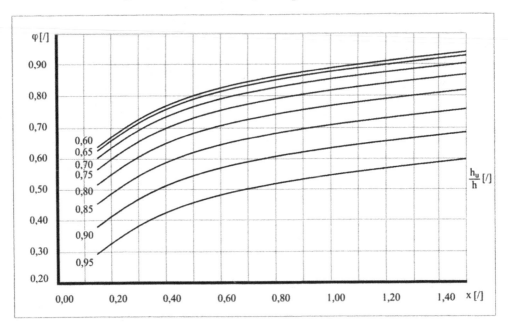

5.4-12   Unvollkommener Überfall an unterströmten Wehren, Abminderungsfaktor
          χ bei $\alpha = 45°$

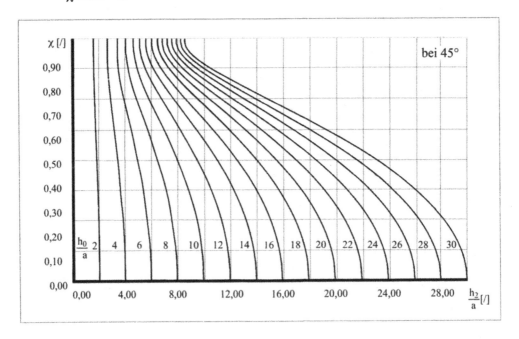

5.4-13 Unvollkommener Ausfluss an unterströmten Wehren, Abminderungsfaktor χ bei α = 90°

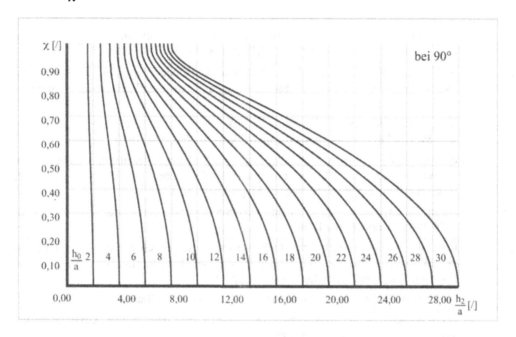

6   Literatur

[1]   Andriamoavonjy, D., Dissertation; Rundkronige Überfälle mit unterschiedlichen luft- und wasserseitigen Neigungen, TU Dresden, 1985

[2]   ATV-A 111, Richtlinien für die hydraulische Dimensionierung und den Leistungs-nachweis von Regenwasser Entlastungsanlagen in Abwasserkanälen und –leitungen, ATV, 1994

[3]   Barr, J., Experiments upon the Flow of Water over Triangular Notches, Engineering, Vol. 89, April 8th, 435-437,April 15th, 473, April 30th, 514, 1910

[4]   Bartel, M., Hydraulische Untersuchung verschiedener Überfallformen der Regen-wasserentlastung unter Einbeziehung der Rechentechnik, Ingenieurarbeit an der Ingenieurschule für Wasserwirtschaft Magdeburg, 1991

[5]   Bazin, H., Expérienes nouvelles sur lécoulement par déversoir, exécutées à Dijon de 1886-1895, Dunod, Paris, 1898

[6]   Bischoff, H., Grundlagen eines technisch-wissenschaftlichen Expertensystems für den Wasserbau und die Wasserwirtschaft, Genehmigte Habilitationsschrift für Hydromechanik und Hydrologie, Darmstadt, 1993

[7]   Bollrich, H. Technische Hydromechanik, Bd.1; Verlag für Bauwesen, Berlin; 2000

[8]   Bretschneider, H. Abflussvorgänge bei Wehren mit breiter Krone, Dissertation der TU Berlin, Fakultät Bauwesen, 1961

[9]   Bretschneider, H. u. a., Taschenbuch der Wasserwirtschaft, 7. Auflage, Verlag Was-ser und Boden, 1993

[10]   Delgado, M. C., Abfluss- und Auflastbeiwerte für den Entwurf von Stauklappen, Dissertation, Universität Karlsruhe, 1983

[11]   DIN, Durchflussmessung von Abwasser in offenen Gerinnen und Freispiegelleitun-gen, Teil 1: Allgemeine Angaben, Teil 2: Venturikanäle, Normenausschuss Wasser-wesen im DIN Deutsches Institut für Normung e. V., 1993

[12]   Ebernau, S., Der Einfluss des Unterwassers auf das Abflussgeschehen scharfkantiger Wehre und rundkroniger Wehre mit senkrechten Wänden, Hochschule Magdeburg-Stendal (FH), Fachbereich Wasserwirtschaft, Diplomarbeit 2003

[13]   Franke, P. G., Abfluß über Wehre und Überfälle, Abriss der Hydraulik, Bd. 4, Bau-verlag Wiesbaden und Berlin, 1974

[14]   Hager, W. H., Scharfkantiger Dreiecküberfall, Wasser Energie Luft- eau, énergie, air, Jahrgang 82, Heft 1/2, 9/14, 1990

[15]   Hager, W. H., Abfluss über Zylinderwehre, Wasser Boden 1, 1993

[16]   Hager, W. H., Streichwehr mit Kreisprofil, gwf Wasser/ Abwasser, 134 73, 1993

[17]   Hager, W. H., Abwasserhydraulik Theorie und Praxis, Springer Verlag, 1994

[18]   Indlekofer, Rouvé, Abfluß über geradlinige Wehre mit halbkreisförmigem Überfall-profil, Der Bauingenieur Nr. 49, 1974

[19]   Jacoby, Die Berechnung der Stauhöhe bei Wehren, Wasserkraft und Wasserwirt-

schaft, 1933

[20] Kallwas, G. J., Beitrag zur hydraulischen Berechnung gedrosselter seitlicher Regen-
      überläufe, Dissertation, Untersuchungen aus dem Institut für Hydromechanik, Stau-
      anlagen und Wasserversorgung der Technischen Hochschule Karlsruhe, 1964

[21] Knapp, F. H., Ausfluss, Überfall und Durchfluss im Wasserbau, Karlsruhe, Verlag
      G. Braun, 1960

[22] Köhler , P., Anwendung des Energiesatzes unter Berücksichtigung der Stromfaden-
      krümmung, Ingenieur-Abschlussarbeit, Ingenieurschule für Wasserwirtschaft, Mag-
      deburg, 1984

[23] Kramer, I., Der Abfluss des Wassers über Wehre mit lotrechten Wandungen und
      halbkreisförmiger Krone, Dissertation, Flussbaulaboratorium, Karlsruhe, 1914

[24] Laco, V., Dokonal a Nedokonal Prepad Vody, Bratislava, 1961

[25] Lohner, R., Einschließung der Lösung gewöhnlicher Anfangs- und Randwertauf-
      gaben und Anwendungen, Dissertation, Universität Karlsruhe (TH), 1988

[26] Martin/ Pohl u. a, Technische Hydromechanik Teil 3 Aufgabensammlung, Verlag
      Bauwesen Berlin, 1996

[27] Martin/ Pohl/ Elze, Technische Hydromechanik Teil 4, Hydraulische und nume-
      rische Modelle, Verlag Bauwesen Berlin, 2000

[28] Mostkow, M., Handbuch der Hydraulik, VEB Verlag Technik Berlin, 1956

[29] Naudascher, E., Hydraulik der Gerinne und Gerinnebauwerke, Springer-Verlag,
      1992

[30] Oficerow, A. S., Modell studies of overflow spillway sections, Civil Engineering,
      Nr. 8, 1940

[31] Peissner, K., Abfluss- und Belastungskenngrößen bei gleichzeitig über- und unter-
      strömten Wehrverschlüssen, Dissertation, Universität Karlsruhe (TH), 1989

[32] Peter, G., Der vollkommene Abfluss über das breitkronige Wehr, Wissenschaftliche
      Zeitschrift der TU Dresden, Heft 4, 1988

[33] Peter, G., Energiegleichung am breitkronigen Wehr, Wasserwirtschaft Wassertech-
      nik, Heft 2, 1994

[34] Peter, G., Optimierung von Entlastungsbauwerken und Entlastungsschwellen in der
      Mischkanalisation, Korrespondenz Abwasser, Heft 5, 1996

[35] Peter, G., Hydraulische Berechnung von naturnahen Fließgewässern, Teil 2: Grund-
      lagen für stationäre eindimensionale Wassespiegellagenberechnungen, Hrsg.: BWK
      Düsseldorf, 2000

[36] Peter, G., The discharge and run off calculation of weirs under the consinderation of
      dynamic flows, 7th International Conference on Urban Storm Drainage, 1996

[37] Peter, G., Kritische Betrachtungen zur Berechnung der Überlaufmengen an Über-
      laufbauwerken, Wasserwirtschaft, 3/2004

[38] Petzold, I., Der unvollkommene Überfall an Entlastungsanlagen der Mischwasserka-
      nalisation, Diplomarbeit, Hochschule Magdeburg-Stendal (FH), 1995

[39] Rehbock, T., Der Wasserbau, 3. Teil des Handbuches der Ingenieurwissenschaften,
      2. Band. Stauwerke, Verlag von Wilhelm Engelmann. Leipzig, 1912

[40]   Rehbock, T., Wassermessung mit scharfkantigen Überfallwehren, Z. VDI 73, 1929

[41]   Rosanow, N.P., Unterdrucküberfallwehre, Bauverlag Moskau, 1940

[42]   Sameh Armanious, Abfluß über Schräg- und Rundwehre, Mitteilungen Heft 59, Leichtweiß-Institut für Wasserbau TU Braunschweig, 1978

[43]   Schirmer, A., Wirkungsweise und Leistungsgrenzen rundkroniger Überfälle an Talsperren bei Überlastung, Dissertation, TU Dresden, 1976

[44]   Schmidt, Euler, Schneider, Knauf, Grundlagen des Wasserbaus, Werner-Verlag, 1994

[45]   Schmidt, M., Die Berechnung unvollkommener Überfälle, Wasserwirtschaft/ Wassertechnik, Heft 7, 1957

[46]   Schmidt, M., Gerinnehydraulik, Bauverlag Wiesbaden, 1957

[47]   Schröder, R., Berechnung stationärer Strömungen. Hydraulische Bemessungsgrundlagen für den Wasserbau und angrenzende Fachgebiete, Grundfach-Textbuch für Studierende der TH Darmstadt,1986

[48]   Schröder, R., Kompendium für den Wasserbau, Technische Hydraulik, Springer-Verlag, 1994

[49]   Smyslow, W. W., Theoretische Untersuchungen beim Abfluss über breitkronige Wehre, Akademie der Wissenschaften, Kiew, 1950

[50]   Thomson , J., On Experiments on the Gauging of Water by Triangular Notches, Report of the 31st Meeting of the British Assocation for the Advancement of Science, 151-158, 1861

[51]   Ven Te Chow, Open-Channel Hydraulics, Mc Graw- Hill Kogakusha, 1959

[52]   Wagner /Helmert

[53]   WAPRO 4.09, Halle/ Saale 1969

[54]   Wetzstein, A., Berechnung von Entlastungsabflüssen an gedrosselten Streichwehren auf der Basis von gemessenen Wasserständen, Institut für Wasserbau und Wasserwirtschaft, Technische Universität Darmstadt, Mitteilungen, Heft 127, 20003

Sachwortverzeichnis

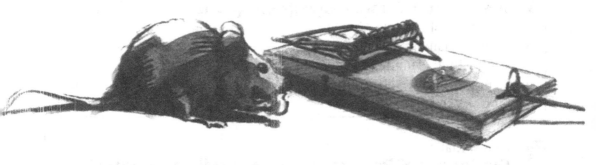

International bauen mit Vieweg

Lange, Klaus
Wörterbuch Auslandsprojekte (deutsch-englisch)
Dictionary of Projects Abroad
Vertrag, Planung und Ausführung
Contracting, Planning, Design and Execution
2., erw. und akt. Aufl. 2004. XIV, 660 S. über 43000 Begr. Br. € 88,00
ISBN 3-528-01757-0

Lange, Klaus
Dictionary of Projects Abroad (englisch - deutsch)
Wörterbuch Auslandsprojekte
Contracting, Planning, Design and Execution
Vertrag, Planung und Ausführung
2., erw. und akt. Aufl. 2004. XIV, 777 S. über 43000 Begr. Br. € 88,00
ISBN 3-528-11677-3

HOAI-Textausgabe/ HOAI-Text Edition
Honorarordnung für Architekten und Ingenieure vom 21. September
1995/20. November 2001 Official Scale of Fees for Services by Architects
and Engineers dated 21st September 1995/10th November 2001
3., korr. Aufl. 2004. IV, 275 S. Br. € 28,90
ISBN 3-528-21667-0

Meskouris, Konstantin / Hinzen, Klaus-G.
Bauwerke und Erdbeben
Grundlagen - Anwendung - Beispiele
2003. mit CD-ROM. XIV, 470 S. Geb. mit CD € 56,90
ISBN 3-528-02574-3

vieweg

Abraham-Lincoln-Straße 46
65189 Wiesbaden
Fax 0611.7878-400
www.vieweg.de

Stand Januar 2005.
Änderungen vorbehalten.
Erhältlich im Buchhandel oder im Verlag.